Josef-Christian Buhl
Kristallographie

Weitere empfehlenswerte Titel

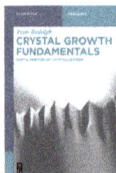

Crystal Growth Fundamentals.
Thermodynamics of Crystallization
Peter Rudolph, 2025
ISBN 978-3-11-171105-8, e-ISBN (PDF) 978-3-11-171116-4

Crystal Growth Fundamentals.
Kinetics of Crystallization
Peter Rudolph, 2026
ISBN 978-3-11-171416-5, e-ISBN 978-3-11-171422-6

Allgemeine und Anorganische Chemie
Hans-Jürgen Meyer, Erwin Riedel, 2024
ISBN 978-3-11-133588-9, e-ISBN 978-3-11-133624-4

Anorganische Chemie
Christoph Janiak, Erwin Riedel, 2022
ISBN 978-3-11-069604-2, e-ISBN 978-3-11-069444-4

Josef-Christian Buhl

Kristallographie

Kristallmorphologie und Strukturlehre

DE GRUYTER

Autor
Prof. Dr. Josef-Christian Buhl
Institut für Erdsystemwissenschaften
Leibniz Universität Hannover
Callinstr. 3
30167 Hannover
Josef-Christian.Buhl@t-online.de

ISBN 978-3-11-222748-0
e-ISBN (PDF) 978-3-11-222749-7
e-ISBN (EPUB) 978-3-11-222750-3

Library of Congress Control Number: 2025951103

Bibliografische Information der Deutschen Nationalbibliothek
Die Deutsche Nationalbibliothek verzeichnet diese Publikation in der Deutschen Nationalbibliografie;
detaillierte bibliografische Daten sind im Internet über http://dnb.dnb.de abrufbar.

© 2026 Walter de Gruyter GmbH, Berlin/Boston, Genthiner Straße 13, 10785 Berlin
Einbandabbildung: M. Buhl
Satz: Integra Software Services Pvt. Ltd.

www.degruyterbrill.com
Fragen zur allgemeinen Produktsicherheit:
productsafety@degruyterbrill.com

Vorwort

Kristallgeometrie und Strukturlehre sind grundlegend für die Kristallographie. Deshalb beginnen Lehrbücher und Vorlesungen stets mit diesem Lehrstoff. Die darauf aufbauenden Teilgebiete und analytischen Anwendungen spielen in vielen Fächern wie z. B. Chemie, Geowissenschaften und Materialwissenschaften eine wachsende Rolle, ganz besonders auch die Röntgenstrukturanalyse von Kristallen. Durch die enorme Steigerung der Rechenleistung von Computern und die Entwicklung der Software in den letzten Jahrzehnten sind heute Strukturbestimmungen auch ohne fundiertes kristallographisches Grundwissen möglich geworden. Ein Betreiben solcher Analysen, ohne genaueste Kenntnisse der Symmetrie- und Strukturlehre, ist jedoch wenig innovativ und die wissenschaftliche Ausbildung sollte zukünftig wieder stärker auf die Grundlagen der Kristallographie gerichtet sein. Eine kurze einführende Darstellung des Stoffes, wie diese hier, erscheint somit sinnvoll. Die Arbeit ist aus einer Vorlesung entstanden, die ich viele Jahre für Studierende verschiedener Fachrichtungen gehalten habe. Natürlich sind neue fachspezifische Erkenntnisse und pädagogische Aspekte zeitbedingt eingeflossen.

Das einleitende Kapitel verweist auf die Breite des Faches. Es folgt eine verständliche Einführung in die Kristallmorphologie und die Raumgittertheorie. In geordneter Reihenfolge über Kristallsysteme, Gittertypen und Symmetrieelemente wird dann die Ableitung der Punktgruppen (Kristallklassen) und schließlich der Raumgruppen gezeigt.

So einfach wie möglich gehaltene graphische Darstellungen sollen dabei zum Verständnis der Zusammenhänge zwischen makroskopischer Kristallgestalt und atomarer Kristallstruktur beitragen. Auf viele mathematische Abhandlungen wurde bewusst verzichtet.

Das vorliegende Buch wendet sich an Studierende der oben genannten Fächer im Anfangssemester, ist aber genauso als vorhergehende Lektüre geeignet, um sich später mit Hilfe weiterer Werke auf das Fach in seiner gesamten Breite zu spezialisieren.

Hannover im Juli 2025 J.-Ch. Buhl

https://doi.org/10.1515/9783112227497-202

Inhaltsverzeichnis

1 Einleitung

1.1 Gegenstand der Kristallographie

Die Kristallographie gehört zu den wenigen Wissenschaften, die sich ausschließlich mit einem einzigen Gegenstand befassen, dem Kristall. Allein das ist etwas Besonderes und daher beginnen auch die meisten Lehrbücher zur Kristallographie mit dieser Feststellung. Die Kristallographie untersucht nicht nur die Erscheinungsformen, den inneren strukturellen Aufbau und die Bildungsprozesse der Kristalle, sondern auch ihre physikalisch-chemischen Eigenschaften und ihre Wechselwirkung mit anderen Formen der Materie.

Kristalle sind feste Körper, ihre Bausteine sind Atome, Ionen oder Moleküle, die dreidimensional periodisch im Sinne von Raumgittern angeordnet sind. Die Abstände zwischen den Schwerpunktlagen der Kristallbausteine liegen in der Größenordnung weniger Ångström ($1Å = 10^{-10}$ m). Kristalle sind stofflich einheitlich, das heißt, sie sind homogen. Die Anordnung der Kristallbausteine in Form von Raumgittern führt zu einem wesentlichen Unterschied im Vergleich zu nichtkristallinem Material: Kristalle haben in verschiedene Richtungen verschiedene Eigenschaften, sie verhalten sich anisotrop. So definiert W. Kleber den Kristallbegriff in seinem Buch „Einführung in die Kristallographie", das seit 1956 das Standard-Lehrbuch der Kristallographen ist: „Kristalle sind homogene anisotrope Festkörper" [1]. W. Borchardt-Ott ergänzt diese Definition in seinem Lehrbuch „Kristallographie" durch den Hinweis auf den Gitteraufbau: „Ein Kristall ist ein anisotroper homogener Körper, der eine dreidimensional periodische Anordnung der Bausteine besitzt" [2]. Nichtkristalline Materialien zeigen in verschiedene Richtungen die gleichen Eigenschaften, es sind isotrope Festkörper, z. B. Glas.

1.2 Der kristalline Zustand der Materie

Der überwiegende Teil aller anorganischen aber auch der organischen Feststoffe hat einen inneren kristallinen Aufbau. Dabei ist es unerheblich, ob es sich um natürlich entstandene Stoffe oder um synthetische Feststoffe handelt. Nur für Kristalle, die in der Natur entstanden sind, wird auch der Begriff Mineral benutzt. „Mineral" ist somit der Unterbegriff, „Kristall" bleibt aber der Oberbegriff. Aus natürlich gebildeten Kristallen bestehen auch die Gesteine. Sie sind Gemenge aus Mineralen. Die Art und die Anzahl der Minerale eines Gesteins variiert je nach geochemischem Elementbestand und den Bedingungen bei der Entstehung. Genauso wie Gesteine sind aber auch Feststoffe wie Erze, Metalle und Böden kristallin.

In Abb. 1.1 ist ein in der Natur entstandener Quarzkristall (Siliciumdioxid, SiO_2) dargestellt, er wird der Klasse der Oxide und Hydroxide zugeordnet (Klasse 4 in den

https://doi.org/10.1515/9783112227497-001

„Strunz Mineralogical Tables" [3], Nomenklatur siehe Anhang 7.12). Quarz kann in einer Linksform und einer Rechtsform kristallisieren, wobei beide Kristalle im Vergleich zueinander eine spiegelbildliche Flächenausprägung zeigen. Sie ist ein Abbild der inneren atomaren Struktur, deren Grundbaueinheit SiO_4-Tetraeder sind, deren allseitige Verknüpfung über die Sauerstoffatome zur Gerüststruktur von Quarz führt. Bei der Linksform winden sich die Tetraeder im Sinne der Rechtsschraube entlang der vertikalen Richtung, beim Rechtsquarz im Sinne der Linksschraube. Die kristallographischen Daten in der Tabelle (rechts in Abb. 1.1), werden nach der Lektüre dieses Buches vollkommen verständlich sein. An geeigneten Stellen wird im Einzelnen darauf hingewiesen.

Quarz wird in großer Menge auch synthetisch hergestellt. Aus den synthetisierten Quarzen werden aufgrund der physikalischen Eigenschaften von Quarz („piezoelektrischer Effekt") wichtige Sensoren und Schwingquarze hergestellt. Schwingquarze sind in der Hochfrequenztechnik und für elektronische Taktgeber in Uhren, Mobiltelefonen, PCs usw. unerlässlich. Für die Synthese von Kristallen benutzt man in der Technik allgemein den Begriff der Kristallzüchtung. Bei den Mineralen sprechen wir von natürlichem Kristallwachstum.

Kristallographische Daten von Quarz (SiO_2) [1, 3]

Kristallsystem: trigonal
Kristallklasse (Punktgruppe): 32 (trigonal trapezoedrisch)
Allgemeine Form: trigonales Trapezoeder
Grenzformen: ditrigonales Prisma, trigonale Dipyramide, Rhomboeder, hexagonales Prisma.
Spezielle Formen: trigonale Prismen, Pinakoid.
Gitterkonstanten: $a_0 = 4,9130$ Å, $c_0 = 5,4045$ Å
Raumgruppe: Linksquarz: $P3_121$ (Nr. 152)
und Rechtsquarz: $P3_221$ (Nr. 154)
Anzahl Formeleinheiten in der Elementarzelle: $Z = 3$

Abb. 1.1: Natürlich gewachsener Quarzkristall (etwa nat. Größe, Aufnahme M. Buhl) und wichtige kristallographische Daten von Quarz.

Der Kristall in Abb. 1.1 hat eine von ebenen Flächen begrenzte typische Form. Die Voraussetzungen zur Ausbildung der Flächen beim natürlichen Kristallwachstum sind möglichst wenig äußere Störungen sowie genügend freier Raum für den wachsenden Kristall. Bei den synthetisch hergestellten Kristallen können die Bedingungen so eingestellt werden, dass es zur Ausbildung der Flächen kommt (Hydrothermalsynthese). Für Synthesen bestimmter Kristalle werden aber auch Verfahren eingesetzt, die zu speziellen Formen führen. So werden z. B. birnenförmige Rubin- oder Saphierkristalle (nach der Verneuil-Methode [4]) oder große Kristallstäbe von Silicium für die

Halbleitertechnologie (nach der Czochralski-Methode [5]) gezüchtet. Die geformten Kristalle werden dann durch Schneiden und weitere Arbeitsschritte vereinzelt, um daraus eine Vielzahl von Grundelementen (z. B. Silicium-Chips für Prozessoren) herzustellen.

Die Ausbildung der Flächen ist keinesfalls das alleinige Merkmal für Kristalle. Würden wir z. B. einen Quarzkristall wie in Abb. 1.1 (egal ob in der Natur gebildet oder synthetisch) durch einen kräftigen Schlag mit dem Hammer zerkleinern, wären alle Bruchstücke ebenfalls noch Kristalle, obwohl die schöne Begrenzung durch Flächen, Kanten und Ecken zerstört ist. Zur Überprüfung würden wir untersuchen, ob sich die physikalisch-chemischen Eigenschaften der einzelnen Teile von denen des großen, schön gewachsenen Kristalls unterscheiden. Das Ergebnis wäre, dass kein Unterschied festzustellen ist. Die Bruchstücke zeigen die gleichen anisotropen Eigenschaften wie der große Kristall. Es ist die Anordnung der Kristallbausteine in Form von Raumgittern, an der sich in den Einzelteilen im Vergleich zum großen Kristall nichts geändert hat. Somit ist der Gitteraufbau der Kristalle allein die Ursache sowohl für die anisotropen Eigenschaften als auch für die Ausbildung der Kristallflächen (bei ungestörten Wachstumsbedingungen). Nichtkristalline Stoffe haben keinen geordneten Aufbau, zur Abgrenzung von den kristallinen Materialien sprechen wir von amorphen Stoffen

Oben fiel bereits der Begriff Gestein. Gesteine sind Gemenge von Mineralen. Erstarrt eine natürlich durch geologische Prozesse entstandene Schmelze (ein „Magma"), kristallisieren daraus in Abhängigkeit von der Zusammensetzung unterschiedliche Minerale und bilden nach dem Erkalten das Gestein. So besteht das Gestein Granit aus einem Gemenge der drei Minerale Feldspat, Quarz und Glimmer. Bei der Kristallisation stoßen die wachsenden Kristalle aneinander, wodurch eine Ausbildung von Flächen behindert wird und ein körniges Gefüge resultiert. Wie oben schon anhand der Quarzbruchstücke erläutert wurde, besitzen die körnigen Minerale im Gestein ihren typischen Raumgitteraufbau und die daraus entstehenden anisotropen Eigenschaften. Die Mineralanteile sind z. B. in einem Granit anhand des körnigen Gefüges gut zu erkennen, am besten an geschliffenen und polierten Granitplatten. Abb. 1.2 zeigt links einen vergrößerten Ausschnitt aus einer solchen Granitplatte. Feldspat bildet hier weiße Körner. Glimmer liegt in Form von schwarzen plättchenförmigen Bestandteilen vor und der Quarz findet sich in Form glasig bis milchig trüber grauer Körner.

Nachdem bereits große Gesteinsmassen entstanden sind, können viele Minerale (auch Feldspat, Quarz und Glimmer) noch bei genügend hoher Temperatur und hohen Drücken, in Hohlräumen und Klüften als einzelne große Kristalle heranwachsen. Die Bedingungen, vor allem die Platzverhältnisse dieser Räume, bestimmen die Wachstumsform und Größe solcher Kristalle.

Wie bereits erwähnt, sind auch Feststoffe wie Erze, Metalle, Baustoffe und Böden kristallin. In Abb. 1.2 sind rechts Kristalle im Baustoff Porenbeton abgebildet. Bei der Herstellung von Porenbeton kristallisiert bei der Dampfhärtung das Calciumsilica-

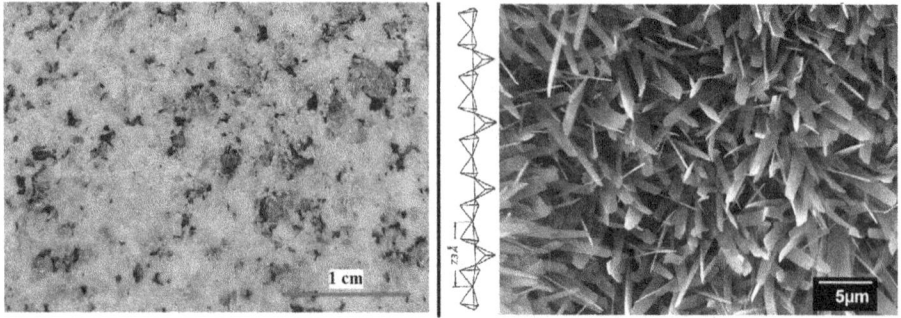

Abb. 1.2: Links: Granit, geschliffen und poliert. Rechts: Tobermoritkristalle im Baustoff Porenbeton (rasterelektronenmikroskopische Aufnahme). In Richtung der Kristallnadeln verlaufen in der atomaren Struktur dieser Kristalle Dreiereinfachketten aus eckenverknüpften Silicattetraedern (schematisch in der Bildmitte dargestellt). Aufnahmen J.-Ch. Buhl.

thydrat Tobermorit, das auch als Mineral in der Natur vorkommt. Die Kristalle sind für die Härte des Baustoffs maßgebend. In der Kristallstruktur finden sich zu Ketten über Ecken verknüpfte Silicium-Sauerstofftetraeder in Form der Dreiereinfachkette mit einer Kettenperiode von 7,3 Å.

Metalle und Metallegierungen sind ebenfalls kristallin. Abb. 1.3 zeigt die Gittermodelle der Elementarzellen der Kristallstrukturen einiger Metalle. Gold kristallisiert (wie auch Silber und Kupfer) im kubisch flächenzentrierten Raumgitter. Rechts in Abb. 1.3 ist die Elementarzelle als kleinste Baueinheit der Struktur dargestellt. In den Raumgittermodellen und ihren graphischen Darstellungen werden zur besseren Übersicht nur die Schwerpunkte der Kristallbausteine (hier die Schwerpunkte der Atome Gold bzw. Silber oder Kupfer) auf Gitterplätzen durch Kugeln (bzw. Gitterpunkte) dargestellt. Sie werden durch Stäbe im Modell bzw. Abstandslinien in der Graphik miteinander zum Gitter verbunden. Die Größenverhältnisse der Bausteine bleiben dabei unberücksichtigt. In der realen Kristallstruktur bilden die Goldatome eine dichteste Kugelpackung. Wir müssten uns dazu in der Abbildung der Elementarzelle (Abb. 1.3, rechts) die Verbindungslinien zwischen den Kugeln als entfernt vorstellen. Dann wären alle Kugeln unter Erhalt ihrer Anordnung (als Würfel mit je einem Baustein in den Flächenmitten) soweit zusammenzuschieben, dass sie sich gegenseitig berühren. 74 % des Zellvolumens wären dann mit Materie befüllt. Weiter unten im Kapitel 4 werden wir auf die dichtesten Kugelpackungen zurück kommen und einen weiteren Strukturtyp besprechen, in dem z. B. Metalle wie Magnesium, Zink oder Titan kristallisieren. Die Metallstrukturen, deren Elementarzellen ebenfalls in Abb. 1.3 (Mitte und links) dargestellt sind, stellen auch dichte Packungen dar, wobei die Raumausfüllung (Packungsdichte) aber in der Reihenfolge kubisch innenzentriert (68 %) und kubisch primitiv (52 %) abnimmt [6].

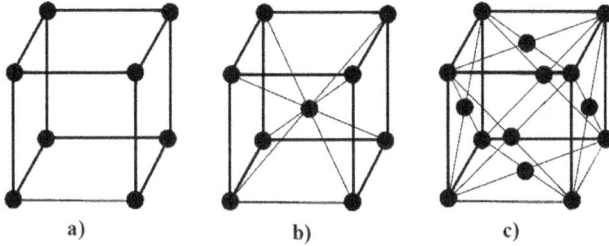

Abb. 1.3: Gittermodelle der Elementarzellen der Kristallstrukturen einiger Metalle: a) α-Polonium (kubisch primitiv), b) Wolfram, Vanadium, Molybdän (kubisch innenzentriert), c) Kupfer, Silber, Gold (kubisch allseitig flächenzentriert).

1.3 Die Raumgittervorstellung und ihre historische Entwicklung

Das anfangs bereits erwähnte augenfälligste Merkmal der Kristalle ist die regelmäßige Form, die sie bei möglichst ungestörtem Wachsen in der Natur als Mineral oder bei der Synthese im Labor ausbilden. Die Form der Kristalle ist das äußere makroskopische Abbild der im Raumgitter angeordneten Bausteine der Kristallstrukturen. Die äußere Kristallgestalt bezeichnen wir als Morphologie des Kristalls. Mit Ausnahme speziell gezüchteter birnen- und stabförmiger Kristalle, haben Kristalle die Form von Polyedern mit mehr oder weniger Flächen in regelmäßiger Anordnung, die zu Kanten und Ecken zusammentreffen.

Besonders über die ideale Form der Kristallpolyeder haben die Philosophen schon im Altertum nachgedacht. Aber erst im 17. Jahrhundert beschrieben die Forscher J. Keppler (1611) [7] und N. Stensen (1669) [8] erste Vorstellungen vom Aufbau der Kristalle. Zwischen dem 18. und 19. Jahrhundert nahm die heutige Kenntnis vom kristallinen Zustand der Materie zunächst noch sehr langsam Gestalt an. Hier sollen nur einige der vielen damaligen Forscher erwähnt werden, die aber grundlegende Arbeiten bis hin zur heute aktuellen Vorstellung vom Raumgitteraufbau der Kristalle geleistet haben.

Einer der ersten, der 1782 eine Theorie zum inneren Aufbau der Kristalle vorschlug, war der französische Kristallograph, Mineraloge und Chemiker R. J. Haüy [9]. Er ging von einer geordneten Packung kleiner Elementarwürfel aus, die dann den makroskopischen Kristallkörper repräsentieren. Er bezeichnete diese Elementarwürfel als integrierende Moleküle, die aber noch die Eigenschaften des gesamten Kristalls besitzen müssen. Abb. 1.4 (links) zeigt ein solches Modell. Wesentliche Entwicklungsschritte der Raumgittertheorie erfolgten dann 1824 durch L. A. Seeber [10] und 1843 durch G. Delafosse [11]. Beide führten das räumliche Punktgitter ein (Abb. 1.4, oben rechts) und postulierten den Kristallzustand als eine Anordnung parallel ausgerichteter Moleküle, die auf Positionen von Gitterpunkten in räumlichen Punktgittern angeordnet sind. Kurz zuvor (1835) hatte M. L. Frankenheim [12] wichtige Arbeiten zur Theorie von mathematischen Punktgittern durchgeführt. Die Theorie wurde von

A. Bravais 1850 verfeinert. Er leitete 14 mögliche Gittertypen ab, die seither in der Kristallographie nach ihm benannt werden [13, 14] und die Grundlage der Beschreibung des Raumgitterbaus der Kristalle sind.

Einige Jahre später (1867) verallgemeinerte L. Sohncke die Theorie, indem er die Ineinanderstellung mehrerer identischer Raumgitter durchführte [15, 16]. Er ging dabei lange Zeit aber immer noch von der Vorstellung identischer Moleküle auf allen so erzeugten Punktpositionen aus. Erst später vermutete Sohncke, dass auf den Positionen verschiedene Bausteine angeordnet sein könnten, statt Molekülen eventuell auch einzelne Atome.

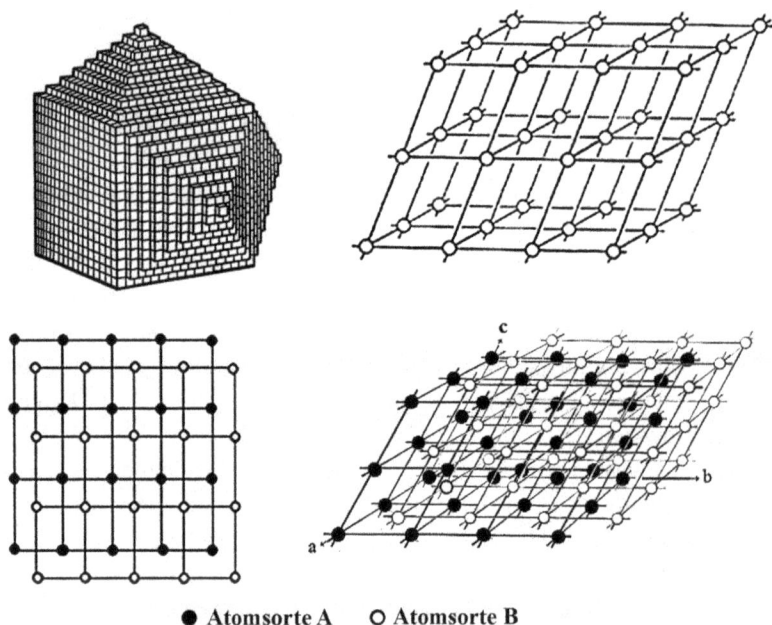

● **Atomsorte A** ○ **Atomsorte B**

Abb. 1.4: Oben links: Kristallaufbau aus kleinen Elementarwürfeln („integrierende Moleküle") nach Haüy (1801) [9]. Daneben: Räumliches Punktgitter nach Seeber (1824) [10]. Unten links: Ineinanderstellung zweier Punktnetze. Daneben: Ineinanderstellung zweier Punktgitter, A-Gitter mit der Atomsorte A und B-Gitter mit der Atomsorte B.

Schließlich verdanken wir es dem Mineralogen P. von Groth, dass sich diese Vermutungen Sohnckes vollkommen durchsetzen konnten. Von Groth verfolgte genau diese Vorstellungen intensiv, verfeinerte sie und vertrat sie in seinen wichtigen umfangreichen Forschungsbeiträgen und in seinen ab 1905 erschienenen Lehrbüchern [17, 18].

Die Theorie war zu dieser Zeit ganz besonders fortschrittlich, denn die Modelle vom Aufbau des Atoms (das Atommodell von E. Rutherford und kurze Zeit später das erweiterte Atommodel von N. Bohr) gab es zu dieser Zeit noch nicht. Nach von Groths Auffassung handelt es sich bei den Kristallstrukturen um ineinandergestellte kongruente Punktgitter, wobei aber die Gitterpunkte jedes einzelnen Gitters mit einer einzigen Atomsorte besetzt sein müssen, z. B. ein Teilgitter mit Atomen der Sorte A und ein weiteres mit der Atomsorte B. Die Teilgitter können auch mit der gleichen Atomsorte belegt sein, lediglich die Positionierung von verschiedenen Atomen auf ein und demselben Teilgitter ist auszuschließen. Die einzelnen Gitter sind dann stets um wohl zu bestimmende Koordinaten ineinandergestellt.

Auch der Mineraloge P. Niggli hat mit seinen umfangreichen Arbeiten und Lehrbüchern wichtige Beiträge zur Raumgittertheorie geleistet [19, 20]. Abb. 1.4 (unten) zeigt die Ineinanderstellung am Beispiel zweier Gitterebenen (Punktnetze) und zweier Raumgitter, ein A-Gitter mit der Atomsorte A, in das ein zweites gleich großes B-Gitter mit der Atomsorte B hineingestellt ist.

1.4 Die Entdeckung der Röntgenbeugung am Kristall

Wir wollen nun die Frage danach stellen, ob es einen experimentellen Beweis für den Raumgitteraufbau gibt. Die Antwort ist ja, den Beweis haben wir seit 1912, dem Jahr, in dem der Physiker M. von Laue die Beugung von Röntgenstrahlen am Kristallgitter entdeckte und zusammen mit W. Friedrich und P. Knipping die erste Röntgenuntersuchung eines Kristalls ausführte [21]. Dieser Zeitpunkt gilt als Geburtsstunde der modernen kristallographischen Strukturforschung.

Als Physiker an der Ludwig-Maximilians-Universität München (LMU München) tätig, suchte von Laue nach einem Beweis dafür, dass Röntgenstrahlen neben Teilchencharakter auch Wellencharakter besitzen (der Dualismus Welle–Teilchen war zur damaligen Zeit des Umbruchs von der klassischen Physik hin zur Quantenphysik ein Hauptproblem in der Theorieentwicklung). Ein physikalischer Beweis für die Wellennatur wäre das Phänomen der Beugung („Diffraktion") der Strahlen. Die Eigenschaft der Beugung und Interferenz der abgebeugten Strahlen wurde für paralleles Licht am optischen Strichgitter schon 1821 von J. Fraunhofer beschrieben („Fraunhofer Beugung") [22].

Vergeblich hatte von Laue zum Nachweis der von ihm vermuteten Wellennatur der Röntgenstrahlen Experimente zur Beugung der Strahlung an solchen optischen Strichgittern durchgeführt. Als Grund der Erfolglosigkeit vermutete er aber völlig richtig, dass Röntgenwellen eine viel kürzere Wellenlänge besitzen müssten als das sichtbare Licht. Ein optisches Strichgitter hat daher einen zu großen Linienabstand, um Röntgenstrahlen zu beugen. Heute wissen wir, dass Röntgenstrahlen im Spektrum der elektromagnetischen Wellen den breiten Wellenlängenbereich zwischen 10^{-8} m (langwelliges Ende) bis 10^{-12} m (kurzwelliges Ende) umfassen. Unser sichtbares Licht ist viel langwelliger und hat nur den engen Bereich der Wellenlänge von $7{,}7 \cdot 10^{-7}$–$3{,}9 \cdot 10^{-7}$ m

Dann hat sich zufälligerweise aber Folgendes ereignet: Der bereits oben schon erwähnte von Groth, damals Inhaber des Lehrstuhls für Mineralogie an der LMU Mün-

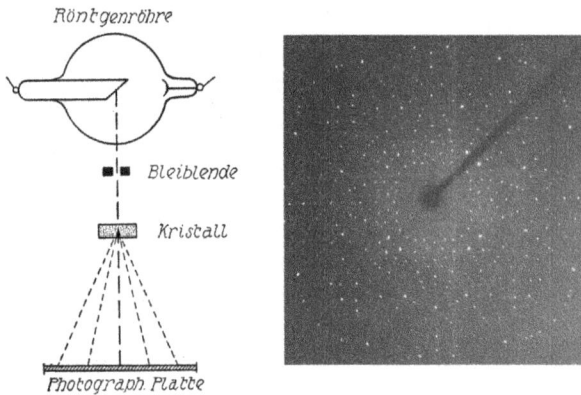

Abb. 1.5: Links: Historische Abbildung des Laue-Verfahrens aus Niggli [20]. Rechts: Laue-Aufnahme eines Sodalith-Kristalls. Aufnahme J.-Ch. Buhl.

chen, hielt dort auf einem Kolloquium einen Vortrag über seine Raumgittertheorie. Er stellte klar, dass die Abstände der mit Gitterpunkten (in der Realität also mit Atomen bzw. Ionen oder Molekülen) belegten Ebenen („Netzebenen") Scharen sind, deren Abstände nur wenige atomare Dimensionen betragen müssten. Sofort ahnte von Laue, der Zuhörer des Vortrags war, dass er mit einem Kristall ein passendes Gitter für sein Beugungsexperiment mit Röntgenstrahlen haben würde. Er beauftragte seine beiden Mitarbeiter Friedrich und Knipping, den in Abb. 1.5 dargestellten Versuch durchzuführen: Ein aus der Röntgenröhre austretender Röntgenstrahl trifft einen kleinen Kristall (der dafür geeignete Kristall ist deutlich kleiner als 1mm, z. B. 0,25 mm). Die periodisch angeordneten Netzebenenscharen führen zu abgebeugten Röntgenstrahlen, die auf einen in einer Kassette angeordneten Film auftreffen. Auf dem Film entsteht ein Beugungsbild in Form systematisch angeordneter Schwärzungspunkte, die in der Kristallographie als Röntgenreflexe bezeichnet werden. Die Röntgenreflexe repräsentieren die Kristallstruktur. Das Beugungsbild stellt für jede Kristallstruktur den „Fingerabdruck" dar. In Abb. 1.5 ist als Beispiel eine Laue Aufnahme eines Sodalith-Kristalls gezeigt. Hier wurde der Kristall zuvor exakt in eine wohldefinierte Richtung orientiert. Man erkennt an der hochsymmetrischen Verteilung der Röntgenreflexe die Symmetrie der Kristallstruktur.

Neben der Laue-Methode gibt es heute viele weitere Röntgenverfahren. Ohne sie wäre die Strukturforschung und die Qualitätskontrolle kristalliner Materialien in der Technik nicht in der erforderlichen Form möglich. Von Laue erhielt für seine Entdeckung 1914 den Nobelpreis für Physik, den er mit seinen Mitarbeitern Friedrich und Knipping teilte. 1923 publizierte dann der Kristallograph P. Ewald eine zusammenfassende Arbeit zum Stand der Röntgenuntersuchungen an Kristallen [23].

Mit dem erfolgreichen Experiment des Nachweises der Beugung von Röntgenstahlen an Kristallen konnten folgende fundamentalen Beweise erbracht werden: Röntgenstrahlen sind elektromagnetische Wellen sehr kurzer Wellenlänge und Kristalle haben den vorhergesagten dreidimensional periodischen Gitteraufbau, die Abstände der Netzebenen im Kristallgitter korrelieren mit der Wellenlänge der verwendeten Röntgenstrahlung.

Rasch folgend auf von Laues Entdeckung wurden mit der Methode die Kristallstrukturen vieler Minerale und synthetischer Kristalle bestimmt. Einen sehr wichtigen Anteil daran hatten auch die englischen Forscher W. H. Bragg und W. L. Bragg [24], beide erhielten 1915 den Nobelpreis für Ihre Forschungen.

Die Strukturbestimmung kann nicht nur an anorganischen Kristallen und Mineralen durchgeführt werden, sondern selbstverständlich auch an organischen Molekülkristallen. Wir hatten oben bereits festgestellt, dass auch große Teile der natürlich entstandenen und der synthetischen organischen Feststoffe kristallin sind oder bei Temperaturen (meistens unterhalb der Raumtemperatur) kristallisieren. Hier könnte eine sehr hohe Zahl an Substanzen genannt werden, angefangen bei der ersten, durch F. Wöhler synthetisierten organischen Verbindung, dem Harnstoff [25], der in wässriger Lösung je nach Konzentration zwischen 0 °C und −11 °C kristallisiert, über Kohlenwasserstoffe wie Benzol (Kristallisationstemperatur −3° C) und Ethen (Kristallisationstemperatur −174 °C). Auch Paraffin und Naphthalin oder Kunststoffe wie Polystyrol bis hin zu Proteinen, Nukleinsäuren, Vitaminen und Viren können kristallisieren. Abb. 1.6 zeigt die Polyeder von Rohrzucker (links), L-Weinsäure (Mitte) und das Polyedermodell eines Vitamin-B_{12}-Kristalls (rechts). Eine umfangreiche Einführung in die Kristallographie organischer Molekülstrukturen gibt A. I. Kitaigorodski [26].

Die besonders berühmte, für ihre Komplexität schon erstaunlich früh durchgeführte Strukturbestimmung, ist die Strukturaufklärung der Deoxyribonukleinsäure (DNS) in Form der DNS-Doppelhelix, die J. D. Watson und F. Crick zu Beginn der 50er Jahre des vorigen Jahrhunderts gelang [27]. Die Arbeit von Watson und Crick stellte den Beginn der modernen Biokristallographie dar, eine Disziplin, die von enormer Bedeutung für die Erforschung neuer Wirkstoffe und Medikamente ist.

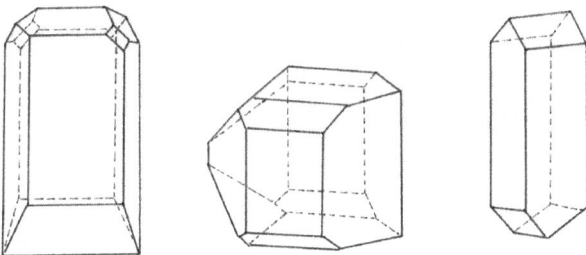

Abb. 1.6: Polyedermodelle organischer Kristalle. Links: Rohrzucker ($C_{12}H_{22}O_{11}$), Mitte: Linksweinsäure ($C_4H_6O_6$), rechts: Vitamin B_{12} ($C_{63}H_{88}N_{14}O_{14}PCo$).

1.5 Kristallographie, eine interdisziplinäre Wissenschaft

Das gelungene Experiment Max von Laue und seiner Mitarbeiter, das zur Strukturaufklärung der kristallinen Materie auf atomarer Ebene führte, stellt einen Meilenstein der Entwicklung der Physik und insbesondere der Kristallographie dar. Hervorgegangen aus der Mineralogie ist die Kristallographie seit langem ein eigenständiges Fach. Gleichzeitig bestehen aber auch sehr enge Beziehungen zu den Fächern Chemie, Physik, Materialwissenschaften, Baustoffforschung, Metallurgie, Biochemie und vielen weiteren technischen Gebieten.

Die Kristallographie ist aufgrund dieses interdisziplinären Charakters sowohl in der Wissenschaft als auch in der Technik unverzichtbar. Denken wir z. B. an das Teilgebiet der Kristallzüchtung, so erkennen wir die Bedeutung für die Synthese neuer Materialien mit Anwendungsgebieten wie Sensorik, Solartechnik und Digitalisierung (ohne den Silicium-Kristall hätten wir keine Prozessoren). Zu nennen ist auch die fortschreitende Strukturaufklärung auf dem Gebiet der organischen Stoffe, besonders der Proteinkristalle. Die Untersuchungen dazu sind für die Entwicklung neuer Wirkstoffe für Medikamente grundlegend.

1.6 Gliederung des Faches Kristallographie in die Teilgebiete

Abschließend zum einführenden Kapitel wollen wir hier aber auch die weiteren Teilgebiete des Faches Kristallographie nennen. Die Grundlagen der Kristallographie lehrt die Kristallmorphologie und Kristallstrukturlehre (Morphologie = äußere Gestalt der Kristalle, die mit der inneren atomaren Anordnung korreliert).

Das wichtige Teilgebiet der Kristallchemie beinhaltet die Beziehungen zwischen der chemischen Zusammensetzung und dem chemischen Bindungstyp der Kristalle sowie dem daraus resultierenden Strukturtyp.

Die Kristallphysik befasst sich mit den Struktur-Eigenschaftsbeziehungen der Kristalle und ist für technische Anwendungen essenziell. Nehmen wir nur einmal das elementare Gebiet der Sensorik, hier hatten wir bereits die Piezoquarze erwähnt, die signifikante Drucksensoren sind und viele technische Einsatzgebiete haben (z. B. in der Automobiltechnik als Auslöser des Airbags).

Das Teilgebiet der physikalisch-chemischen Kristallographie umfasst die Theorie der Kristallisationsvorgänge, die Methoden der Kristallzüchtung sowie die Charakterisierung von Kristallbaufehlern. Wir hatten bereits die Kristallzüchtung von Silicium nach dem Czochralski-Verfahren erwähnt. Hier müssen bei einer Wachstumsrate von 3,6 cm pro Stunde rund 10^{19} Atome pro Sekunde den richtigen Platz in der Kristallstruktur finden! Das führt zu Baufehlern, wie Zwischengitteratomen oder Leerstellen und weiteren Fehlerarten. Wir sprechen daher von der Realstruktur der Kristalle.

Schließlich ist die Strukturanalyse von Kristallen zu nennen. Dieses Lehrgebiet enthält, wie eben schon berichtet, die Röntgenbeugung an der Kristallstruktur, aber daneben auch diverse weitere Methoden zur Strukturanalyse wie Neutronenbeugung, Elektronenbeugung sowie verschiedene spektroskopische Verfahren und die Elektronenmikroskopie.

1.7 Inhaltliche Abgrenzung des vorliegenden Buches

Schwerpunkt des Buches ist die geometrische Kristallographie. E. Fischer definiert sie folgendermaßen: „Die Kristallgeometrie ist die Lehre von der Anisotropie der kristallinen Materie in geometrischer Hinsicht. Eine der Hauptaufgaben der Kristallstrukturlehre ist es, die empirisch aufgefundenen Gesetzmäßigkeiten betreffend die Anordnung der Flächen und Kanten an Kristallen aus dem Gitterbau der Kristalle heraus zu deuten" [28].

2 Der Kristallzustand

2.1 Kristalle als homogenes Diskontinuum

Bereits in der Einleitung hatten wir den kristallinen Zustand der Materie definiert: Kristalle sind homogene anisotrope Körper, die aus Atomen, Ionen oder Molekülen aufgebaut sind. Die Anordnung dieser Kristallbausteine erfolgt dreidimensional periodisch im Sinne von Raumgittern. Abb. 2.1 zeigt links die geordnete Anordnung von Atomen im Kristall und rechts die ungeordnete Anordnung in einem Glas. Zur Vereinfachung ist beides schematisch und jeweils nur zweidimensional dargestellt.

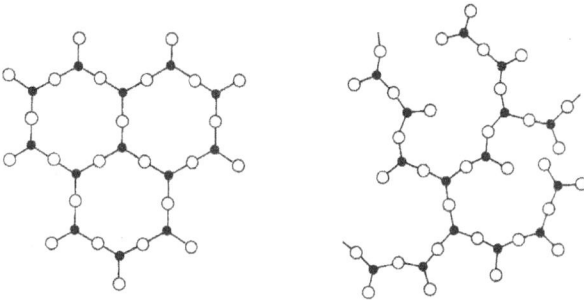

Abb. 2.1: Links die streng geordnete Anordnung von Atomen im Kristall. Rechts: Die ungeordnete Anordnung der Atome in einem Glas (zur Vereinfachung beides schematisch und jeweils nur zweidimensional dargestellt).

Als einfaches Beispiel für die streng geordnete Anordnung der Kristallbausteine im Raumgitter ist in Abb. 2.2 (Mitte) die Kristallstruktur von Natriumchlorid (NaCl, Mineralname: Halit bzw. Steinsalz) dargestellt. Es ist eine Struktur mit überwiegend ionogener chemischer Bindung, die Kristallbausteine sind Na-Kationen und Cl-Anionen. Die Abbildung zeigt die schematische Anordnung der Ionen, positioniert auf ihren Mittelpunkten im Sinne eines Raumgitters. Ein Raumgitter stellt eine dreidimensional periodische Anordnung von Gitterpunkten dar. Die Anordnung der Bausteine im Raumgitter entspricht ihren Schwerpunktpositionen in der realen Kristallstruktur. Die physikalische Natur der Kristallbausteine wird dabei vernachlässigt, z. B. ihre unterschiedlich ausgedehnten Elektronenhüllen und damit ihre verschiedenen Radien. Wie schon einleitend kurz erwähnt, werden in den Raumgittermodellen gleich große Kugeln verwendet („starre Kugeln") und vereinfacht Verbindungsstäbe zwischen diese gesetzt, um ein anschauliches Modell des Gitters bzw. der Gitterstruktur zu erhalten. In der Realität existieren solche „Abstandshalter" nicht, sondern die Bausteine sind dicht aneinander dreidimensional periodisch aufgereiht, im Sinne dichter bis dichtester Packungen, was Abb. 2.2 (rechts) zeigt. Die realen Abstände zwischen den Schwerpunktlagen der Kristallbausteine liegen in der Größenordnung weniger Ångst-

https://doi.org/10.1515/9783112227497-002

röm. In den Datenbanken der Kristallstrukturen und in Strukturpublikationen wird jetzt meistens die Einheit nm benutzt (1 Å = 0,1 nm). Zur Veranschaulichung dieser Größenordnung wird in den Lehrbüchern gern auf die Anzahl Atome hingewiesen, wenn diese mit einem fiktiven Atomradius von 1 Å in einer Linie von einem cm Länge aneinandergereiht würden. Man käme auf 50 Millionen Atome pro cm [2].

In der NaCl-Struktur beträgt der Abstand der Schwerpunkte zwischen Kation und Anion 2,820 Å und stellt die Hälfte der Gitterkonstanten a_0 = 5,640 Å dar [29] (die Bestimmung der Elementarzelle wird in Kapitel 4.7 besprochen). Die Anordnung der Kristallbausteine im Sinne eines Punktgitters beschreibt den diskontinuierlichen Aufbau der Kristalle in anschaulicher und gut übersichtlicher Weise (Abb. 2.2, Mitte).

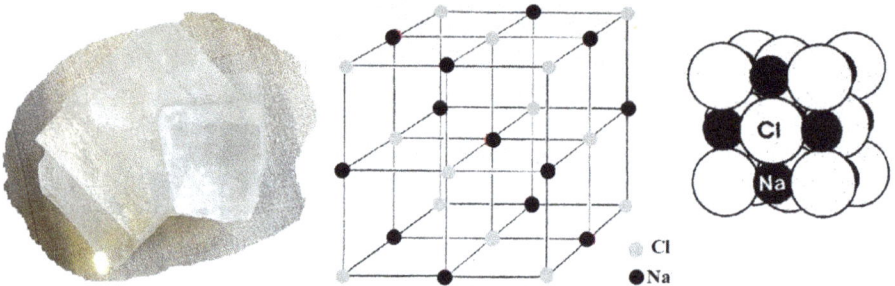

Abb. 2.2: Links: Mineralhandstück von Halit (Steinsalz, chemisch NaCl, ½ nat. Größe), Foto: J.-Ch. Buhl. Mitte: Elementarzelle des Raumgittermodells von NaCl. Rechts: In der realen Kristallstruktur sind Kationen und Anionen in dichter Packung angeordnet.

Der makroskopische Kristall, hier also in Abb. 2.2 links das Handstück des Minerals Halit (Verwachsung mehrerer würfelförmiger Kristalle), erscheint uns als Kontinuum der Materie, d. h. als Körper, der vollständig mit Materie ausgefüllt ist. Betrachten wir aber den atomaren Feinbau, stellen wir fest, dass die reale Kristallstruktur, in der die Bausteine dichte Anordnungen aufweisen, keine völlig lückenlose Ausfüllung des Raumes darstellt (Abb. 2.2, rechts). Physikalisch gesehen, ist der Kristall somit kein Kontinuum, sondern ein Diskontinuum der Materie. Das spiegelt die Anordnung der Schwerpunkte der Kristallbausteine in Form des dreidimensionalen Punktgitters sehr anschaulich wider (Abb. 2.2, Mitte).

2.2 Kristalle als anisotrope feste Körper

Kommen wir zurück zur Definition der Kristalle als homogene anisotrope Körper. Homogen bedeutet, dass ein Festkörper, bedingt durch die stoffliche Einheitlichkeit, in parallele Richtungen gleiches Verhalten zeigt. Anisotrop ist ein Stoff, der in verschiedene Richtungen unterschiedliches Verhalten besitzt. Isotrop ist ein Stoff, der in sämtliche Richtungen die gleichen Eigenschaften hat.

Ein typisches Beispiel für anisotrope Kristalleigenschaften ist die Härteanisotropie. Abb. 2.3 zeigt links einen Disthenkristall (Al_2SiO_5). Disthen (griech. „dis": zweifach und „sthenos": Härte, also „zwei Härten") besitzt diese Anisotropie sogar auf ein und derselben Kristallfläche. Man kann mit einer Stahlklinge stark verschieden tiefe Ritzspuren erzeugen, am deutlichsten bei horizontaler und vertikaler Einwirkung. In horizontaler Richtung besitzt der Kristall eine geringere Härte, es wird eine breitere tiefergehende Ritzspur erzeugt.

Ein einfaches Experiment zur Anisotropie kann auch am Bespiel der Eigenschaft der Wärmeleitung durchgeführt werden. In Abb. 2.3 (Mitte) dient dazu schematisch ein Kristallmodell eines Gipskristalls (chemisch ist Gips Calciumsulfatdihydrat $CaSO_4 \cdot 2H_2O$). Zuerst wird die gezeigte Fläche des Gipskristalls mit einer Wachsschicht überzogen. Dann wird z. B. mit dem Bunsenbrenner ein Nagel erhitzt und vorsichtig mit der Spitze kurz auf die wachsbedeckte Fläche gedrückt, wobei die Bildung einer Schmelzwulst zu beobachten ist. Die Schmelzwulst ist nicht kreisrund, sondern ellipsenförmig, bedingt durch die Richtungsabhängigkeit der Wärmeleitung des Gipskristalls. Der Kristall zeigt hinsichtlich der physikalischen Eigenschaft der Wärmeleitung ein anisotropes Verhalten. Die Schmelzwulst dient hier als Indikator für den Temperaturverlauf und markiert eine Isotherme.

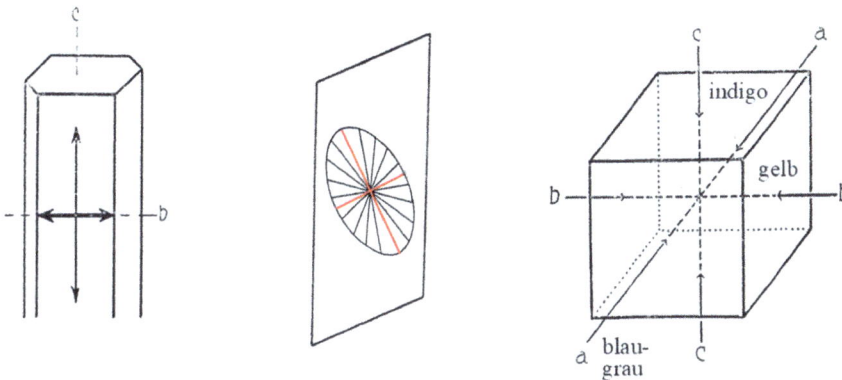

Abb. 2.3: Beispiele für anisotrope Kristalleigenschaften (nach Niggli [20]): Links: Anisotropie der Härte auf einer Fläche eines Disthenkristalls, erzeugt durch Ritzen mit einer Stahlklinge (vertikal (c) hart, horizontal (b) geringere Härte). Mitte: Anisotropie der Wärmeleitung im Gipskristall (größter Wert: lange Halbachse, kleinster Wert: kurze Halbachse der Ellipse, beide rot eingetragen). Rechts: Anisotropie der Lichtabsorption eines Cordieritkristalls (siehe Text).

Ganz typisch für die anisotropen Eigenschaften der Kristalle ist die richtungsabhängige Absorption von Licht. Abb. 2.3 (rechts) zeigt sie am Beispiel eines Cordieritkristalls. Cordierit gehört zu den Ringsilikaten und hat die chemische Zusammensetzung $(Mg, Fe^{2+})_2[Al_4Si_5O_{18}]$. Je nach Blickrichtung erscheint der Kristall in unterschiedlicher Färbung. Blickt man z. B. entlang der Richtung „b" auf den Kristall, erscheint er gelb, da alle anderen Farben des weißen Lichts in dieser Richtung vom Kristall absorbiert werden. Diese Eigenschaft wird als Pleochroismus bezeichnet (griech. „pleo": mehr, „chross": Farbe).

Ein weiteres Gedankenexperiment zur Charakterisierung des Unterschieds zwischen isotropem und anisotropem Materialverhalten ist der Vergleich der thermischen Ausdehnung von Quarzglas und eines Quarzkristalls. Glas hat keine dreidimensionale periodische Kristallstruktur. Es ist ein amorpher Festkörper und muss sich demnach isotrop bezüglich aller Eigenschaften verhalten: Von beiden Materialien wird jeweils ein kugelförmiger Probenkörper mit einer Kugelschleifmaschine hergestellt. Anschließend werden beide Kugeln in einem Ofen erhitzt. Bei hoher Temperatur wird dabei die Veränderung der Form beider Materialien geprüft. Die Kugel aus Quarzglas hat sich entsprechend der thermischen Ausdehnung zwar vergrößert, behält aber auch bei hoher Temperatur die Kugelgestalt. Das Quarzglas verhält sich in alle Richtungen gleich, es zeigt isotropes Verhalten (hier also am Beispiel der physikalischen Eigenschaft der thermischen Ausdehnung). Der Quarzkristall hat dagegen bei hoher Temperatur die Form eines Rotationsellipsoids angenommen. Er hat sich in eine besondere Richtung unterschiedlich stark ausgedehnt. Der Kristall zeigt somit verschiedenes thermisches Ausdehnungsverhalten in verschiedene Richtungen, er verhält sich anisotrop.

Die Anisotropie ist ein Kennzeichen des kristallinen Zustands der Materie. Ursache dafür ist die Anordnung der Kristallbausteine im Raumgitter, die bei den genannten Kristallbeispielen in die verschiedenen Richtungen unterschiedlich ist. Hier sei schon einmal vorweggenommen, dass es neben den anisotropen Kristallen auch eine Gruppe von Kristallen gibt, deren Kristallbausteine in alle drei Raumrichtungen exakt gleichmäßig angeordnet sind. Diese Kristalle sind bezüglich der thermischen Ausdehnung, der Wärmeleitfähigkeit und der optischen Eigenschaften isotrop. Es sind die Kristalle, die wir dem kubischen Kristallsystem zuordnen. Der NaCl-Kristall (siehe Abb. 2.2) gehört z. B. dazu. Die äußeren Flächen des Raumgitters bilden einen Würfel (Kubus). Ausgehend von einer Ecke im Raumgittermodell (Abb. 2.2, Mitte) sind entlang der drei Kanten des Kubus die Abstände zwischen den Schwerpunktlagen der Kristallbausteine alle identisch und betragen wie schon oben erwähnt in der realen Kristallstruktur 2,820 Å. Zu beachten ist aber auch bei den kubischen Kristallen die geometrische Anisotropie des Raumgitters. So finden wir zwar in die drei Raumrichtungen des Kubus identische Bausteinabstände, sie unterscheiden sich jedoch von denen in Richtung der Flächendiagonalen oder der Raumdiagonalen.

2.3 Der Kristallzustand und die innere Energie des Stoffsystems

2.3.1 Die innere Energie als Triebkraft der Kristallisation

Wenn wir uns nun mit der Frage nach der Ursache der Anordnung der Kristallbausteine in Form des Raumgitters beschäftigen, ist der Energiezustand der stofflichen Systeme zu diskutieren. Ein physikalisch einheitlich aufgebauter Stoff wird in der physikalischen Chemie als Phase bezeichnet. Ein Kristall ist somit eine Festphase; eine Schmelze oder eine Lösung, aus der Kristalle entstehen können, sind flüssige Phasen. Ein Kristallisationsvorgang stellt daher einen Phasenübergang dar. Auch aus der Gasphase (Dampfphase) ist eine Kristallisation möglich. Jede Phase hat einen bestimmten Energiegehalt. Ihre Gesamtenergie nennen wir nach R. Clausius innere Energie. Sie ist von den Zustandsgrößen Temperatur, Druck und Volumen abhängig (thermodynamische Bedingungen). Die innere Energie als Gesamtenergie ist somit die Summe verschiedener Energiearten, beim Festkörper z. B. die Summe der potenziellen und der kinetischen Energie der den Kristall aufbauenden Atome, Ionen oder Moleküle. Hinzu kommt die Energie der elektrischen und magnetischen Felder innerhalb der Struktur.

Es gilt der erste Hauptsatz der Thermodynamik: Führt man einem System von außen Energie in Form von Arbeit oder Wärme zu, erhöht sich damit dessen innere Energie. Als Energieerhaltungssatz können wir den Satz auch so formulieren: Die Summe aller enthaltenen Energieformen eines abgeschlossenen Systems ist konstant, die einzelnen Energieformen können aber ineinander umgewandelt werden. Streng erfüllt ist der Satz unter der Bedingung, dass kein Energie- und Materieaustausch mit der Umgebung erfolgt (abgeschlossenes System).

Der Kristallisationsprozess ist ein Phasenübergang, der dem Naturgesetz der Erhaltung der Energie unterliegt. Der Kristall ist gegenüber der Schmelze, der Lösung oder der Dampfphase die Phase mit der geringeren inneren Energie und damit die stabile Phase unter den gegebenen thermodynamischen Bedingungen. Die Energiedifferenz zwischen der Ausgangsphase (Schmelze, Lösung oder Dampfphase) und dem Kristall ist in Form freiwerdender Kristallisationswärme mit kalorimetrischen Messmethoden quantifizierbar.

Halten wir also Folgendes fest: Triebkraft der Kristallisation ist die Änderung des energetischen Zustands der Materie. Sie manifestiert sich in der dreidimensional periodischen Anordnung der Bausteine, d. h. im Raumgitteraufbau der Kristalle. Der Chemiker L. Pauling hat auf dem Gebiet der Prinzipien der Anordnung und der chemischen Bindung der Bausteine in Kristallen Pionierarbeit geleistet [30]. In der Kristallstruktur füllen die Atome, Ionen oder Moleküle den Raum am effektivsten aus. Es kommt zur Bildung dichter bis dichtester Packungen der Bausteine. Ihre Anordnung strebt nach hoher Symmetrie und erfolgt so, dass die einzelnen Bausteine mit möglichst vielen anderen in Wechselwirkung stehen, d. h. viele Nachbarn haben. Die chemischen Bindungen zwischen den Bausteinen werden so am optimalsten abgesättigt, wodurch ein energetisch stabiler Zustand der kristallinen Materie erreicht wird.

2.3.2 Gitterenergie von Kristallen und chemische Bindung

Eng verbunden mit der inneren Energie ist die Gitterenergie eines Kristalls. Darunter verstehen wir die Energie, die benötigt wird, um eine Kristallstruktur vollständig abzubauen und die Kristallbausteine weit voneinander zu entfernen, dass diese keine gegenseitige Wechselwirkung mehr untereinander haben. Die Gitterenergie unterscheidet sich von der inneren Energie dadurch, dass die thermischen Schwingungen der Kristallbausteine unberücksichtigt bleiben. Bei den meisten Kristallen ist aber der Energiebetrag durch thermische Schwingungen sehr gering. Daher ist die Gitterenergie ein geeignetes Maß für die Abschätzung der Stabilität und des Energiegehalts der kristallinen Materie. Sie steht in Beziehung zu vielen weiteren wesentlichen Eigenschaften des Kristalls wie Härte, Strukturstabilität oder thermische Ausdehnung. Sie gestattet auch Rückschlüsse auf die jeweiligen Kristallisationsbedingungen.

Die Praxis zeigt uns, dass wir Kristallarten finden, die bereits bei hoher Temperatur aus einer Schmelze kristallisieren. Es sind Kristalle mit einer hohen Gitterenergie. Ebenso finden wir aber auch kristalline Verbindungen mit geringer Gitterenergie, die bei besonders niedriger Temperatur kristallisieren, nehmen wir zum Beispiel Eis. Dazwischen kennen wir aus dem Naturbefund ein breites Temperaturintervall der Mineralbildung, z. B. die magmatische Abfolge der Kristallisation in Abhängigkeit von der Temperatur.

Nehmen wir als Beispiel das Mineral Forsterit, ein Magnesiumsilikat ($Mg_2[SiO_4]$) mit sehr hoher Gitterenergie. Die Atome sind hier so fest in die Kristallstruktur eingebunden, dass wir den Kristall fast auf 1900 °C erhitzen müssen, um ihn wieder in die Schmelze zu überführen. Die Bindungsstärke bestimmt daher maßgeblich die Gitterenergie eines Kristalls. Je stärker die Bindungskräfte in einer Kristallstruktur sind, umso höher ist die Gitterenergie. Die H_2O-Moleküle in der Eisstruktur sind hingegen nur durch schwache Wasserstoffrücken gebunden, entsprechend niedrig ist die Gitterenergie eines Eiskristalls und bei entsprechend geringer Temperaturerhöhung können wir ihn wieder in die flüssige Phase überführen. Die Gitterenergie kann heute für viele Kristallarten bestimmt werden. Neben Formeln zur Berechnung kann das auch aus experimentell ermittelten physikalisch-chemischen Daten erfolgen.

Abschließend zum Kapitel 2 noch einige Bemerkungen zur Bindung und Bindungsstärke der Kristallbausteine in der Kristallstruktur. In Kristallen finden wir die aus der anorganischen und organischen Stoffchemie her bekannten Bindungsarten: die metallische Bindung, die Ionenbindung (auch als heteropolare Bindung oder einfach als Ionenbeziehung bezeichnet), die Atombindung (auch kovalente Bindung oder homöopolare Bindung genannt) und die van-der-Waals-Bindung [30].

Die Ionenbeziehung basiert auf der Anziehung zwischen Kationen und Anionen und ist eine sehr starke Bindung. Sie ist ein häufig auftretender Bindungstyp bei den Kristallen. Die Alkalihalogenide sind dabei eine Gruppe mit sehr hohem ionogenen Bindungsanteil.

Die metallische Bindung hat sehr große Ähnlichkeit mit der Ionenbeziehung, hier spielen ebenfalls die elektrostatischen Anziehungskräfte die Hauptrolle. Die Metallatome spalten Elektronen ab und werden zu sogenannten positiven Atomrümpfen, die Elektronen bewegen sich zwischen diesen (als „Elektronengas"). Die Bindungsstärke ist ebenfalls hoch.

Die Atombindung ist eine Bindung zwischen neutralen Atomen. Sie erfolgt dadurch, dass die Atome gemeinsame Elektronenpaare ausbilden. Es handelt sich ebenfalls um eine sehr starke Bindung (Beispiel Diamant). Sie wird auf quantenmechanischer Grundlage beschrieben. Der Aufenthaltsraum der Elektronen führt zu Hybridorbitalen bestimmter Gestalt. So bildet Kohlenstoff in der Diamantstruktur vier Bindungsrichtungen aus.

Die van-der-Waals-Bindung ist eine sehr schwache Bindung. Sie beruht auf der Wechselwirkung schwacher fluktuierender Dipolkräfte. Van-der-Waals-Bindung finden wir bei kristallisierten Edelgasen, wofür aber niedrigste Temperaturen notwendig sind. Viele organische Molekülkristalle zeigen ebenfalls diesen Bindungstyp, hier bereits bei deutlich höheren Temperaturen bis hin zu Raumtemperatur.

Die Bindungsart bestimmt entscheidend die Kristalleigenschaften. Neben selten vorkommenden reinen Bindungstypen (z. B. in der Diamantstruktur, hier sind die Kohlenstoffatome rein kovalent gebunden, oder bei den Alkalihologeniden wie NaCl, wo überwiegend die Ionenbeziehung vorliegt) kommt es meistens zu Mischbindungen. Sie werden als Resonanzbindungen bezeichnet. Am häufigsten kommen Resonanzbindungen aus Ionenbeziehung und Atombindung vor.

Der Bindungstyp bietet neben der einer Einteilung nach der spezifischen kristallchemischen Zusammensetzung auch eine geeignete Grundlage für die Strukturklassifizierung von Mineralen und Kristallen.

3 Die metrischen Kristalleigenschaften

3.1 Die äußere Kristallgestalt: Polyeder, Formen, Tracht und Habitus

Im Folgenden wird zunächst nur die äußere Kristallgestalt betrachtet, der innere strukturelle Gitteraufbau bleibt dabei unberücksichtigt. Wir beginnen mit der Klärung einiger Grundbegriffe zur äußeren makroskopischen Kristallgestalt: Kristalle sind von ebenen Flächen begrenzt, diese schneiden sich in geraden Kanten, die zu dreien oder mehreren in Ecken zusammentreffen. Wir sprechen von Kristallpolyedern. Sie besitzen eine bestimmte Form, der NaCl Kristall z. B. die Form „Würfel" (in der Geometrie auch als Kubus oder Hexaeder = Sechsflächner bezeichnet). Allgemein definieren wir eine kristallographische Form als eine Menge von äquivalenten Kristallflächen. Abb. 3.1 zeigt drei verschiedene Polyeder, die kristallographischen Formen Würfel (links), Oktaeder (Mitte) und Rhombendodekaeder (rechts). Der Rhombendodekaeder ist ein Polyeder aus zwölf Rautenflächen (Dodekaeder = 12-Flächner). Die Begrenzungselemente, d. h. die Flächen, Kanten und Ecken der Polyeder unterliegen metrischen und symmetrischen Gesetzmäßigkeiten, die wir gleich genau analysieren werden.

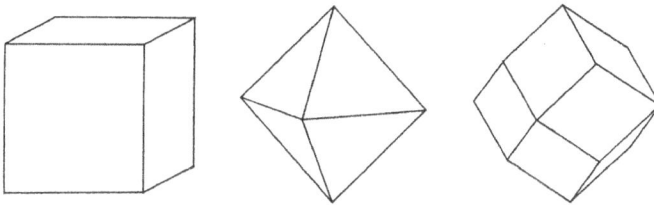

Abb. 3.1: Kristallographische Formen; Würfel, Oktaeder und Rhombendodekaeder (von links nach rechts).

Ein Kristallpolyeder kann aber auch eine Kombination mehrerer Formen sein kann. Zur Beschreibung der äußeren Kristallgestalt dienen die Begriffe Tracht und Habitus. Sie werden anhand von Abb. 3.2 und 3.3 erläutert. Die an einem Polyeder vorkommenden Formen bezeichnen wir als Tracht des Polyeders. Abb. 3.2 zeigt drei Kombinationen mit jeweils gleicher Tracht: Würfel und Oktaeder. In Abb. 3.3 sind drei Kombinationen aus drei Formen dargestellt, wieder mit gleicher Tracht, nun mit den Formen Würfel, Oktaeder und Rhombendodekaeder.

Der Habitus kennzeichnet die gegenseitige Größenausbildung der vorhandenen Formen. Es wird dabei die am größten ausgeprägte Form benannt, bei gleich großer Ausprägung der Formen ist der Habitus isometrisch. Die Kombination in Abb. 3.2 (links) besitzt einen oktaedrischen Habitus, denn die Form Oktaeder ist am größten

https://doi.org/10.1515/9783112227497-003

ausgebildet. Die Kombination in Abb. 3.2 (Mitte) ist isometrisch, während die in Abb. 3.2 rechts einen würfelförmigen Habitus aufweist.

Dagegen zeigt die Kombination in Abb. 3.3 links den würfelförmigen Habitus, in der Mitte den oktaedrischen Habitus und rechts einen rhombendodekaedrischen Habitus.

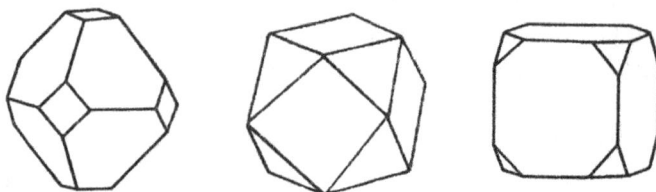

Abb. 3.2: Kombinationen der Formen Würfel und Oktaeder. Alle mit gleicher Tracht, aber verschiedenem Habitus. Links: oktaedrischer Habitus, Mitte: isometrisch (beide Formen gleich groß), rechts: würfeliger Habitus.

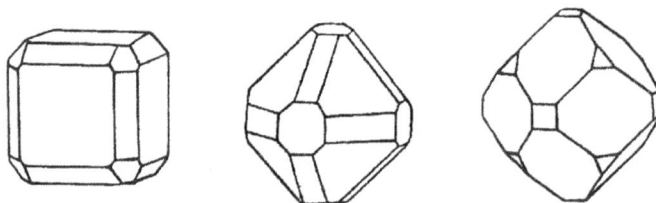

Abb. 3.3: Kombinationen aus den drei Formen Würfel, Oktaeder und Rhombendodekaeder. Alle mit gleicher Tracht, aber verschiedenem Habitus. Links: würfeliger Habitus, Mitte: oktaedrischer Habitus, rechts: rhombendodekaedrischer Habitus.

Kombinationen (auch viel komplexerer Art) sind typisch für die Kristalle und Minerale. Aber auch einfache Formen treffen wir an, denken wir also nochmals an die Würfelform von NaCl. Legen Sie einmal einige Körnchen aus dem Salzstreuer unter ein Mikroskop, Sie sehen kleine würfelförmige Kristalle.

Der Habitus wird durch die spezifischen Bedingungen bei der Kristallisation beeinflusst bzw. herausgebildet, sowohl bei der Kristallisation in der Natur als auch bei der Kristallzüchtung in der Technik. Den Begriff Habitus benutzt man daher auch verallgemeinert. Wenn z. B. ein Kristall in eine Richtung besonders schnell wächst, besitzt er säulen- oder nadelförmigen Habitus. Genauso kann aber wachstumsbedingt auch eine flache Kristallplatte entstehen, dann hätte der Kristall einen tafeligen oder plättchenförmigen Habitus. Sind die Wachstumsgeschwindigkeiten in alle Richtungen etwa gleich, entsteht ein Kristall mit isometrischem Habitus. Abb. 3.4 zeigt drei Polyeder mit gleicher Tracht, sie besteht aus der Kombination des vierseitigen Prismas und dem Parallelflächenpaar „Pinakoid" (griech. „Pinakoid": Tafel). Das Parallelflächenpaar „Pinakoid" bildet die Grundfläche sowie die Deckfläche des Prismas. Prismen sind mathematisch als offene Form definiert, zur Vervollständigung des Polyeders benötigen wir daher in der mathematisch-geometrischen Beschreibung das Parallelflächenpaar als Grundfläche sowie als Deckfläche des Prismas. Der Habitus des links in Abb. 3.4 gezeigten Polyeders ist tafelig, der in der Mitte isometrisch und der rechts säulenförmig oder nadelig.

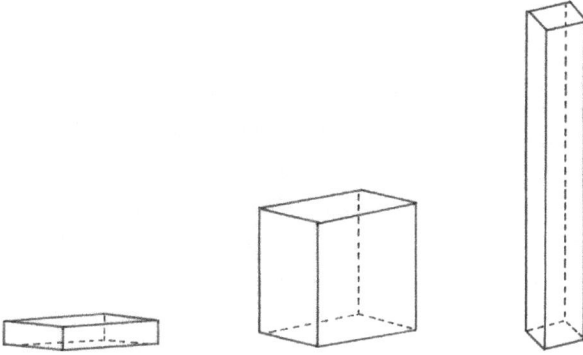

Abb. 3.4: Verallgemeinerte Benutzung des Begriffs Habitus: links: tafelig, Mitte: isometrisch, rechts: säulenförmig/nadelig.

3.2 Gleichgewichtsform und Wachstumsform der Kristalle

3.2.1 Störfaktoren des idealen Kristallwachstums

Die Bausteine der Oberflächen eines Kristalls sind im Gegensatz zu den Teilchen im Kristallinneren nicht allseitig gebunden. Daher haben die Kristalloberflächen bestimmte Oberflächenenergien. Im Idealfall handelt es sich um Flächen mit der geringsten freien Oberflächenenergie. Der Kristall besitzt dann seine ideale Form, die Gleichgewichtsform. In der Praxis kristallisiert meistens aber eine Wachstumsform mit mehr oder weniger großen Abweichungen von der Gleichgewichtsform, besonders bei Mineralbildungsprozessen in der Natur. Ursache sind Wachstumsstörungen, sogenannten Milieufaktoren (pH-Wertänderungen, Verunreinigungen durch Fremdatome und Schwankungen von Lösungszusammensetzungen, Änderungen der Temperatur- und Druckbedingungen usw.).

Eine flächenspezifische Adsorption von Fremdmolekülen am wachsenden Kristall führt dabei zu Änderungen der spezifischen Oberflächenenergien und beeinflusst die Wachstumsgeschwindigkeiten der Kristallflächen. Neben den Veränderungen der Tracht treten auch Habitusänderungen auf. Im Experiment lässt sich dieser Umstand modellhaft anhand der Kristallisation von Natriumchlorid erläutern. Gibt man Harnstoff als „Lösungsgenossen" in die Salzlösung, bilden die Kristalle nicht die würfelförmige Morphologie aus, sondern kristallisieren in Oktaederform. Ein weiteres Beispiel ist die Kristallisation von Kaliumsulfat. Kaliumsulfat kristallisiert mit nadeligem Habitus aus wässriger Lösung. Gibt man $(S_2O_3)^{2-}$ Ionen dazu, entstehen plättchenförmige Kristalle.

Außer den Vorgängen beim Einbau der Atome, Ionen oder Moleküle in einen wachsenden Kristall kommt auch dem Materialtransport zum Kristall eine wesentliche Rolle zu. So kann der Herantransport zum geschwindigkeitsbestimmenden Schritt des Kristallwachstums werden. Die Mutterphase, aus der der Kristall wächst, bestimmt den Transport, der durch Diffusion und Konvektion erfolgen kann. Am Transport nehmen natürlich auch alle Teilchen teil, die Verunreinigungen darstellen („Störatome") und nicht so gut und rasch in den Kristall eingebaut werden. Sie reichern sich vor der Phasengrenze Kristall-Lösung langsam an.

Ist der Herantransport von Material so hoch, dass die Bausteine nicht schnell genug an die günstigste Anlagerungsstelle gelangen, kommt es zu verstärktem Wachstum von Ecken und Kanten. Es resultiert ein „Skelettwachstum" oder die Bildung von Hohlformen. Schließlich kann es zu Dendriten (Ästchenwachstum, z. B. bei Schneekristallen) kommen.

3.2.2 Sonderformen des Kristallwachstums

Die besonders vielfältigen Störungsmöglichkeiten bei der Kristallisation in der Natur führen darüber hinaus oftmals zu typischen Verwachsungen der Kristalle. Sie werden als kristalline Aggregate bezeichnet. So entstehen Ausbildungen, die radialstrahlig oder sphärolithisch ausgeprägt sind, z. B. in Form von Knollen oder konzentrisch schaliger Kügelchen. Auch trauben- bis nierenförmig ausgebildete Kristalle sowie faserige Aggregate sind zu finden.

Eine weit verbreitete Erscheinung beim Kristallwachstum ist die Zwillingsbildung bis hin zur Bildung von Viellingen (siehe Kapitel 7.2 im Anhang). Kristalle der gleichen Art können unter Bildung einer Zwillingsebene oder einer Zwillingsachse zusammenwachsen. Man unterscheidet Berührungs- oder Kontaktzwillinge und Durchdringungszwillinge. Bei Kontaktzwillingen ist die Zwillingsebene auch die Verwachsungsebene. Bei den Durchdringungszwillingen sind die beiden Einzelkristalle ineinander verwachsen. Die Zwillingsbildung täuscht oft eine höhere Symmetrie vor. Der verzwillingte Kristall hat aber stets die Symmetrie des einzelnen Individuums. Zwillingskristalle und Viellinge haben meistens sogenannte einspringende Winkel zwischen den Flächen der einzelnen Individuen.

Zusammenfassend ist festzustellen, dass Kristalle in ihrer Gleichgewichtsform nur unter besonders sauberen und stabilen (nahezu idealen) Kristallisationsbedingungen wachsen können. Die Gleichgewichtsform stellt in diesem Sinne also einen Idealfall dar. Diesen annähernd zu erreichen, ist in der Technik der Kristallzüchtung leichter möglich als in der Natur.

3.3 Das Gesetz der Winkelkonstanz und Winkelmessungen

Die in den Abbildungen bisher gezeigten Polyeder wie Würfel, Oktaeder, Rhombendodekaeder usw. und deren Kombinationen sind von idealer Gestalt. Vor allem beim Kristallwachstum in der Natur führen aber die Bedingungen oftmals dazu, dass eine ideale isometrische Ausbildung nicht erfolgt. Wächst z. B. ein Kristall in einem engen Spalt zwischen bereits festem Gestein, entwickelt er sich wegen des fehlenden Freiraums eher als plattiger Kristall. Vergleichen wir zwei Kristalle derselben kristallinen Verbindung (also gleicher chemischer Zusammensetzung und Struktur), einer plattig ausgebildet, der andere isometrisch ausgebildet, besteht der einzige Unterschied in der Ausprägung der Größen der Kristallflächen beider Individuen.

In diesem Zusammenhang wurde bereits 1669 von N. Stensen [8] eine wichtige geometrische Gesetzmäßigkeit an Kristallen entdeckt, das Gesetz der Konstanz der Flächenwinkel von Kristallen der gleichen Art: An Kristallen der gleichen Art (heute würden wir sagen des gleichen chemischen und strukturellen Aufbaus und bei gleichen thermodynamischen Bedingungen wie Temperatur und Druck) sind die Winkel zwischen den Kristallflächen gleich groß.

Stensen fand diese Gesetzmäßigkeit bei der Untersuchung von verzerrten Kristallen, d. h. Kristallen mit Abweichungen von der Idealgestalt. In diesen Fällen liegt lediglich eine Parallelverschiebung der Flächen vor, die kristallographisch bedeutungslos ist. In Abb. 3.5 sind als Beispiel dazu das ideale Oktaeder sowie zwei verzerrte Oktaeder dargestellt.

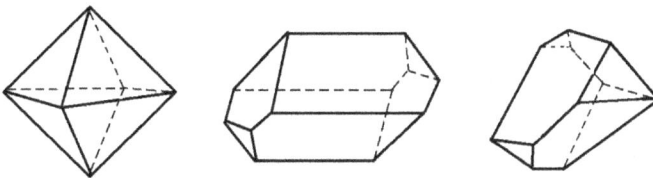

Abb. 3.5: Gesetz der Winkelkonstanz, N. Stensen, 1669: „Bei verschiedenen Individuen der gleichen Kristallart bilden die gleichen Flächen stets die gleichen Winkel", hier sind als Beispiel das ideale Oktaeder und zwei verzerrte Oktaeder dargestellt, Winkelmessungen bestätigen das Gesetz.

Möglichkeiten der Winkelmessung an Kristallen sind in Abb. 3.6 gezeigt. Zu bestimmen sind Flächenwinkel oder Flächennormalenwinkel, beide addieren sich immer zu 180° (Abb. 3.6, oben links).

N. Stensen verwendete ein Anlegegoniometer, d. h. einen durch einen zusätzlich angebrachten beweglichen Schenkel modifizierten Winkelmesser (Abb. 3.6, oben rechts). Mit diesem Gerät misst man den Flächenwinkel.

Für Winkelmessungen höherer Genauigkeit und für das Vermessen sehr kleiner Kristalle benutzt man optische Präzisionsgeräte, die Reflexionsgoniometer, im einfacheren Fall z. B. das einkreisige Reflexionsgoniometer. Die Funktionsweise dieses Go-

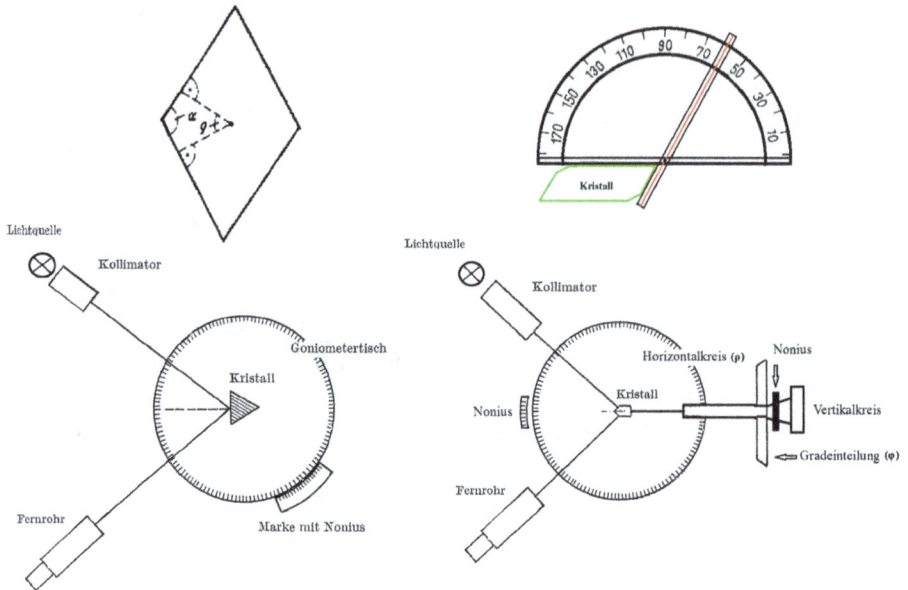

Abb. 3.6: Oben links: Beziehung zwischen dem Flächenwinkel α und dem Flächennormalenwinkel ρ. Es gilt α + ρ = 180°. Oben rechts: Anlegegoniometer zur Messung der Flächenwinkel α. Unten links: Schema des einkreisigen Reflexionsgoniometers, es wird der Flächennormalenwinkel bestimmt. Unten rechts: Schema des zweikreisigen Reflexionsgoniometers. Beide Drehkreise haben senkrecht zueinander stehende Achsen. Auch mit diesem Gerät werden die Flächennormalenwinkel bestimmt. Durch die Positionierung der Flächen mit Hilfe beider Achsen werden Winkelkoordinaten erhalten, welche die räumliche Lage der Flächennormalen bestimmen.

niometers mit einem Drehkreis des Kristalls ist in Abb. 3.6 unten links schematisch dargestellt. Erforderlich ist die Montage des Kristalls und dessen exakte Zentrierung und Justierung, wobei die Drehachse des Gerätetisches mit der zu den zu messenden Flächen parallelen Kantenrichtung des Kristalls zusammenfallen muss. Eine solche Richtung wird in der Kristallographie als Zonenachse bezeichnet und im Kapitel 4.8.5 genauer besprochen.

Mit dem einkreisigen Reflexionsgoniometer misst man die Flächennormalenwinkel. Die Messungen basieren auf der Methode der Totalreflexion eines Lichtstahls bei Auftreffen auf die Kristallfläche: Einfallswinkel = Ausfallswinkel. Die Flächennormale ist dann die Winkelhalbierende, die Reflexionsstellung ist erreicht, wenn im Beobachtungsfernrohr der Lichtpunkt der Lichtquelle erscheint. Die Winkelstellung wird markiert. Nun wird der Kristall mit Hilfe des Tisches mit Gradeinteilung gedreht, bis die nächste Fläche in Reflexionsstellung steht. Der Drehwinkel ist der gesuchte Flächennormalenwinkel. Wir merken den Nachteil bei einem Gerat mit nur einem Drehkreis. Bei einmal aufgesetztem Kristall können immer nur Winkel zwischen Flächen gemessen werden, die parallel zur ausgewählten und einjustierten Kristallkante verlaufen. Zur vollständigen Vermessung muss der Kristall in unterschiedlicher Orientierung auf dem Gerät montiert und neu zentriert und justiert werden. Die Vermessung des gesamten Kristalls ist also umständlich und zeitaufwändig.

Dagegen bestimmt man bei einmal aufgesetztem Kristall mit einem Zweikreis-Reflexionsgoniometer nach V. M. Goldschmidt [31] sämtliche Winkel, ohne den Kristall umsetzen zu müssen. Das Messprinzip ist identisch mit dem beim einkreisigen Gerät, d. h. es werden wieder die Flächennormalenwinkel bestimmt. Hier wird der Kristall nun aber um zwei senkrecht zueinanderstehende Achsen (Horizontal- und Vertikalkreis in Abb. 3.6) in sämtliche Reflexionsstellungen seiner Flächen gedreht. Die an den Drehkreisen abzulesenden Winkelwerte stellen die räumlichen Winkelkoordinaten der Flächennormalen dar. Sie entsprechen den Polarkoordinaten der ebenen Geometrie (Poldistanz ρ ist der Winkelwert am Horizontalkreis und Azimut φ, der Winkelwert am Vertikalkreis in Abb. 3.6 unten rechts). Sie sind für die Darstellung von Kristallflächen in Kristallprojektionen ganz wichtig. Wir werden gleich darauf zurückkommen, wenn die stereographische Projektion besprochen wird.

3.4 Die stereographische Projektion

3.4.1 Flächennormalenbündel und Polfigur

Im Folgenden fragen wir nach einer Möglichkeit, mit Hilfe der gemessenen Winkel nun eine verzerrungsfreie Abbildung eines Kristalls zu konstruieren. Damit hätten wir ein wichtiges Hilfsmittel zur Beschreibung der Beziehungen zwischen äußerer Kristallgestalt und der Symmetrie eines Kristallpolyeders. Entsprechende Möglichkeiten sind geometrische Projektionen, wobei die Methode der stereographischen Projektion die am häufigsten gebrauchte Methode darstellt. Zu deren Erläuterung müssen wir einige Gedankenexperimente in drei Schritten durchführen: Gehen wir noch einmal zur Abb. 3.5 mit dem idealen unverzerrten Oktaeder und den beiden verzerrten Oktaedern zurück.

Schritt 1: Wir konstruieren von einem Punkt genau im Zentrum der drei dort gezeigten Oktaeder alle acht Flächennormalen. Stellen wir uns das ruhig als Bastelarbeit vor, indem wir Drahtstäbchen als Flächennormalenbündel zusammenlöten, die „Lötstelle" ist der zentrale Punkt im Zentrum des jeweiligen Oktaeders. Wie würden nun feststellen, dass alle drei Oktaeder exakt das gleiche Bündel an Flächennormalen besitzen („Gesetz der Winkelkonstanz"). Die Flächennormalen sind also unabhängig von der Verzerrung der Polyeder.

Schritt 2: Nun konstruieren wir eine Kugel und stellen eines der Flächennormalenbündel so hinein, dass das Zentrum des Bündels mit dem Mittelpunkt der Kugel zusammenfällt. Jede Flächennormale durchstößt nun in einem Punkt unsere Kugeloberfläche. Die Schnittpunkte auf der Kugeloberfläche heißen Flächenpole, die Kugel heißt Polkugel. Wir haben die Polfigur des Oktaeders konstruiert. Abb. 3.7 zeigt die bisher besprochenen Schritte für ein unverzerrtes und ein verzerrtes Oktaeder.

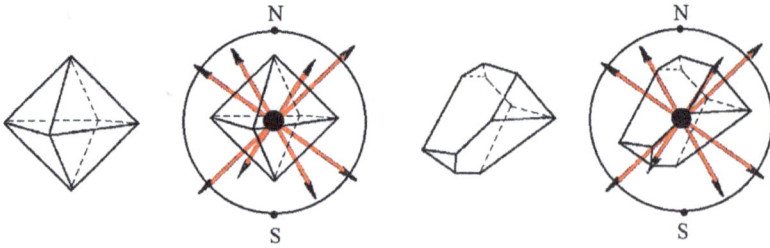

Abb. 3.7: Links: Unverzerrtes Oktaeder, daneben die Konstruktion der Flächennormalen und Einstellung in die Polkugel. Rechts die gleiche Konstruktion für ein verzerrtes Oktaeder. Die Durchstoßungspunkte auf der Kugeloberfläche bilden die Polfigur der Polyeder.

Der nun folgende Schritt 3 stellt das eigentliche Prinzip der stereographischen Projektion dar.

3.4.2 Grundprinzip der stereographischen Projektion

Schritt 3: Wir müssen nun die Pole von der Kugeloberfläche in eine Zeichenebene projizieren. Wir benutzen die stereographische Projektionsmethode: Zeichenebene ist dabei die Äquatorebene der Polkugel. Wir denken uns ein Zeichenblatt in die Äquatorebene hineingelegt und zeichnen den Äquator als gestrichelten Kreis. Für alle Flächenpole in der nördlichen Kugelhälfte ziehen wir eine Verbindungslinie vom jeweiligen Pol auf der Kugel hin zum Südpol der Kugel (der Südpol ist hierbei der „Augpunkt" der Projektion für diese Flächenlagen).

Den Durchstoßungspunkt dieser Verbindungslinie durch die Äquatorebene markieren wir auf unserem Zeichenblatt mit einem fett gezeichneten Punkt (in älteren Lehrbüchern wird dafür auch ein kleines x benutzt). Dieser Punkt bildet den Flächenpol in der stereographischen Projektion ab. Das wird für alle Pole auf der nördlichen Kugelhälfte und (falls vorhanden) für Pole auf dem Kugeläquator durchgeführt. Letztere bleiben auf dem Äquator liegen und befinden sich somit (als Punkte) auf dem gestrichelt gezeichneten Grundkreis der Projektion auf unserem Zeichenblatt.

Alle Pole auf der südlichen Kugelhälfte müssen durch eine Verbindungslinie zum Nordpol der Kugel in die Äquatorebene projiziert werden (hier ist also der Nordpol der „Augpunkt" der Projektion für diese Flächenlagen). Zur Unterscheidung der Lage benutzt man einen kleinen Kreis zur Abbildung der Flächenpole in der Projektionsebene. Jeder Punkt und jeder kleine Kreis in der Projektionsebene stellt somit eine Kristallfläche dar. Die Zeichnung selbst ist das Stereogramm unseres Oktaeders, der Äquatorkreis heißt Grundkreis der Projektion oder Grundkreis des Stereogramms.

Die Gesamtheit der Projektionspunkte repräsentiert die verzerrungsfreie Abbildung der Flächen des Kristallpolyeders. Bevor wir uns dieses Prinzip näher ansehen, können wir schon zur Abb. 3.12 vorgehen, dort sind die Stereogramme zu unseren drei Oktaedern dargestellt, sie sind identisch. Da beim Oktaeder immer eine Fläche in der nördlichen Kugelhälfte und eine Fläche in der südlichen Kugelhälfte übereinanderliegen, fallen deren Pole zusammen und es wird das Doppelsymbol aus Punkt und Kreis benutzt.

Abb. 3.8 (links) zeigt das Grundprinzip der Projektion für einen Flächenpol P auf der nördlichen Hälfte der Polkugel. Die Verbindungslinie zum Südpol durchstößt im Punkt P_{st} die Äquatorebene und stellt die Kristallfläche im Stereogramm dar. Rechts ist gezeigt, dass man mathematisch jedem Punkt auf der Polkugel auch Koordinaten zuordnen kann, die Poldistanz ρ und den Azimutwinkel φ.

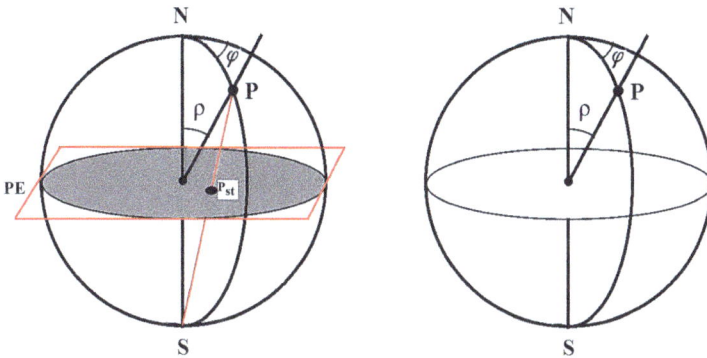

Abb. 3.8: Zum Grundprinzip der stereographischen Projektion: Links Projektion des Flächenpols P in die Äquatorebene (PE: Projektionsebene, P_{st}: Projektion des Pols P). Rechts: Jedem Punkt auf der Oberfläche der Polkugel können Koordinaten zugeordnet werden, die Poldistanz ρ und das Azimut φ.

Diese Koordinaten haben wir bereits bei der Beschreibung des zweikreisigen Reflexionsgoniometers kennengelernt und gleich wird genauer darauf eingegangen. Sie entsprechen den Polarkoordinaten der ebenen Geometrie.

Abb. 3.9 zeigt links die Projektion eines Flächenpols auf der nördlichen Kugelhälfte P_N. Hier ist der Südpol der Augpunkt und den Projektionspunkt P′ in der Äquatorebene kennzeichnet man durch einen Punkt (im Fettdruck). Das gleiche Punktsymbol benutzt man für Flächenpole auf dem Kugeläquator, deren Projektion in den Grundkreis der Projektionsebene fällt. Bei der Projektion eines Flächenpols auf der südlichen Kugelhälfte P_S ist der Nordpol der Augpunkt und den Projektionspunkt in der Äquatorebene kennzeichnet man durch den kleinen Kreis (Abb. 3.9, rechts).

In Abb. 3.10 ist die Projektion eines Kristalls als senkrechter Schnitt durch die Polkugel dargestellt.

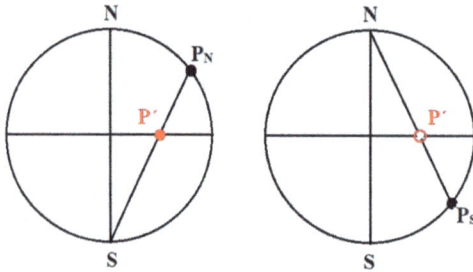

Abb. 3.9: Links: Projektion eines Flächenpols auf der nördlichen Kugelhälfte P_N, hier ist der Südpol der Augpunkt, rechts: Projektion eines Flächenpols auf der südlichen Kugelhälfte P_S, hier ist der Nordpol der Augpunkt. Symbole für die Flächen im Stereogramm: Pole auf dem Äquator und der nördlichen Halbkugel: ● und Pole auf der Südhalbkugel O. (aus Niggli [20]).

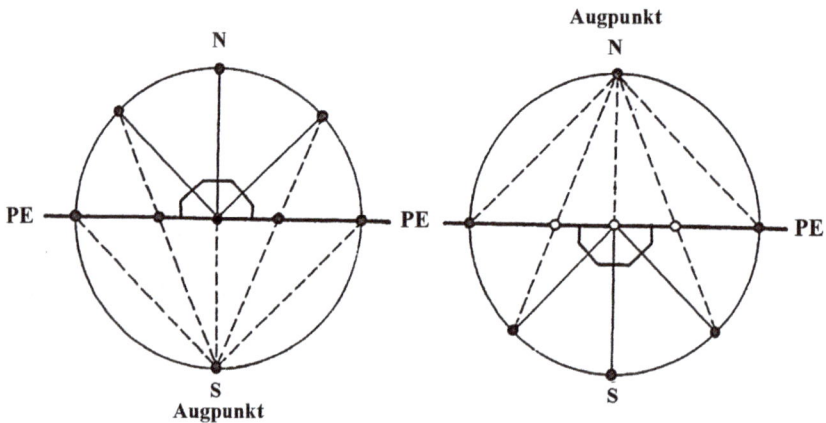

Abb. 3.10: Senkrechter Schnitt der Polkugel bei der stereographischen Projektion eines Kristalls, links obere Hälfte (Augpunkt Südpol), rechts untere Hälfte (Augpunkt Nordpol). PE ist die Projektionsebene, d. h. die Äquatorebene der Polkugel (aus Niggli [20]).

3.4.3 Stereogramme einfacher Polyeder

Abb. 3.11 zeigt vergleichend die stereographische Projektion von Prisma, Pyramide und doppelter Pyramide („Dipyramide") am Beispiel dreiseitiger einfacher Polyeder bzw. Dipolyeder. Wir wissen bereitsennengelernt, dass Prismen offene Formen sind, die durch das Parallelflächenpaar „Pinakoid" geschlossen werden (Grund- und Deckfläche). Pyramiden sind ebenfalls offene Formen und benötigen eine einzelne Fläche, das Pedion, um geschlossen zu werden (griech. „Pedion": Ebene).

Die Stereogramme unserer drei Oktaeder aus Abb. 3.5 sind in Abb. 3.12 dargestellt. Wir erkennen, dass die stereographische Projektion eine verzerrungsfreie Abbildung

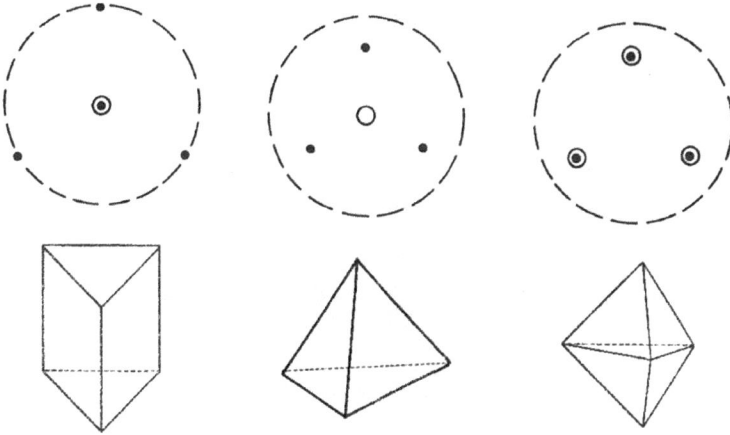

Abb. 3.11: Stereographische Projektionen, links: dreiseitiges Prisma, geschlossen durch ein Pinakoid, Mitte: dreiseitige Pyramide, geschlossen durch ein Pedion. Rechts eine dreiseitige Dipyramide.

der drei Polyeder ergibt. Alle drei Stereogramme sind identisch („Gesetz der Winkelkonstanz").

Die stereographische Projektion hat zwei wichtige Eigenschaften:

1. Kreise auf der Polkugel werden als Kreise oder Geraden in der Projektionsebene abgebildet. Kreise, die einem Durchmesser der Polkugel entsprechen, werden Großkreise genannt. Auf ihnen liegen die Pole der Flächen, deren Flächennormalen in der Ebene des Großkreises liegen.

2. Die stereographische Projektion ist winkeltreu. Die Winkelkoordinaten eines Pols auf der Polkugel (Poldistanz ρ und Azimut φ, siehe Abb. 3.8) entsprechen genau den Winkeln der Lagen der Flächenpole in der stereographischen Projektion.

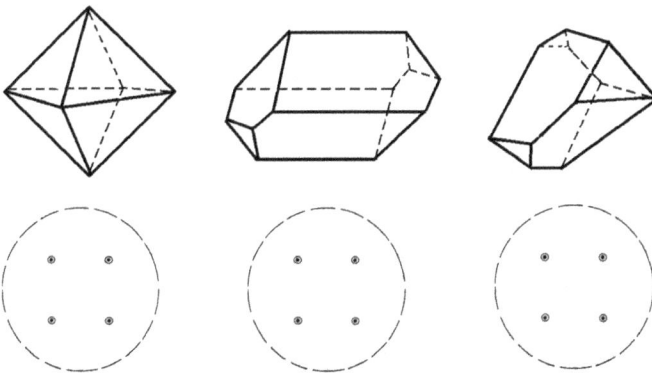

Abb. 3.12: Die drei Oktaeder aus Abb. 3.5 und deren Stereogramme.

Wir lernen dazu gleich das Wulffsche Netz kennen, mit dessen Hilfe die Winkel ρ und φ (die man mit dem zweikreisigen Reflexionsgoniometer bestimmt hat) genau in die Projektionsebene eingetragen werden. Zuvor sehen wir uns als Beispiel einen Bleiglanzkristall (Galenit) an. Er ist in Abb. 3.13 links dargestellt.

Das Mineral Bleiglanz (Galenit) ist chemisch ein Bleisulfid (PbS) und technisch ein wichtiges Bleierz. Tracht des hier dargestellten Polyeders sind Würfel, Oktaeder und Rhombendodekaeder. Der Polyeder besitzt somit also sechs Würfelflächen, acht Oktaederflächen und zwölf Rhombendodekaederflächen, insgesamt also 26 Flächen. Anmerkung: In der Natur finden wir oft auch Bleiglanzkristalle die ausschließlich Würfel- oder Oktaederform oder beide Formen ausgebildet haben.

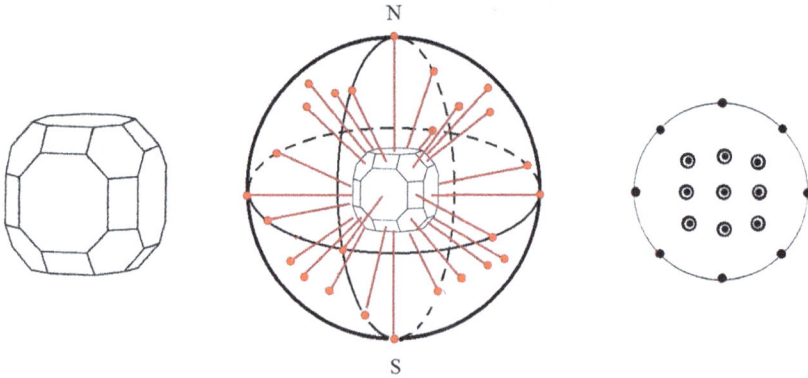

Abb. 3.13: Links: Bleiglanzkristall, Mitte: Kristall in der Polkugel mit Flächennormalen und den Polen auf der Kugeloberfläche. Rechts: komplettes Stereogramm des Kristalls. Der Grundkreis ist als Beispiel für einen Großkreis und zum Hinweis der Spiegelsymmetrie der Kristallhälften in der Nord- und Südhalbkugel durchgehend gezeichnet.

Der Habitus des hier dargestellten Kristalls ist würfelig. In der Bildmitte ist die Konstruktion der Polfigur abgebildet. Wir finden 26 Pole als Schnittpunkte der Flächennormalen auf der Kugeloberfläche. Aufgrund der Symmetrie des Kristalls fallen immer bestimmte Flächenpole auf einen gemeinsamen Großkreis der Kugel (Großkreis = Kreis mit Kugeldurchmesser). In Abb. 3.13 sind zwei davon schon eingezeichnet, der Äquator und der vertikal dazu verlaufende Großkreis durch die Pole. Wir besprechen ihre Bedeutung später, wenn wir den Begriff der kristallographischen Zone behandeln und kommen in Kapitel 4 (Abschnitt 4.8.5) auf diese Abbildung zurück, dann mit allen Großkreisen, auf denen Flächen des PbS-Kristalls liegen.

Rechts in Abb. 3.13 ist nun das Stereogramm des Kristalls gezeigt. Zählen wir die Projektionspunkte (beachten Sie; Doppelsymbole, d. h. Punkt mit Kreis darum sind zwei Flächen), wir zählen korrekt 26 Projektionspole: neun Doppelsymbole = 18 Flächen + acht einzelne Pole auf dem Grundkreis des Stereogramms. Der Grundkreis des Stereogramms (rechts in Abb. 3.13) ist als Großkreis durchgehend gezeichnet.

Abb. 3.13 können wir entnehmen, dass der Polyeder des Bleiglanzkristalls eine hohe Symmetrie besitzt. Unter anderem fällt auf, dass seine obere Hälfte in der Nordhalbkugel spiegelbildlich zur Hälfte in der Südhalbkugel ausgebildet ist. Unsere Zeichenebene ist somit ein Spiegel für die obere und untere Kristallhälfte. Hier noch ein wichtiger Hinweis: Wir zeichnen den Grundkreis der Projektion nur dann als Vollkreis, wenn die Kennzeichnung als Großkreis und/oder als Spiegelebene gefordert ist, wie hier bei unseren Erläuterungen zum Bleiglanz in Abb. 3.13. Ansonsten wird der Grundkreis der Projektion immer gestrichelt gezeichnet.

3.4.4 Das Wulffsche Netz

Zum Verständnis reicht es, wenn wir Flächenpole als Handskizze in die Projektionsebene eintragen, bzw. anhand einer solchen Projektionsskizze einfache Kristallpolyeder erkennen können. Natürlich lassen sich die Flächenpole eines Kristalls auch exakt winkeltreu in die Projektion eintragen. Wir haben ja bereits die Möglichkeiten der Winkelmessung an Kristallpolyedern mit Hilfe des zweikreisigen Reflexionsgoniometers kennengelernt und festgestellt, dass die damit bestimmten Winkel den Polarkoordinaten der ebenen Geometrie entsprechen.

In Abb. 3.8 (rechts) wurde gezeigt, dass man mathematisch jedem Punkt auf der Polkugel zwei Koordinaten zuordnen kann, die Poldistanz ρ und das Azimut φ. Um einen Pol nun winkeltreu in die Projektionsebene einzutragen, benutzt man das Wulffsche Netz, das in Abb. 3.14 links gezeigt wird. Das Wulffsche Netz entsteht, indem man die Polkugel mit einem Gradnetz versieht (genau wie das Gradnetz des Globus mit Längen- und Breitenkreisen). Dieses Netz wird nun in die Äquatorebene (unsere Zeichenebene) so projiziert, dass die Pole des Gradnetzes auf den Äquator der stereographischen Projektion zu liegen kommen (der Mathematiker würde sagen, das Gradnetz wird um 90° gewälzt auf die stereographische Ebene projiziert).

In Abb. 3.14 ist dargestellt, wie die Winkel mittels des Wulffschen Netzes eingetragen werden. Die Poldistanz, also der Winkel ρ, ist vom Mittelpunkt des Netzes aus immer auf einem Netzdurchmesser abzutragen und beträgt maximal 90° (Äquatorlage des Flächenpols). Flächenpole auf Nordhalbkugel erhalten positive ρ-Werte, Flächen, deren Pole auf der Südhalbkugel liegen, negative ρ-Werte.

Das Azimut φ wird auf dem Grundkreis des Wulffschen Netzes abgetragen. Man beginnt mit 0° rechts am horizontalen Kreisdurchmesser (3-Uhr-Stellung) und geht weiter im Uhrzeigersinn vor, also φ = 90° in 6 Uhr Stellung, φ = 180° in 9-Uhr-Position usw., bis man wieder bei 0° angelangt ist. Achtung, im Zentrum des Netzes ist φ nicht definiert und ρ = ± 0°.

Praktisch geht man folgendermaßen vor: Man legt Transparentpapier als Zeichenblatt auf das Netz und verbindet das Zentrum des Papiers mittels Reißnagel mit dem Zentrum des Wulffschen Netzes. Dadurch kann man das Zeichenpapier gegenüber dem Netz drehen, da ρ auf dem Netzdurchmesser abgetragen wird, ist das Dre-

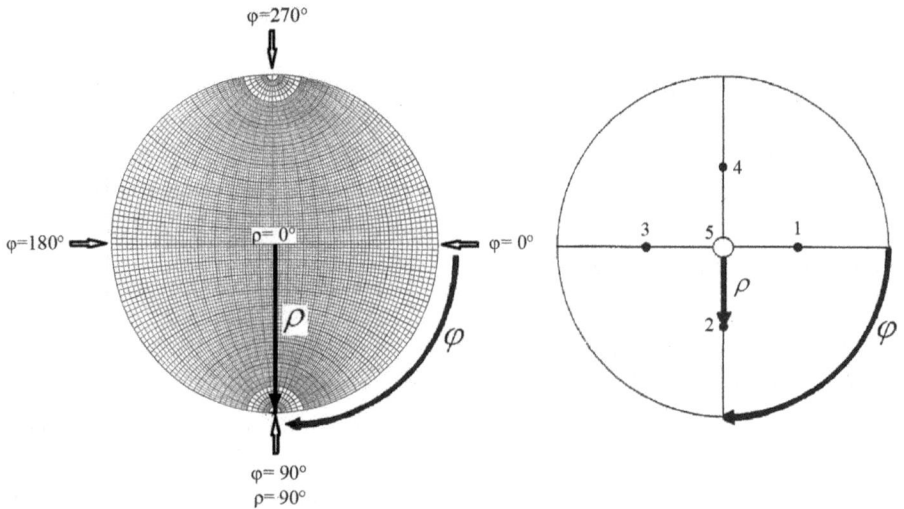

Abb. 3.14: Wulffsches Netz (links) und stereographische Projektion eines Polyeders (tetragonale Pyramide + Pedion) mit den Winkelkoordinaten: Fläche 1: $\varphi = 0°$; $\rho = +50°$, Fläche 2: $\varphi = 90°$; $\rho = +50°$, Fläche 3 $\varphi = 180°$; $\rho = +50°$, Fläche 4: $\varphi = 270°$; $\rho = +50°$ und Fläche 5 im Kreismittelpunkt, dort ist der Winkel φ nicht definiert; $\rho = -0°$. Die ρ-Werte von Flächenlagen in der Südhälfte der Polkugel erhalten ein Minuszeichen (hier das Pedion).

hen des Zeichenpapiers gegenüber dem Netz notwendig, um einen Netzdurchmesser auf den Flächenpol legen zu können. In der Praxis benutzt man ein Netz mit feiner Unterteilung, meistens in 2°-Schritten und einem Kreisdurchmesser von 20 cm.

Abb. 3.15 zeigt die stereographische Projektion unseres Bleiglanzkristalls mit der Tracht Würfel, Oktaeder und Rhombendodekaeder jetzt aber unter Benutzung des Wulffschen Netzes.

Die Winkelwerte in der Tabelle in Abb. 3.15 wurden durch Vermessen des Kristalls auf dem zweikreisigen Reflexionsgoniometer ermittelt. Zu beachten ist nochmals, dass der Azimutwinkel φ im Zentrum des Netzes nicht definiert ist und dass negative Werte der Poldistanz ρ zu Flächen in der südlichen Hälfte der Polkugel gehören. Zum besseren Verständnis liegt das Wulffsche Netz in Abb. 3.15 noch in seiner Ausgangsstellung auf unserer Zeichenebene. Die Formen der Kombination des Polyeders sind in Abb. 3.15 farblich gekennzeichnet (Würfelflächen schwarz, Oktaederflächen rot, Rhombendodekaederflächen grün).

Die stereographische Projektion wird auch zur Beschreibung der 32 Kristallklassen verwendet (Kapitel 5). Zwei weitere Projektionsmethoden sind für die geometrische Kristallographie von geringerer Bedeutung, die gnomonische Projektion und die orthographische Projektion. Auf beide Methoden wird im Anhang (7.3) kurz eingegangen.

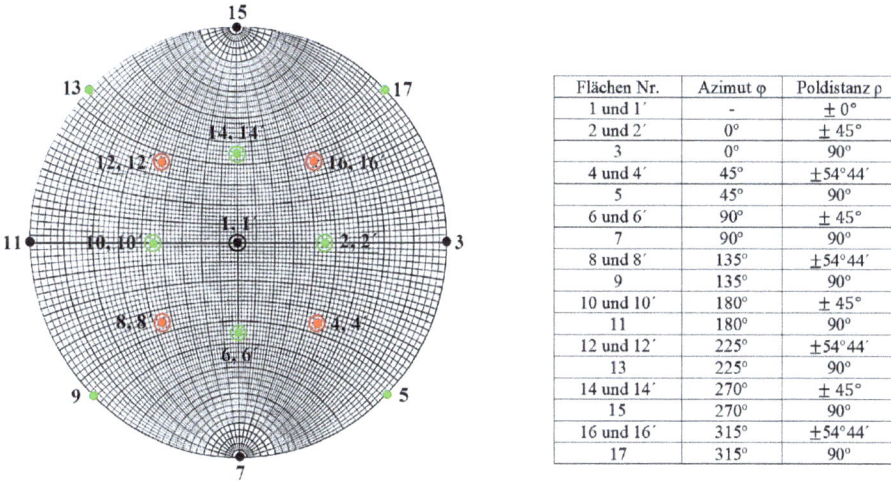

Flächen Nr.	Azimut φ	Poldistanz ρ
1 und 1′	-	± 0°
2 und 2′	0°	± 45°
3	0°	90°
4 und 4′	45°	±54°44′
5	45°	90°
6 und 6′	90°	± 45°
7	90°	90°
8 und 8′	135°	±54°44′
9	135°	90°
10 und 10′	180°	± 45°
11	180°	90°
12 und 12′	225°	±54°44′
13	225°	90°
14 und 14′	270°	± 45°
15	270°	90°
16 und 16′	315°	±54°44′
17	315°	90°

Abb. 3.15: Stereographische Projektion des Bleiglanzkristalls aus Abb. 3.13 mit Hilfe des Wulffschen Netzes (Würfelflächen schwarz, Oktaederflächen rot und Rhombendodekaeder-flächen grün). Zum besseren Verständnis liegt das Wulffsche Netz noch auf der Zeichenebene. Die Winkel φ und ρ (Tabelle rechts) wurden durch Vermessen des Kristalls auf dem zweikreisigen Reflexionsgoniometer ermittelt.

4 Der Gitterbau der Kristalle

4.1 Das Korrespondenzprinzip

Bisher haben wir bei den Betrachtungen zur stereographischen Projektion nur die äußere makroskopische Kristallgestalt, also die Morphologie der Kristalle, behandelt. Wie steht die Morphologie aber in Beziehung zur dreidimensionalen Anordnung der Bausteine in der Kristallstruktur mit Abständen in den Dimensionen weniger Ångström? Hier gilt das Korrespondenzprinzip zwischen der äußeren Kristallgestalt und der inneren mikroskopischen (atomaren) Struktur.

Abb. 4.1 zeigt das Korrespondenzprinzip am Beispiel des NaCl-Kristalls. Die makroskopische Kristallgestalt korrespondiert mit der mikroskopischen Anordnung der Ionen in der Kristallstruktur.

Rechts ist das Gittermodell abgebildet, die Kugeln repräsentieren die Schwerpunktlagen der Ionen. Gut zu erkennen sind die mit Kugeln belegten, parallel angeordneten Gitterebenen, die wir als Netzebenen bezeichnen. Den Begriff „Netzebene" für die dicht mit Atomen (Ionen oder Molekülen) belegten parallelen Ebenen in einer Kristallstruktur hatten wir bereits kennengelernt. Jede Kristallfläche des Polyeders verläuft parallel zu einer Schar von Netzebenen. Parallele Kristallflächen gehören der gleichen Netzebenenschar an. Jede Kristallkante verläuft parallel zu einer Schar von Geraden im Gitter.

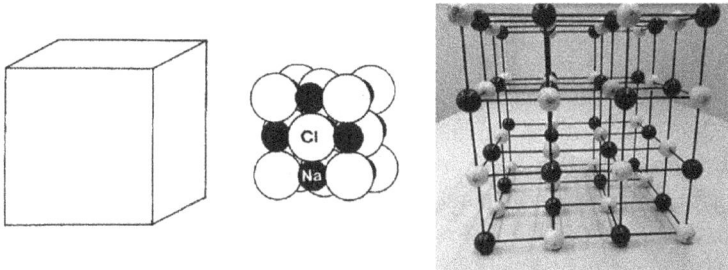

Abb. 4.1: Korrespondenz zwischen äußerer Kristallgestalt und innerer atomarer Kristallstruktur am Beispiel von Natriumchlorid. Links: makroskopischer Kristallpolyeder „Kubus". Mitte: dichte Packung der Kristallbausteine in der Elementarzelle. Rechts: Raumgittermodell der Kristallstruktur von NaCl.

Das Korrespondenzprinzip gilt allerdings streng genommen nur, wenn beim Kristallisationsprozess keine störenden Einflüsse vorhanden sind. In der Theorie und Praxis der Kristallisation werden Milieueinflüsse untersucht. Damit sind z. B. Verunreinigungen gemeint, die bei industriellen Kristallisationsprozessen weitgehend ausgeschlossen werden können, bei der Kristallisation in der Natur aber stets vorhanden sind. Die Mineralogie beschreibt z. B. störend wirkende Lösungsgenossen. Im Kapitel 3.2 wurde der störende Einfluss solcher „Verunreinigungen" u. a. am Beispiel der Kristal-

https://doi.org/10.1515/9783112227497-004

lisation von Natriumchlorid erläutern. Gibt man Harnstoff als „Lösungsgenossen" in die Salzlösung, bilden die Kristalle nicht die würfelförmige Morphologie aus, sondern kristallisieren in Oktaederform.

4.2 Punktreihe, Punktebene (Netzebene) und Raumgitter

Die Entwicklung der Raumgittertheorie geht bis auf das 17. Jahrhundert auf frühe Überlegungen J. Kepplers [7] zurück, die einige Jahrzehnte danach von R. Hooke [32] und C. Huygens [33] wieder aufgenommen wurden. Im Gegensatz zu der bis dahin angenommenen Vorstellung, Kristalle seien vollständig mit Materie ausgefüllte Körper, stellen also ein Kontinuum der Materie dar, postulierten beide Forscher einen diskontinuierlichen Aufbau der Kristalle.

Betrachten wir heute den atomaren Feinbau der Kristalle, oben z. B. den Halit Kristall (Abb. 4.1), stellen wir fest, dass dessen Bausteine zwar eine dichteste Anordnung aufweisen, diese aber keine völlig lückenlose Ausfüllung des Raumes darstellt (Abb. 4.1, Mitte). Ein Kristall ist daher ein homogenes Diskontinuum. Das verdeutlicht das Modell des dreidimensionalen Punktgitters mit seiner Anordnung der Schwerpunkte der Kristallbausteine besonders anschaulich (Abb. 4.1, rechts).

Der Begriff „Raumgitter" wurde erstmals von L. A. Seeber (1824) in seiner Auseinandersetzung mit der Theorie R. J. Haüys zum Kristallaufbau aus kleinsten Elementarpolyedern benutzt. Erst fast 20 Jahre später wurde er durch G. Delafosse (1843) systematisch in die Theorie des kristallinen Zustands eingeführt [9, 10, 11]. Im Folgenden wollen wir uns näher mit der Theorie des Raumgitters befassen. Zunächst betrachten wir also noch nicht die Kristallbausteine (Atome, Ionen oder Moleküle), sondern streng mathematisch gesehen nur identische Gitterpunkte. Das Raumgitter als dreidimensionale periodische Anordnung von Punkten ist eine mathematische Vorstellung. Ein solches Punktgitter ist per Definition in alle drei Raumrichtungen unendlich weit ausgedehnt. Jeder beliebig aus einem Raumgitter herausgenommene Bereich ist mit anderen Bereichen gleicher Größe identisch, kann also mit ihnen zur Deckung gebracht werden. Das Raumgitter ist somit homogen. Diese Eigenschaft gilt auch für den Kristall, wenn zur Beschreibung der Kristallstrukturen anstelle von Gitterpunkten später die Schwerpunkte realer Atome Ionen oder Moleküle in die Punktpositionen des Raumgitters hineingelegt werden. Bedingt durch die streng periodische Anordnung der Punktpositionen im Raumgitter bzw. der Kristallbausteine in der Kristallstruktur, stellt der Kristallzustand ein periodisch homogenes Diskontinuum dar. Das gilt stets unter der Voraussetzung, dass die Schwerpunktlagen der Kristallbausteine nicht durch Einwirkung äußerer Felder verschoben werden.

Abb. 4.2 zeigt von links nach rechts eine Punktreihe, ein ebenes Punktgitter (Punktnetz, die Punkte werden später die Schwerpunkte der Kristallbausteine in der Netzebene) und schließlich das Raumgitter.

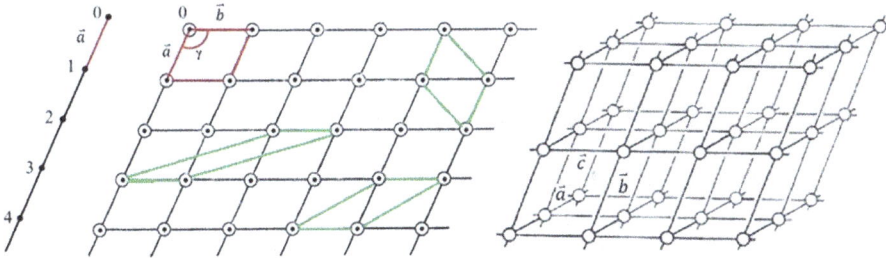

Abb. 4.2: Links: Punktreihe (eindimensionales Punktgitter, Gittergerade). Mitte: Punktnetz mit eingezeichneten Elementarmaschen (zweidimensionales Punktgitter, Netzebene). Rechts: das dreidimensionale Punktgitter (Raumgitter).

Ausgehend von einem beliebig gewählten Ursprung (0), auf den wir einen Ausgangsgitterpunkt legen, verschieben wir diesen um den Vektor $\vec{a}$ und gelangen zum Punkt 1. Die Verschiebung um $2\vec{a}$ führt zum Punkt 2 usw. Durch einen solchen Vorgang der vektoriellen Verschiebung werden identische Punkte erzeugt. Die so durchgeführte Verschiebung nennen wir Translation. Sie ist eine Deckoperation (die Punkte werden durch die Translation zur Deckung gebracht). Durch die Translation der Gitterpunkte entsteht die Gittergerade.

Alle Punkte, die durch die Translation ineinander überführt werden, heißen identische Gitterpunkte. Der Betrag $|\vec{a}|$ = a_0 ist die Translationsperiode oder Gitterkonstante der Punktreihe (Abb. 4.2, links). Diese elementare Länge ist die Gesamtinformation der Punktreihe, die wir als Gittergerade (oder mathematisch als eindimensionales Gitter) bezeichnen.

Nehmen wir ausgehend vom Ursprung auf diese Gittergerade eine zweite Gittergerade mit dem Vektor $\vec{b}$ hinzu, erhalten wir ein zweidimensionales Gitter bzw. ein Netz (Abb. 4.2, Mitte). Wie bereits mehrfach erwähnt, nennen wir in der Kristallographie solche mit Gitterpunkten besetzten Ebenen Netzebenen. Die Vektoren $\vec{a}$ und $\vec{b}$ spannen dabei die Elementarmasche auf. Durch Kenntnis der Beträge von $\vec{a}$ und $\vec{b}$ (damit also der Gitterkonstanten a_0 und b_0) sowie des Winkels γ zwischen beiden Gittergeraden kann die gesamte Netzebene beschrieben werden.

Die Elementarmasche kann beliebig auf der Netzebene verschoben werden, ihre Eckpunkte kommen stets wieder zur Deckung mit anderen Gitterpunkten. Neben der rot in das zweidimensionale Punktgitter eingezeichneten Elementarmasche wird in Abb. 4.2 aber auch gezeigt, dass im Gitter diverse Elementarmaschen möglich sind. Eine geeignete Elementarmasche wird nach den folgenden Gesichtspunkten gewählt: Wir suchen als Kanten der Elementarmasche solche Richtungen der Netzebene, in denen die Translationsbeträge möglichst kurz sind, möglichst gleich lang sind und wenn möglich senkrecht aufeinander stehen. Dabei sind Kompromisse notwendig, die Abb. 4.2 zeigt. Hier wählt man die kleine, rot eingezeichnete Elementarmasche. Die grün eingezeichneten Maschen sind weniger sinnvoll.

Die in Abb. 4.2 dargestellte Netzebene zeigt den allgemeinen Fall aus schiefwinkelig und ungleichseitigen Elementarmaschen („Parallelogramm"). Es können auch spezielle Netzebenen konstruiert werden: rechtwinkelig ungleichseitig (Rechteck), schiefwinkelig mit $\gamma \neq 60°, 90°, 120°$ und gleichseitig („Rhombus") oder ebenfalls gleichseitig aber $\gamma = 120°$ („120° Rhombus"). Schließlich auch Netzebenen aus rechtwinkelig und gleichseitigen Elementarmaschen („quadratisch").

Nimmt man nun einen zu $\vec{a}$ und $\vec{b}$ nicht komplanaren, dritten Vektor $\vec{c}$ zur Netzebene hinzu, so entsteht das Raumgitter („nicht komplanar" bedeutet, dass dieser dritte Vektor nicht in der Ebene von $\vec{a}$ und $\vec{b}$ liegen darf). Das Raumgitter wird also durch die Translation der Punkte in die drei Raumrichtungen erzeugt, wie es in Abb. 4.2, rechts gezeigt ist. Die Vektoren $\vec{a}$, $\vec{b}$ und $\vec{c}$ spannen die Elementarzelle auf.

Für die sinnvolle Wahl der Elementarzelle gelten die gleichen Prinzipien wie für die oben erläuterte Wahl der Elementarmasche einer Netzebene. Das Einwirken der Gittertranslation auf die Elementarzelle ergibt wieder das Raumgitter. Die Elementarzelle enthält die Gesamtinformation des Raumgitters. Sie wird durch sechs Gitterkonstanten beschrieben: Die Gitterkonstanten a_0, b_0 und c_0 sowie die Winkel α, β und γ (mit: α = Winkel zwischen der b- und der c-Richtung, β = Winkel zwischen der a- und der c-Richtung sowie γ = Winkel zwischen der a- und der b-Richtung).

Aus Abb. 4.2 ist ersichtlich, dass ein Raumgitter aus Elementarzellen bestehen kann, die völlig asymmetrisch sind, bei denen also alle sechs Gitterkonstanten unterschiedlich sind: $a_0 \neq b_0 \neq c_0$ und $\alpha \neq \beta \neq \gamma$ und $\alpha, \beta, \gamma \neq 90°$. Aber ein Raumgitter kann natürlich auch aus hochsymmetrischen Elementarzellen bestehen, also aus würfelförmigen Zellen mit drei identischen Translationsperioden und drei rechten Winkeln: d. h. $a_0 = b_0 = c_0$ und $\alpha = \beta = \gamma = 90°$. Zwischen den beiden Grenzfällen „völlig asymmetrisch" und „völlig symmetrisch" sind aber noch weitere Fälle zu betrachten, die gleich näher besprochen werden.

Egal ob völlig asymmetrisch oder hoch symmetrisch, jede Elementarzelle hat acht Ecken und sechs Flächen. Auf den Ecken befindet sich je ein identischer Gitterpunkt. Betrachten wir eine Elementarzelle mitten im Raumgitter, so wird ersichtlich, dass jeder der acht Eckpunkte acht identischen Zellen gleichzeitig angehört und damit nur den Beitrag von einem Achtel zu einer Zelle liefert. Zur einzelnen Zelle mit ihren acht Eckpunkten zählt damit im Gesamtgitterverband nur ein Gitterpunkt.

Solche einfachen Elementarzellen mit acht Eckpunkten heißen primitive Zellen. Sie werden mit dem Großbuchstaben P gekennzeichnet. Eine weitere Bezeichnung für eine primitive Zelle ist der Begriff „Parallelepiped" (Körper, der aus sechs paarweise kongruenten, in parallelen Ebenen liegenden Parallelogrammen gebildet wird (griech. „Epipedon": Fläche). Weiter unten lernen wir weitere Elementarzelltypen kennen, denn sowohl auf den Zentren der Flächen als auch im Zentrum der Zelle können zusätzlich Gitterpunkte angeordnet werden.

4.3 Die kristallographischen Achsensysteme

Für die analytische Beschreibung der Raumgitter ist es notwendig, jedem Gitter ein Koordinatensystem zugrunde zu legen. So wird es später (wenn wir die Gitterpunkte durch die Schwerpunkte von Atomen, Ionen oder Molekülen ersetzen) auch möglich, Gitterpunkte oder Gittergeraden (d. h. Richtungen im Gitter) zu beschreiben. Ebenso kann dann auch die Lage von Netzebenen durch Angabe von Koordinaten oder speziellen sogenannten Kristallographischen Zahlentripeln angegeben werden.

Das Achsensystem wird so in das Gitter einbeschrieben, dass sein Ursprung mit einem Gitterpunkt zusammenfällt und die Achsenrichtungen den Kanten der Elementarzelle entsprechen. Ebenso wichtig ist es auch, einen Kristallpolyeder in ein Achsenkreuz einzustellen, um seine Metrik und Symmetrieeigenschaften zu bestimmen. Abb. 4.3 zeigt links die Einstellung eines Raumgitters und rechts eines Polyeders in ein kristallographisches Achsenkreuz. Der Ursprung des Achsenkreuzes wird bei Polyedern in gedachter Weise in das Zentrum des Körpers gelegt.

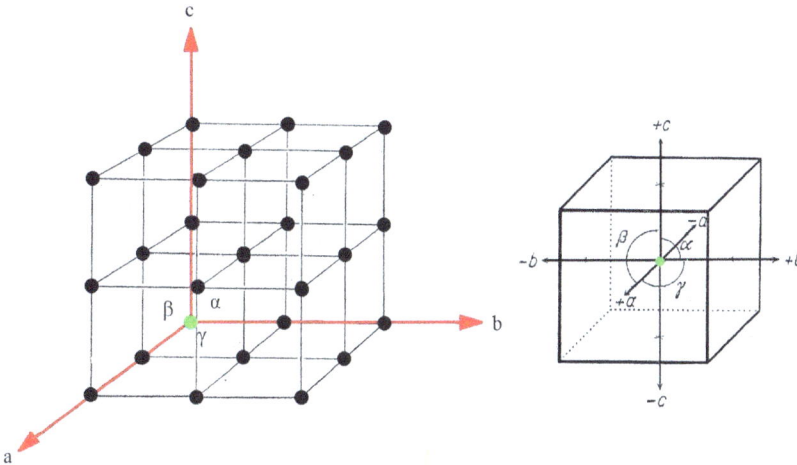

Abb. 4.3: Einstellung eines Achsenkreuzes in ein Raumgitter (links) und einen Polyeder (rechts). Der Ursprung des Achsenkreuzes (grün markiert) wird bei Polyedern in das Zentrum des Körpers gelegt (Polyeder nach Niggli [20]).

Polyeder und Raumgitter in Abb. 4.3 haben beide eine kubische Metrik. Die Translationsperiode ist daher auf allen drei Achsen des Achsensystems identisch und wir geben für das kubische Raumgitter nur eine Gitterkonstante a_0 an. Der Begriff kubisch setzt die drei rechten Winkel für das Achsenkreuz voraus und die Identität der Abstände auf allen drei Achsen macht die Angabe nur eines der drei identischen Werte der Translationsperiode (Gitterkonstanten) sinnvoll. Das kubische Achsensystem entspricht somit dem kartesischen Achsensystem der Mathematik. Werden dort die Achen mit x, y, z bezeichnet, benutzt man in der Kristallographie aber die Achsenbezeichnungen a, b und c und für die Gitterkonstanten die Bezeichnungen a_0, b_0 und c_0. Dagegen bleiben für die Winkel zwischen den Achsen wie in der Mathematik die Bezeichnungen α, β und γ. Für das kubische Achsenkreuz gilt damit: a = b = c und α = β = γ = 90°. Die Elementarzelle eines kubischen Raumgitters hat dann die Gitterkonstanten: $a_0 = b_0 = c_0$ und α = β = γ = 90°. Mit dem Begriff kubisch hinterfragen wir als unbekannten Parameter nur die Gitterkonstante a_0. Alle weiteren Parameter sind dann bekannt.

Kommen wir nun zu einem völlig gegensätzlichen Beispiel, einem Raumgitter und dem dazugehörenden Achsensystem mit drei völlig verschiedenen Winkeln α ≠ β ≠ γ und ≠ 90°, sowie drei ungleichwertigen Achsen a ≠ b ≠ c. Wir sprechen vom triklinen Achsensystem. Zur Beschreibung sämtlicher möglichen Raumgitter müssen zwischen diesen beiden Grenzfällen „kubisch" und „triklin" noch weitere Achsenkreuze eingeführt werden. Abb. 4.4 zeigt die kristallographischen Achsensysteme.

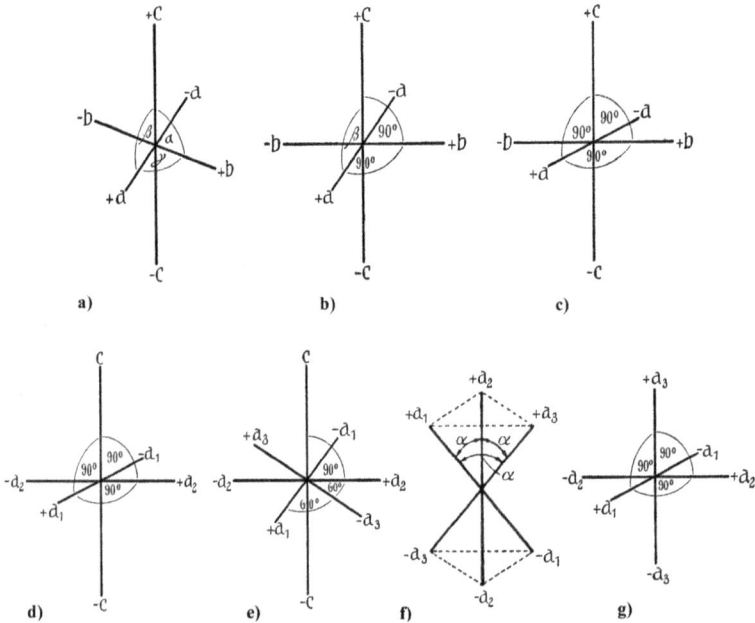

Abb. 4.4: a) triklines Achsensystem, b) monoklines Achsensystem, c) orthorhombisches Achsensystem, d) tetragonales Achsensystem, e) hexagonales (trigonales) Achsensystem, f) rhomboedrisches Achsensystem, g) kubisches Achsensystem (aus Niggli, [20], ergänzt durch Abb. f)).

Die Bezeichnung „Kristallsysteme" und eine erste Benennung stammt von C. S. Weiss [34, 35], wobei triklin und monoklin (griech. „klino": schrägstehend, geneigt) für die Stellung der Achsen in diesen Systemen von Weiss noch als halb- oder Viertelflächner im rhombischen System gedeutet wurden.

Triklines Achsensystem: a ≠ b ≠ c und α ≠ β ≠ γ und α, β, γ ≠ 90°

Monoklines Achsensystem: $a \neq b \neq c$ und $\alpha = \gamma = 90°$, $\beta \neq 90°*$
Orthorhombisches Achsensystem**: $a \neq b \neq c$ und $\alpha = \beta = \gamma = 90°$
Hexagonales (trigonales) Achsensystem: $a_1 = a_2 = a_3 \neq c$ ($a_1 \equiv a$; $a_2 \equiv b$) und $\alpha = \beta = 90°$, $\gamma = 120°$
Rhomboedrisches Achsensystem: $a_1 = a_2 = a_3$ und $\alpha = \beta = \gamma \neq 90°$
Tetragonales Achsensystem: $a_1 = a_2 \neq c$ ($a_1 \equiv a$; $a_2 \equiv b$) $\alpha = \beta = \gamma = 90°$
Kubisches Achsensystem: $a_1 = a_2 = a_3$ ($a_1 \equiv a$; $a_2 \equiv b$; $a_3 \equiv c$) und $\alpha = \beta = \gamma = 90°$

* Im monoklinen Achsensystem wurde der Winkel β als schiefer Winkel international festgelegt (β heißt monokliner Winkel).
** Wird oft nur als rhombisches Achsenkreuz bezeichnet. Die hier benutzte Bezeichnung orthorhombisches Achsenkreuz enthält den Hinweis auf die drei orthogonalen Achsen.

Warum ist das hexagonale Achsensystem (siehe Abb. 4.4 e) mit hexagonal (trigonal) beschriftet? Zur hexagonalen Kristallfamilie zählen Kristalle, deren c-Achse eine hexagonale Symmetrie besitzt, aber auch solche, mit einer nur trigonalen Symmetrie. Beide Kristallarten sind sehr eng miteinander verbunden, weshalb man von „hexagonaler Familie" spricht.

Die Metrik des trigonalen Achsenkreuzes entspricht vollkommen der des hexagonalen Achsenkreuzes, sie unterscheidet sich aber durch die geringere Symmetrie der c-Achse. Die c-Achse ist im trigonalen System nur dreizählig, d. h. ein Gitterpunkt im trigonalen Raumgitter oder eine Kristallfläche eines Polyeders parallel zu dieser Achse wird verdreifacht. Gitterpunkt und Kristallfläche wiederholen sich jeweils nach einem Drehwinkel von 120°, nach der dritten Drehung ist die Ausgangslage (Identität) erreicht. Dagegen ist die c-Achse im hexagonalen Achsensystem sechszählig. Hier wird also ein Gitterpunkt oder eine Kristallfläche im Drehwinkel von 60° versechsfacht (genaue Erläuterungen zu Drehachsen und deren Zähligkeit erfolgen im Kapitel 5).

Die Beschreibung des Achsenkreuzes in Abb. 4.4 e) mit hexagonal bzw. trigonal soll besonders auf diese Problematik und die enge Beziehung von hexagonalen und trigonalen Kristallen hinweisen. Außerdem wird das hexagonale sowie trigonale Achsensystem weiter unten auch für die Ableitung der 32 Kristallklassen (= 32 Punktgruppen) verwendet. Achtung: Für trigonale Kristalle kann anstelle des hexagonalen Achsenkreuzes (mit dreidreizähliger c-Achse) ein rhomboedrisches Achsenkreuz verwendet werden (Abb. 4.4 f). Es hat die Metrik: $a_1 = a_2 = a_3$ und $\alpha = \beta = \gamma \neq 90°$. Es ist also entweder das rhomboedrische Achsensystem oder das trigonale Achsensystem zu benutzen, beide sind ineinander überführbar und daher keine eigenständigen Systeme. Weitere Erläuterungen siehe Kapitel 4.5 und Abb. 4.7.

Jedem Kristall kann eines der kristallographischen Achsenkreuze zugeordnet werden. Wir benutzen neben der Bezeichnung „kristallographisches Achsenkreuz" insbesondere in der Kristallchemie und der Mineralogie stets die Bezeichnung „Kristallsystem". Ordnen wir nun die Kristalle in ihre entsprechenden Achsensysteme ein, ergibt sich die Anzahl von sieben Kristallsystemen, d. h. also, das Achsenkreuz in

Abb. 4.4 e) tritt doppelt auf, oder wir benutzen es nur für hexagonale Kristalle (und sechszähliger c-Achse), dann aber zusammen mit dem rhomboedrischen Achsenkreuz in Abb. 4.4 f) für die trigonalen Kristalle.

Betrachten Sie nun das spezielle Achsenkreuz für hexagonale und trigonale Kristalle (Abb. 4.4 e) genauer. Aus Gründen der Zweckmäßigkeit führt man in der a–b-Ebene anstelle der a- und b-Achse drei gleichwertige Achsen a_1, a_2 und a_3 ein, die einen Winkel von 120° miteinander einschließen. Dadurch kommt die Symmetrie in Richtung der c-Achse besser zum Ausdruck. Im Kapitel 4.5 wird noch einmal auf die Beziehungen der Kristallsysteme hexagonal, trigonal und rhomboedrisch eingegangen.

Die Achsensysteme werden in einer festgelegten Weise aufgestellt: Die a-Achse zeigt von hinten nach vorn, die b-Achse zeigt von links nach rechts und die c-Achse von unten nach oben. Das hexagonalen bzw. trigonale Achsenkreuz wird so aufgestellt, dass die b-Achse ($b \equiv a_2$) von links nach rechts exakt horizontal ausgerichtet wird. Dann zeigt die a-Achse ($a \equiv a_1$) im Winkel von 30° nach links vorn. Die c-Achse zeigt von unten nach oben.

4.4 Die 14 Translationsgitter (Bravais 1850)

Wir betrachten im Folgenden die sieben Achsensysteme mit dem rhomboedrischen Achsenkreuz für trigonale Kristalle: Legen wir einen Gitterpunkt in den Ursprung dieser Achsensysteme und lassen auf diesen Gitterpunkt die zugehörenden Translationen in a-, b- und c-Achsenrichtung einwirken, erhalten wir sieben primitive Elementarzellen. Bei Ausführung vieler Translationen in die entsprechenden Achsenrichtungen entstehen dann sieben primitive Raumgitter aus vielen Elementarzellen mit der Metrik des entsprechend zugrundeliegenden Achsenkreuzes.

1850 konnte A. Bravais zeigen, dass bei Ausdehnung der Translation auf die Raumdiagonale und die Flächendiagonalen dieser sieben primitiven Elementarzellen noch sieben weitere Elementarzellen durch diese Anordnungsmöglichkeiten von Gitterpunkten entstehen [14]. Wir nennen die einzelnen aus den 14 Elementarzellen aufgebauten Gitter die 14 Bravais-Gitter oder einfach auch die 14 Translationsgitter. Sie verteilen sich unterschiedlich auf die ihnen zugrundeliegenden kristallographischen Achsenkreuze. Abb. 4.5 zeigt die Elementarzellen der 14 Bravais-Gitter.

Zum einfachen primitiven „P-Gitter" kommenden folgende Gittertypen hinzu: Das innenzentrierte oder raumzentrierte Gitter (zur Kennzeichnung dient der Großbuchstabe I), es enthält einen Gitterpunkt im Zentrum der Elementarzelle.

Das flächenzentrierte Gitter, es enthält einen Gitterpunkt in einer Ebene, folgende gleichwertige Möglichkeiten gibt es dafür:

A-Gitter: Gitterpunkt im Zentrum der b–c-Ebene

B-Gitter: Gitterpunkt im Zentrum der c–a-Ebene

C-Gitter: Gitterpunkt im Zentrum der a–b-Ebene

Man benutzt von diesen drei Möglichkeiten das C-Gitter und nennt es basisflächen-zentriertes Gitter.

Das allseitig flächenzentrierte Gitter (zur Kennzeichnung dient der Großbuch-stabe F), hier enthält jede Fläche in ihrem Zentrum einen Gitterpunkt.

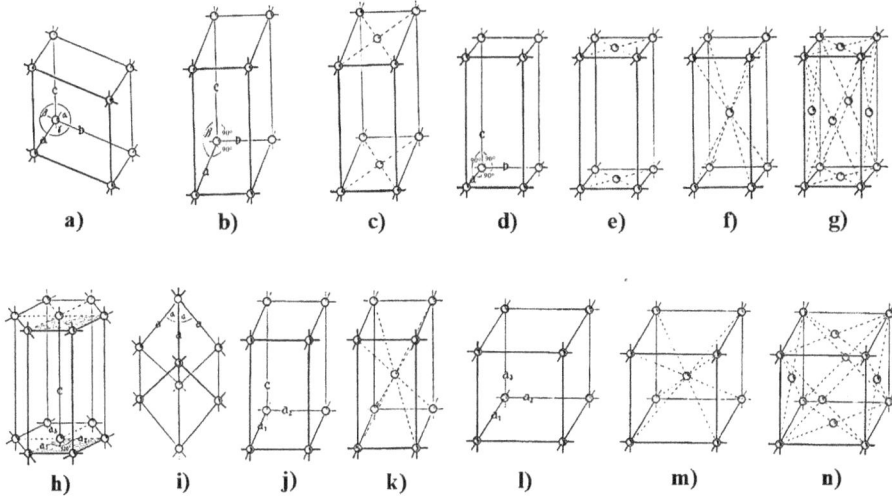

Abb. 4.5: Elementarzellen der 14 Bravais-Gitter: a) trikline primitive Zelle, b) monokline primitive Zelle, c) basisflächenzentrierte monokline Zelle, d) orthorhombische primitive Zelle, e) basisflächenzentrierte orthorhombische Zelle, f) innenzentriertes orthorhombische Zelle, g) allseitig flächenzentrierte orthorhombische Zelle, h) Gitter aus drei hexagonalen primitiven Zellen, die einzelne hexagonale primitive Zelle ist in der a–b-Ebene schraffiert; i) rhomboedrische primitive Zelle, j) tetragonale primitive Zelle, k) innenzentrierte tetragonale Zelle, l) kubisch primitive Zelle, m) innenzentrierte kubische Zelle, n) allseitig flächenzentrierte kubische Zelle (nach Niggli [20]).

Aus Abb. 4.5 ist ersichtlich, dass sich die Gitter folgendermaßen auf die sieben Kristall-systeme verteilen:

triklin: nur ein P-Gitter
monoklin: ein P-Gitter und ein C-Gitter
orthorhombisch: ein P-, C-, I- und F-Gitter
hexagonal: ein P-Gitter
rhomboedrisch: ein P-Gitter
tetragonal: ein P-Gitter und ein I-Gitter
kubisch: ein P-, I- und F-Gitter

Stellen wir noch einmal die später zur Strukturbestimmung wichtige Frage, wie viel Gitterpunkte zu diesen Zellentypen gehören, wenn wir die Zellen inmitten eines gro-ßen ausgedehnten Raumgitters betrachten. Für den Gittertyp P hatten wir das schon getan und erfahren: Egal, ob völlig asymmetrisch oder hoch symmetrisch, jede Elementarzelle hat acht Ecken und sechs Flächen. Auf den Ecken befindet sich je ein identischer Gitterpunkt. Betrachten wir eine Elementarzelle mitten im Raumgitter, wird ersichtlich, dass jeder der acht Eckpunkte acht identischen Zellen gleichzeitig angehört. Zur einzelnen Zelle gehört damit ein Gitterpunkt ($8 \cdot \frac{1}{8}$ = 1). Die Elementarzellen der P-Gitter sind somit einfach primitive Zellen.

Für das C-Gitter gilt: die acht Eckpunkte liefern (wie bei P) einen Gitterpunkt, der Gitterpunkt in der a–b-Ebene, also die c-Zentrierung, gehört stets zwei Zellen gemeinsam an, zählt somit jeweils zur Hälfte zu einer Zelle, da „Grund- und Deckfläche" der Zelle diesen Zentrierungspunkt besitzen, folgt $2 \cdot \frac{1}{2}$ = 1 Gitterpunkt. Zusammen mit den Eckpunkten gehören somit zwei Gitterpunkte zu C-Zelle. Würde man ein A- oder ein B-Gitter betrachten, folgt die gleiche Anzahl Gitterpunkte. Die Zellen sind zweifach primitiv da zwei Gitterpunkte zu ihnen gehören.

Für das I-Gitter gilt wiederum $8 \cdot \frac{1}{8}$ = 1 Gitterpunkt für die acht Eckpunkte sowie ein Gitterpunkt im Zentrum der Zelle. Er zählt ganz zur Zelle, denn er wird nicht mit mehreren Zellen geteilt. Insgesamt gehören damit zwei Gitterpunkte zu einer Zelle vom Typ I, die Zellen sind also auch zweifach primitiv.

Schließlich das F-Gitter: Wieder zählen die acht Eckpunkte mit $8 \cdot \frac{1}{8}$ = 1 Gitterpunkt und dann die Flächenzentrierungen: Jede gehört einer Zelle sowie deren Nachbarzelle an, alle sechs Zentrierungspunkte liefern daher drei Zählpunkte, zusammen mit dem Zählpunkt der Ecken also vier Gitterpunkte. Die Zellen sind somit vierfach primitiv. Diese Zuordnung wird später sehr wichtig, da für die Strukturbestimmung der Kristalle der atomare Inhalt einer Elementarzelle bekannt sein muss.

Weitere Bravais-Gitter als die 14 aus Abb. 4.5 sind nicht möglich. Das soll am Beispiel der tetragonalen Bravais-Gitter gezeigt werden. Im tetragonalen Kristallsystem gibt es das P-Gitter und das I-Gitter. Abb. 4.6 zeigt, dass z. B. ein C-Gitter (Zentrierung der a_1- a_2- Ebene) nicht notwendig ist, da eine solche Zelle mit dem einfachen P-Gitter identisch ist. In Abb. 4.6 ist links das tetragonale Achsenkreuz dargestellt. In der Mitte sind zwei (hypothetische) Zellen vom Typ tetragonal C gezeigt. Es ist ersichtlich, dass eine tetragonal primitive Zelle resultiert (Gitterpunkte der resultierenden Zelle in Abb. 4.6 rot eingetragen).

Rechts in Abb. 4.6 sind zwei (hypothetische) nebeneinanderliegende tetragonale F-Zellen gezeigt. Hier resultiert die tetragonal innenzentrierte Zelle (Gitterpunkte rot). Im tetragonalen Kristallsystem sind also nur P-Gitter und I-Gitter möglich. Diese Ableitungen, die Bravais 1850 durchführte, ergaben schließlich die 14 zu benutzenden Gittertypen.

4.5 Beziehungen der Kristallsysteme hexagonal, trigonal und rhomboedrisch

Wir wollen nun noch einmal auf die Frage der Beziehungen der Kristallsysteme hexagonal, trigonal und rhomboedrisch eingehen. Abb. 4.7 a) und b) zeigt das Achsenkreuz, dass für beide Systeme, also hexagonal und trigonal, identisch ist, sich aber in

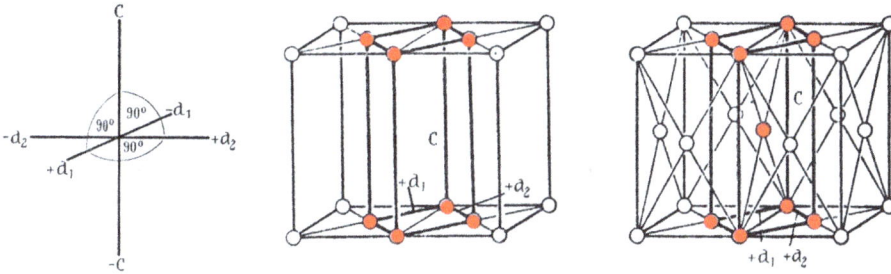

Abb. 4.6: Links das tetragonale Achsenkreuz ($a_1 = a_2 \neq c$ und $\alpha = \beta = \gamma = 90°$), aus Niggli [20]. Mitte: Das tetragonal basisflächenzentrierte Gitter ist mit dem tetragonalen P-Gitter identisch. Rechts: Das tetragonale F-Gitter ist mit dem tetragonalen I-Gitter identisch.

der Symmetrie der c-Achse unterscheidet. Eingestellt sind jetzt die zur Beschreibung trigonaler Kristalle möglichen Zellen. Während im hexagonalen System eine einfache primitive Elementarzelle vorliegt, ergibt sich im trigonalen System aufgrund der nur dreizähligen Symmetrie der c-Achse eine andere, nicht primitive spezielle Elementarzelle (trigonal R; „tR"), die neben den acht Eckpunkten zusätzlich zwei weitere Gitterpunkte enthält.

In Abb. 4.7 a) ist diese zur Beschreibung trigonaler Kristalle zu benutzende dreifach primitive Elementarzelle eingestellt. Zur Konstruktion dieser Zelle stellen wir uns Netzebenen vor, deren Elementarmasche in der a–b-Ebene der 120°-Rhombus ist. In c-Richtung stapeln wir die Netzebenen aber nicht direkt übereinander, sondern jede zweite um $\frac{1}{3} c_0$ und jede dritte um $\frac{2}{3} c_0$ verschoben. Jede vierte Netzebene liegt dann wieder direkt über der Ausgangsnetzebene. Es entsteht ein Punktgitter aus den in Abb. 4.7 b) gezeigten Zellen. Durch die beiden grün markierten Gitterpunkte innerhalb der Zelle wird die eigentlich primitive hexagonale Zelle zu einer dreifach primitiven Zelle.

Abb. 4.7 a) verdeutlicht die Lage der Gitterpunkte innerhalb der Zelle. Sie liegen aufgrund der Stapelung bezüglich in der a–b-Ebene genau über dem gleichseitigen Dreieck der Raute, ein Gitterpunkt im linken Dreieck, der andere im rechten Dreieck (siehe gestrichelte Linien). Bezüglich der c-Translationsperiode der Zelle liegt damit ein Gitterpunkt auf $\frac{1}{3} c_0$ und der Andere auf $\frac{2}{3} c_0$. In einem Gitter aus nur drei dieser Zellen (Abb. 4.7 b) erkennt man bereits, dass sich die rhomboedrische Zelle Rp ergibt. Sie ist einfach primitiv und wird im rhomboedrischen Achsenkreuz beschrieben (Abb. 4.7 c und d).

Beide Zellen sind also ineinander überführbar, benutzt wird für Kristalle mit dreizähliger c-Achse entweder das trigonale System mit der dreifach primitiven Elementarzelle oder das rhomboedrische System mit der einfach primitiven rhomboedrischen Elementarzelle.

Zu beachten ist eine in den Lehrbüchern unterschiedliche Bezeichnung für die dreifach primitive Zelle und für die rhomboedrische Zelle. Benutzt wird die Bezeich-

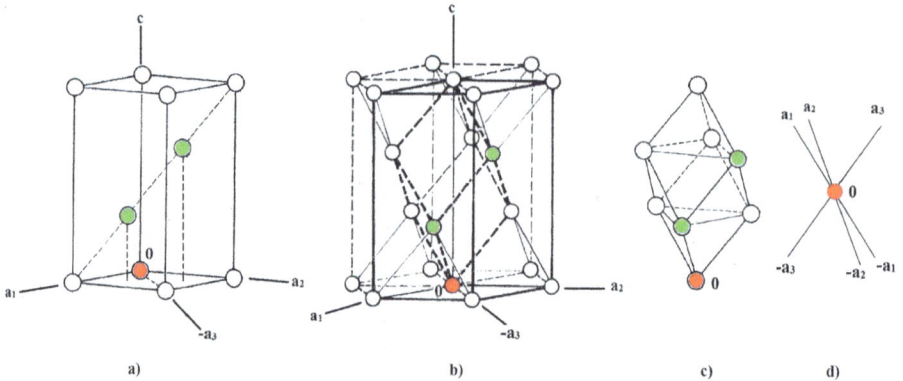

Abb. 4.7: Beschreibung trigonaler Kristalle: a) trigonal rhomboedrische Elementarzelle (tR), der Baustein im Ursprung (0) des Achsenkreuzes ist rot markiert, in die Zelle hinein fallen die grün gezeichneten Bausteine mit den Koordinaten: $\frac{2}{3}, \frac{1}{3}, \frac{1}{3}$, und $\frac{1}{3}, \frac{2}{3}, \frac{2}{3}$, die Zelle ist dreifach primitiv, die c-Achse ist nur dreizählig. b) Teilgitter aus drei tR-Zellen, Bezeichnung zur Verdeutlichung der Beziehung zur hexagonalen Metrik ist hexagonal R (hR), man erkennt die dadurch gebildete rhomboedrische primitive Zelle (Rp). c) Eine einzelne rhomboedrische primitive Elementarzelle (Rp). d) das rhomboedrische Achsenkreuz.

nung trigonal R (tR) oder hexagonal R (hR). Beide Benennungen weisen auf die Beziehung zur rhomboedrischen Elementarzelle Rp hin. Dabei verdeutlicht die Bezeichnung trigonal R die Anwendung zur trigonalen Beschreibungsweise entsprechender Kristalle. Die Benennung hR zeigt zusätzlich, dass die Zelle den einfach primitiven hexagonalen Grundkörper aufweist, der nur durch die Verschiebung hexagonaler Netzebenen bei Stapelung entlang der c-Achse dreifach primitiv wird. Das führt zur Dreizähligkeit der c-Achse, wobei die Metrik des Achsensystems aber hexagonal bleibt.

Die rhomboedrische Zelle wird mit dem Kürzel Rp (rhomboedrisch primitiv) oder nur mit dem Großbuchstaben R (rhomboedrisch) bezeichnet.

4.6 Punktkoordinaten in der Elementarzelle: Die Basis des Gitters

Bevor die Ineinanderstellung kongruenter Punktgitter zu einer Struktur besprochen wird, muss die Frage geklärt werden, wie innerhalb der Elementarzelle Gitterpunkte durch Koordinaten beschrieben werden. Die Angabe von Punktkoordinaten innerhalb der Elementarzelle ist für die Kristallstrukturbestimmung von elementarer Bedeutung. Wir werden auch zur Angabe der Nullpunkte bei der Ineinanderstellung kongruenter Bravais-Gitter gleich mehr dazu erfahren.

Abb. 4.8 zeigt die Beschreibung von Gitterpunkten innerhalb der Elementarzelle. Die genaue Lage eines Gitterpunktes können wir durch einfache Punktkoordinaten als sogenannte Punktlage angeben. Wir beziehen diese Punktlage auf die Achsenrichtungen a, b und c mit den Gitterkonstanten a_0, b_0 und c_0 der Elementarzelle. Ein beliebiger Gitterpunkt „P" in der Elementarzelle ist festgelegt durch das Koordinatentripel $x \cdot a_0$, $y \cdot b_0$ und $z \cdot c_0$, mit $0 \leq x, y, z < 1$. Bedenken Sie: Punkte mit $x, y, z = 1$ sind identische Punkte zum Ursprungspunkt 0,0,0 und Punkte mit $x, y, z > 1$ würden außerhalb der Elementarzelle liegen.

Später werden wir die Punktlagen in der Elementarzelle real mit Kristallbausteinen belegen und die Bestimmung der Koordinaten der Punktlagen als wesentliches Ergebnis einer Strukturanalyse betrachten. Den Ursprung der Elementarzelle bildet ein Baustein, der stets in der hinteren Ecke links unten positioniert wird (Koordinaten 0,0,0).

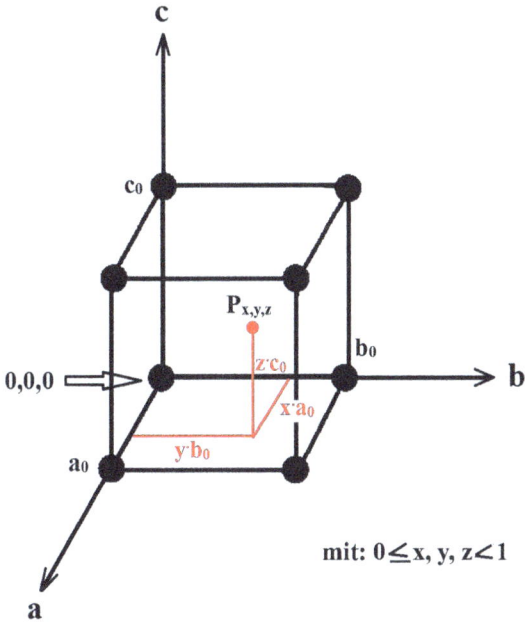

Abb. 4.8: Ein beliebiger Gitterpunkt „P" in der Elementarzelle ist festgelegt durch das Koordinatentripel $x \cdot a_0$, $y \cdot b_0$ und $z \cdot c_0$, mit $0 \leq x, y, z < 1$. Der Nullpunkt: 0,0,0 wird in den Ursprung des Achsenkreuzes gelegt.

Sehr wenige Kristallstrukturen bestehen nur aus einer Atomsorte (Kristallstrukturen von Elementen). Für diese Strukturen ist bereits mit der Angabe des Bravais-Gittertyps der Strukturaufbau geklärt. Punktlagen sind dann lediglich die Koordinaten der Gitterpunkte, die als Basis des Gitters bezeichnet werden und deren identische Gitterpunkte durch die Translation erzeugt werden. Die Basiskoordinaten der Gittertypen sind in Tab. 4.1 zusammengestellt.

Mit den Basiskoordinaten des Gitters sowie der Bestimmung der Gitterkonstanten (die Materialkonstanten einer jeden kristallinen Verbindung darstellen) sind sämtliche Informationen zu einer Kristallstruktur aus nur einer Atomsorte vorhanden und die Struktur ist damit vollständig beschrieben. Die Angabe des Bravais-Gittertyps bedeutet: Lege einen Kristallbaustein (z. B. ein Atom) in den Ursprung, also auf die

Tab. 4.1: Basiskoordinaten der Bravais-Gitter.

Gittertyp	Basis des Gitters
Primitiv: „P"	0, 0, 0
b-c-flächenzentriert: „A-Gitter"	0, 0, 0 und 0, $\frac{1}{2}$, $\frac{1}{2}$
a-c-flächenzentriert: „B-Gitter"	0, 0, 0 und $\frac{1}{2}$, 0, $\frac{1}{2}$
a-b-flächenzentriert: (basisflächenzentriert) „C-Gitter"	0, 0, 0 und $\frac{1}{2}$, $\frac{1}{2}$, 0
Innenzentriert: „I-Gitter"	0, 0, 0 und $\frac{1}{2}$, $\frac{1}{2}$, $\frac{1}{2}$
Allseitig flächenzentriert „F-Gitter"	0, 0, 0; $\frac{1}{2}$, $\frac{1}{2}$, 0; $\frac{1}{2}$, 0, $\frac{1}{2}$; 0, $\frac{1}{2}$, $\frac{1}{2}$

Punktlage 0,0,0, und lasse die Translationen entsprechend der Metrik des Bravais-Gittertyps auf diesen Baustein einwirken. Es resultiert die Belegung der zum Gittertyp gehörenden Basiskoordinaten und deren identischer Positionen mit Atomen. Die so vorliegende Elementarzelle des Bravais-Gitters führt durch deren Translation zur realen endlichen Kristallstruktur.

Die einfachste Kristallstruktur aus nur einer Atomsorte ist die Verbindung α-Polonium. Sie kristallisiert im kubischen P-Gitter. Mit der Angabe kubisch P und der Gitterkonstanten a_0 ist die Struktur bereits vollständig beschrieben. Das Polonium-Atom wird in den Ursprung des kubischen P-Gitters gelegt (Koordinate 0,0,0) und die Struktur somit unter Einwirkung der kubischen Metrik des P-Gitters erzeugt. Zu Tab. 4.1 merken wir uns den Satz: Nur identische Bausteine bilden ein Bravais-Gitter.

Hat man eine kubisch innzentrierte Struktur aus nur einer Atomsorte, z. B. die von Wolfram, ist auch diese Struktur durch Angabe des Bravais-Gittertyps kubisch I und der Gitterkonstanten a_0 vollständig beschrieben. Auf ein Wolframatom in 0,0,0 wirkt die Metrik kubisch I ein, wodurch die Eckpunkte der Elementarzelle und die Innenzentrierung $\frac{1}{2}\frac{1}{2}\frac{1}{2}$ durch Wolframatome belegt werden. Die Strukturen von Kupfer, Silber oder Gold kristallisieren im kubischen F-Gitter mit den Koordinaten der Gitterpunkte in der Elementarzelle 0,0,0; $\frac{1}{2}\frac{1}{2}$0; $\frac{1}{2}$0,$\frac{1}{2}$; 0,$\frac{1}{2}\frac{1}{2}$ (Elementarzellen der Metallstrukturen, siehe auch Kapitel 1 Abb. 1.3 und Kapitel 4.4, Abb. 4.5 l) – n)).

4.6.1 Dichteste Packungen einfacher Strukturen aus nur einer Atomsorte

Hier muss noch ein wichtiger Hinweis zu den eben besprochenen Strukturen gegeben werden. Wir hatten bereits gehört, dass die Bausteine in den Kristallstrukturen dicht aneinander dreidimensional periodisch aufgereiht sind und die Abstände in den Gittermodellen nur zur besseren Anschauung bei Vernachlässigung der Größenverhältnisse der Kristallbausteine dienen. Bei den Strukturen der Metalle Kupfer, Silber und Gold bilden die Atome dichteste Packungen. Wir können ein einfaches Modell dieser Packung aufbauen. Wir kleben identische Kugeln (z. B. Tischtennisbälle) zu Schichten zusammen, wobei sich alle Kugeln der Schicht gegenseitig berühren müssen. Dann stapeln wir mehrere der Schichten übereinander, wobei dichtest gestapelt wird. Das bedeutet, dass die obere Schicht in die Zwickel der unteren einrasten muss. Wir stapeln in der Abfolge ABC-ABC, d. h. dass die vierte Schicht wieder genau über der ersten Schicht liegen muss. Um die Abfolge gut zu erkennen ist es praktisch, eine Kugel der ersten Schicht und eine der vierten Schicht rot zu markieren und beim Stapeln auf deren exakte Lage übereinander zu achten. Es entsteht die kubisch dichteste Kugelpackung. 74 % des Raumes sind dabei von Kugeln ausgefüllt. Eine höhere Packungsdichte ist nicht möglich (26 % des Volumens sind nicht mit Materie ausgefüllt, „der Kristall ist ein homogenes Diskontinuum"). Jede Kugel unseres Modells berührt insgesamt zwölf Nachbarkugeln: Sechs innerhalb einer Schicht und je drei der darunterliegenden und der darüberliegenden Schicht. In der Kristallchemie bezeichnen wir die Zahl Bausteine, die einen zentralen Baustein im gleichen Abstand umgibt als Koordinationszahl. In der dichtesten Kugelpackung beträgt die Koordinationszahl somit zwölf und man setzt sie in eckige Klammern. Elementarzelle der Packung ist das kubische F-Gitter, Stapelrichtung ist die Raumdiagonale. Die Struktur der Metalle Kupfer, Silber und Gold ist somit eine kubisch dichteste Kugelpackung. Die Struktur von Wolfram ist weniger dicht gepackt (kubisch I), die Packungsdichte beträgt 68 %. Für α-Polonium (kubisch P) beträgt sie nur 52 % (Elementarzellen siehe Kapitel 1, Abb. 1.3, oder Abb. 4.5 (l–n) in Kapitel 4.4).

Es gibt noch eine weitere dichteste Packung. Ihre Stapelfolge ist AB-AB, die Koordinationszahl ist auch zwölf, aber die Symmetrie ist hexagonal. Diese hexagonal dichteste Kugelpackung haben z. B. die Metalle Magnesium, Zink oder Titan. Hier enthält das hexagonale P-Gitter aber einen weiteren Gitterpunkt, wir besprechen daher im folgenden Abschnitt die Basis der Struktur durch Ineinanderstellung kongruenter Punktgitter zunächst am Beispiel der hexagonal dichtesten Kugelpackung.

4.7 Die Koordinaten der Basis der Struktur

Die eben erwähnten Kristallstrukturen der Metalle in Form einer hexagonal dichtesten Kugelpackung der Atome, sind durch die Ineinanderstellung zweier kongruenter hexagonaler P-Gitter aufgebaut. Beide Teilgitter bestehen hier also aus nur einer Atomsorte. In ein Grundgitter hexagonal P mit dem Ursprung 0,0,0 ist ein zweites hexagonales P-Gitter eingestellt, dessen Ursprung gegenüber dem des Grundgitters um $\frac{2}{3}$, $\frac{1}{3}$, $\frac{1}{2}$ verschoben ist. Dadurch befindet sich in jeder hexagonal primitiven Zelle ein weiteres Atom mit den eben angegebenen Koordinaten. Dabei handelt es sich nicht um Koordinaten der Basis des Bravais-Gitters, sondern wir sprechen nun von den Koordinaten der Basis der Struktur.

Die überwiegende Zahl der Kristallstrukturen besteht aus zwei oder mehreren Atomsorten. Dabei besetzt jede Atomsorte die Positionen eines (identischen) Bravais-Gitters, die ineinandergestellt sind. Diese fundamentale Erkenntnis hatten wir bereits in der Einleitung (siehe dort auch Abb. 1.4) als grundlegenden Beitrag der frühen Forschungsarbeiten der Kristallographen und Mineralogen Sohncke, von Groth und

Niggli angesprochen. Zum besseren Verständnis dieses grundlegenden Prinzips sehen wir uns die Abbildung in Abb. 4.9 links an. Wir bezeichnen das aus den schwarzen Punkten bestehende Gitter als Ausgangs- oder Grundgitter. In dieses Ausgangsgitter (schwarz = Atomsorte A) ist ein zweites kongruentes Gitter eingestellt (Gitterpunkte sind die Leerkreise, stellvertretend für die Atomsorte B). Wir markieren im Ausgangsgitter den rot eingezeichneten Eckpunkt der Elementarzelle in Abb. 4.9 (links unten hinten) als Nullpunkt mit den Koordinaten 0,0,0. Innerhalb dieser Elementarzelle ermitteln wir nun den Ursprungspunkt des eingestellten Punktgitters und benennen diesen (in Abb. 4.9 gelb eingezeichneten Punkt) nun bezogen auf den Ursprung 0,0,0 des Ausgangsgitters mit den Koordinaten x,y,z. Wir haben damit die Basis der Struktur ermittelt: Die Basis einer Struktur ist die Gesamtheit der Ursprungspunkte der ineinandergestellten kongruenten Punktgitter.

Sehen wir uns dazu weitere einfache Strukturen aus zwei Bausteinsorten an (in unseren Beispielen hier nun aus Kationen und Anionen, da die folgenden Strukturen überwiegend ionogenen Bindungsanteil besitzen [30]). Zuerst besprechen wir die Kristallstruktur von Cäsiumchlorid (CsCl), einem Alkalihalogenidsalz, das in einer kubisch primitiven Struktur kristallisiert. Abb. 4.9 (Mitte) zeigt das Raumgittermodell von Cäsiumchlorid. Es resultiert aus der Ineinanderstellung zweier einfacher kubisch primitiver kongruenter Raumgitter. Wir nehmen z. B. schwarze Kugeln für die Schwerpunkte der Cs-Kationen und ordnen sie auf den acht Ecken eines Würfels an und bauen ein größeres Gitter aus solchen Würfeln auf (in Abb. 4.9 besteht es aus acht Elementarzellen). Es stellt das Grund- oder Ausgangsgitter dar. Völlig analog bauen wir ein weiteres Gitter auf, diesmal aus grünen Kugeln für die Schwerpunkte der Chloridanionen. Nun stellen wir beide kongruenten Gitter so ineinander, dass je eine grüne Kugel in die Zentren der Würfel aus den schwarzen Kugeln zu liegen kommt. Wir stellen also das grüne Teilgitter mit einem Eckpunkt genau bei der Hälfte der Raumdiagonalen des Würfels des schwarzen Grundgitters ein. Für die CsCl-Struktur schreiben wir: Gitter kubisch P, Basis: Cs^+ in 0,0,0 (in Abb. 4.9 rot) und Cl^- in $\frac{1}{2},\frac{1}{2},\frac{1}{2}$ (in Abb. 4.9 gelb). Wir erkennen, dass sich an dem resultierenden Gittermodell von CsCl nichts ändert, wenn wir die Kationenpositionen und die Anionenpositionen (also schwarze und grüne Kugeln) miteinander vertauschen. Das gilt gleichermaßen für die Strukturen von Verbindungen aus nur zwei verschiedenen Ionen oder Atomsorten A und B, also z. B. auch für die NaCl-Struktur.

Fassen wir das eben besprochene noch einmal zusammen: Für einfachste Strukturen aus nur einer Atomsorte auf den Positionen nur eines einzigen Bravais-Gitters ist die Struktur durch die Elementarzelle des dazugehörenden Bravais-Gitters bestimmt, was wir oben schon an Beispielen feststellen konnten. Aber bereits für die hexagonal dichteste Kugelpackung der Metallstrukturen Magnesium, Zink oder Titan, oder für die CsCl-Struktur benötigen wir als weitere Information neben der Angabe des Gittertyps die Angabe der Basis der Struktur, also die Benennung der Ursprungspunkte der ineinandergestellten kongruenten Gitter, bezogen auf den Nullpunkt 0,0,0 des Ausgangsgitters.

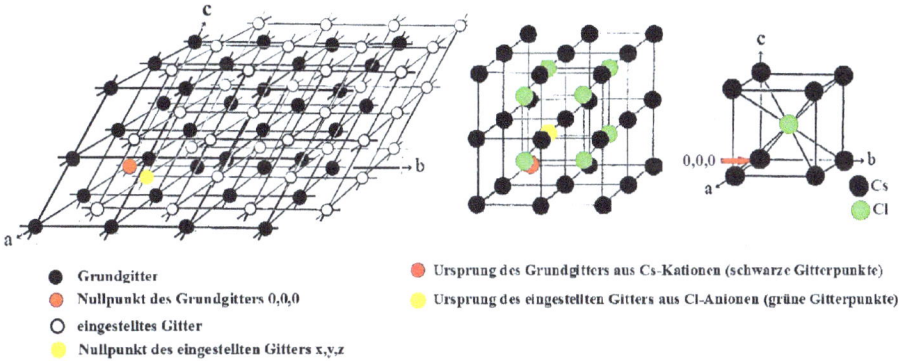

● Grundgitter
● Nullpunkt des Grundgitters 0,0,0
○ eingestelltes Gitter
● Nullpunkt des eingestellten Gitters x,y,z

● Ursprung des Grundgitters aus Cs-Kationen (schwarze Gitterpunkte)
● Ursprung des eingestellten Gitters aus Cl-Anionen (grüne Gitterpunkte)

Abb. 4.9: Links: Ineinanderstellung zweier kongruenter Punktgitter: Grundgitter mit der Atomsorte „schwarz" und eingestelltes Gitter mit der Atomsorte „weiß". Die Nullpunkte, bezogen auf die Achsen a, b und c, sind farblich markiert. Basis der Struktur bilden folgende Koordinaten: Grundgitter: 0,0,0 und eingestelltes Gitter: $x \cdot a_0$, $y \cdot b_0$ und $z \cdot c_0$, mit $0 \leq x, y, z < 1$.
Mitte: Raumgittermodell von Cäsiumchlorid (CsCl). Basis der Struktur: Grundgitter: 0,0,0 und eingestelltes Gitter: $\frac{1}{2}$, $\frac{1}{2}$, $\frac{1}{2}$. Rechts: Elementarzelle der CsCl-Struktur.

Die Elementarzelle von Cäsiumchlorid ist in Abb. 4.9 rechts dargestellt. Der Gittertyp der Struktur bleibt auch bei der Ineinanderstellung beider Teilgitter stets das P-Gitter, denn wie wir bereits gelernt haben: Nur identische Bausteine bilden ein Bravais-Gitter. Es wäre z. B. also falsch, wenn wir die Elementarzelle des CsCl als kubisch innenzentrierte Zelle beschreiben würden!

Ein besonders wichtiger Parameter der Kristalle sind die Gitterkonstanten. Am Beispiel von Abb. 4.9 (rechts) dazu noch einige Erläuterungen. Wir stellen in gedachter Weise ein kartesisches Koordinatensystem in die Elementarzelle ein. Das mit dem roten Pfeil gekennzeichnete Cäsiumkation fällt mit dem Ursprung des Koordinatensystems zusammen, die Achsen benennen wir mit a, b und c. Das System stellt das kristallographische Achsensystem für kubische Kristalle dar. Auf den drei Achsen wird mit der gleichen Längeneinheit gemessen, alle drei Winkel zwischen den Achsen sind gleich und betragen 90°. Zur Angabe der Kantenlänge der würfelförmigen Zelle benötigen wir nur eine Größe, die Gitterkonstante a_0. Aus Röntgenstrukturuntersuchungen von CsCl kennen wir deren Länge, sie beträgt 4,126 Å [29].

Als zweites Beispiel einfacher Strukturen aus zwei ineinandergestellten Teilgittern kommen wir zur NaCl-Struktur, um dabei auch auf die Problematik der Wahl der korrekten Elementarzelle hinzuweisen. Abb. 4.10 zeigt links die Elementarzelle von Natriumchlorid. Die Struktur besteht aus zwei ineinandergestellten kubischen F-Gittern, eines aus Natriumkationen und eines aus Chloridanionen. Beide Teilgitter sind um die Hälfte der Gitterkonstanten ($a_0 = 5,640$ Å [29]) entlang der Würfelkante verschoben, also um den Betrag von 2,820 Å. Für die Struktur gilt somit: Gitter: Kubisch F und Basis der Struktur: 0,0,0 sowie $\frac{1}{2}, 0, 0$. Also z.B Cl^- auf 0,0,0 und Na^+ auf $\frac{1}{2}, 0, 0$ wie in Abb. 4.10.

Aber auch hier können die Ionensorten vertauscht werden, wie es schon bei der CsCl-Struktur erläutert wurde.

Mitunter werden auch die Basiskoordinaten beider Gitter angegeben: Basis des Ursprungsgitters (siehe Tab. 1, kubisch F): $0,0,0$; $\frac{1}{2}\frac{1}{2},0$; $\frac{1}{2},0,\frac{1}{2}$; $0,\frac{1}{2}\frac{1}{2}$ und Basis des um $\frac{1}{2},0,0$ verschobenen Gitters: $\frac{1}{2},0,0$; $0,\frac{1}{2},0$: $0,0,\frac{1}{2}$; $\frac{1}{2}\frac{1}{2}\frac{1}{2}$. Alle weiteren Gitterpunkte der Elementarzelle sind identische Punkte und Resultat der Gittertranslation.

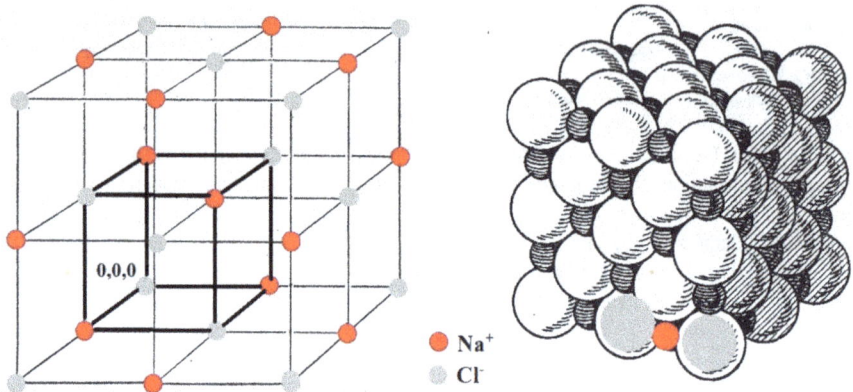

Die stark gezeichnete kleine Zelle (1/8 des EZ-Volumens) wäre eine zu klein gewählte Elementarzelle!

Abb. 4.10: Elementarzelle von Natriumchlorid (links). Beachten Sie: Die stark umrandete Teilzelle wäre eine zu klein gewählte Zelle (großes Raumgittermodell von NaCl siehe Abb. 2.2). Rechts: Kristallstruktur von NaCl unter Berücksichtigung der Ionenradien. Kationen und Anionen sind dicht gepackt (Modell nach Barlow [36]).

Hier noch ein wichtiger Hinweis zur korrekten Wahl der Elementarzelle: Würde man als Elementarzelle für NaCl den kleinen Würfel (dessen Kanten in Abb. 4.10 links stark gezeichnet sind) wählen, wäre es eine zu kleine Zelle, die der allgemeinen Definition nicht entspräche. Die richtige Zelle der NaCl-Struktur besteht insgesamt aus acht solchen Teilwürfeln. Wir merken uns daher eine erweiterte allgemeine Definition der Elementarzelle: Die Elementarzelle ist die kleinste Baueinheit einer Struktur, die aber bereits alle Eigenschaften der makroskopischen Struktur haben muss.

Rechts ist in Abb. 4.10 das Modell der realen Kristallstruktur von NaCl unter Berücksichtigung der Ionenradien abgebildet. Es wurde bereits 1897 von W. Barlow als Hypothese der Struktur vorgestellt [36], also zu einem Zeitpunkt, als die Röntgenbeugung am Kristall noch nicht bekannt war. Das Modell wurde 1923 bestätigt, nachdem W. H. Bragg und W. L. Bragg die röntgenographische Strukturbestimmung von NaCl erfolgreich durchgeführt hatten [37]. Kationen und Anionen sind dicht gepackt. Die Ionenradien (nach dem Geochemiker Goldschmidt) betragen 1,81 Å für Cl^- und 0,93 Å für Na^+ [38].

An dieser Stelle können wir am Beispiel von NaCl gleich einen wichtigen Begriff der Strukturlehre besprechen: Die Zahl der Formeleinheiten in der Elementarzelle (Z). Für die Strukturbestimmung ist es erforderlich, die Zahl der Kristallbausteine in der Elementarzelle zu kennen. Im Kapitel 6 wird näher auf die Berechnung von Z eingegangen. Das F-Gitter aus Natriumkationen liefert vier Na-Kationen und das aus Chloridanionen vier Cl-Anionen. Die chemische Formel ist NaCl, wir sagen, die Anzahl Formeleinheiten in der Elementarzelle beträgt Z = 4 (also vier Formeleinheiten NaCl).

Wie wäre Z beim Cäsiumchlorid mit seiner chemischen Formel CsCl? Wie haben zwei ineinandergestellte P-Gitter, eines liefert ein Cs-Kation und das andere ein Chloridanion, also ist Z = 1, d. h. eine Formeleinheit CsCl.

4.8 Beschreibung von Gitterpunkten außerhalb der Elementarzelle und von Geraden und Ebenen im Raumgitter

Angaben von Punkten, Geraden und Ebenen im Raumgitter sind für Anwendungen jeder Art, sowohl für die Strukturbestimmung als auch für die Nutzung von Kristallen und Mineralen in der industriellen Praxis sehr wichtig. Außer im atomaren Bereich der Kristallstrukturen gelten die Angaben von Richtungen und Flächen selbstverständlich auch für den makroskopischen Kristall (Korrespondenzprinzip). Die Theorie zur Beschreibung von Kristallflächen entwickelte der Mineraloge und Kristallograph Weiss, [35] den wir bereits auch schon im Zusammenhang mit der Einführung der Kristallsysteme genannt hatten. Auf seinen Arbeiten aufbauend, modifizierte W. H. Miller die Theorie und führte 1839 eine Symbolik ein, die seitdem zur Beschreibung von Kristallflächen und Richtungen im Raumgitter international verwendet wird [39]. Dazu folgen gleich genauere Informationen.

Warum sind diese Untersuchungen von so großer Bedeutung? Einerseits sind Betrachtungen zur Beschreibung von Punkten, Geraden und Ebenen im Raumgitter und ihre Anwendung auf die realen Kristalle für die Bestimmung der atomaren Struktur der Kristalle grundlegend. Das Resultat einer Strukturanalyse besteht neben der Ermittlung des Bravais-Gittertyps und der Gitterkonstanten in der Bestimmung der Koordinaten der Basis und damit der Punktlagen ("Atomkoordinaten"). Mit der Gitterinformation und den Koordinaten der Kristallbausteine ist schließlich die Kristallstruktur komplett beschrieben. Die Punktlagen sind dann wiederum die Grundlage zur Berechnung von Atomabständen und Bindungswinkeln in den Kristallstrukturen.

Andererseits ist die Angabe von Richtungen und Flächen auch für die praktische Nutzung der Kristalle in der Technik von größter Bedeutung. Wir haben bereits gelernt, dass ein beträchtlicher Anteil der Kristalle richtungsabhängige Eigenschaften hat. Um solche Eigenschaften technisch nutzen zu können, ist die Kenntnis der exakten Orientierung durch Bestimmung von Richtungen und Flächen am Kristallpolyeder unabdingbar. So müssen z. B. aus großen gezüchteten Quarzkristallen kleine Plättchen exakt orientiert herausgeschnitten werden, um die Funktion beim Einsatz als

Drucksensor (piezoelektrischer Effekt) oder als Schwingquarz (reziproker piezoelektrischer Effekt) zu gewährleisten.

Auch für kubische Kristalle spielt die Kenntnis der Orientierung eine wichtige Rolle. Ein schönes Beispiel bietet die Bearbeitung von Edelsteinen, insbesondere von Rohdiamanten. Hier muss der Edelsteinschleifer den uneinheitlich gewachsenen Rohdiamanten durch exaktes Sägen vereinzeln. Spaltflächen sind beim Diamanten die Oktaederflächen, Sägeschnitte müssen senkrecht zur c-Achse des Oktaeders erfolgen. Macht man hier einen Fehler, kann ein großer Kristall ungewollt in viele kleine einzelne Kristalle zerlegt werden.

4.8.1 Gitterpunkte außerhalb der Elementarzelle

Kommen wir nun zu Gitterpunkten außerhalb der Elementarzelle (Abb. 4.11). Zur Charakterisierung eines beliebigen Gitterpunktes außerhalb der Elementarzelle wird ein Vektor verwendet, der vom Ursprung des Gitters 000 ausgeht und zu dem zu benennenden Gitterpunkt führt. Ein solcher Vektor kann als $\vec{\tau} = u \cdot \vec{a} + v \cdot \vec{b} + w \cdot \vec{c}$ angegeben werden, wobei die Beträge von $\vec{a}, \vec{b}$ und $\vec{c}$ die Gitterkonstanten a_0, b_0 und c_0 sind.

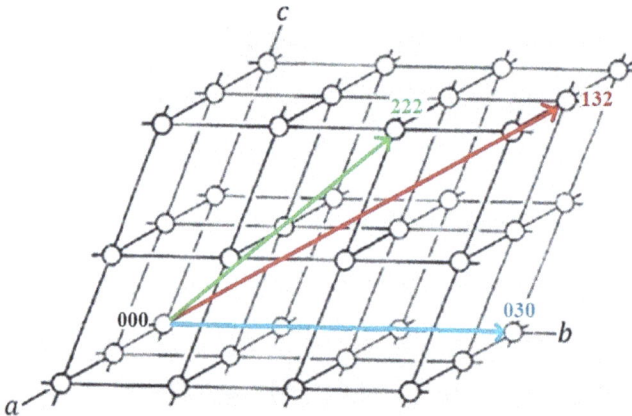

Abb. 4.11: Bezeichnung von Gitterpunkten außerhalb der Elementarzelle durch die Koordinaten uvw der vom Ursprung des Gitters zu den Gitterpunkten verlaufenden Vektoren (siehe Text).

Zur Beschreibung eines beliebigen Gitterpunktes außerhalb der Elementarzelle benötigt man nur die Koordinaten uvw und fasst sie zu einem Tripel zusammen, z. B. 132 (sprich eins- drei- zwei) für den Punkt, zu dem der in der Abb. 4.11 rot eingezeichnete Vektorführt. Die Koordinaten des Punktes, zu dem der grüne Vektor führt, sind 222, während der blaue Vektor zum Punkt 030 führt. Die Koordinaten der acht Eckpunkte der Elementarzelle wären: 000; 100; 010; 001; 110; 101; 011; und 111. Die Punktkoordinaten uvw sind stets Ganze Zahlen, oder ganze Zahlen $+ \frac{1}{2}$ bei Zentrierungen und ganze

Zahlen $+\frac{1}{3}$ oder $+\frac{2}{3}$ für Punkte im hexagonalen oder trigonalen Translationsgitter. Die Tripel werden ohne Klammer und ohne Komma geschrieben.

4.8.2 Beschreibung von Gittergeraden (Gitterrichtungen)

Die Beschreibung von Gittergeraden und damit von Richtungen im Gitter und am Kristallpolyeder, hat ebenfalls große Bedeutung für die Praxis. Denken wir noch einmal an die schon erwähnten Eigenschaften von Quarzkristallen und ihre Anwendung als Drucksensoren oder Schwingquarze. Quarz kristallisiert im trigonalen Kristallsystem. Beide Effekte (der piezoelektrische Effekt und der reziproke piezoelektrische Effekt) treten nicht bei Schnittlagen senkrecht zur trigonalen c-Achse auf. Es ist eine bestimmte Schnittlage erforderlich, die ohne die Kenntnis der Orientierung des Quarzkristalls nicht eingehalten werden kann. Es müssen also die Richtungen im Raumgitter bekannt sein. Sie entsprechen aufgrund des Korrespondenzprinzips den Richtungen am makroskopischen Kristall.

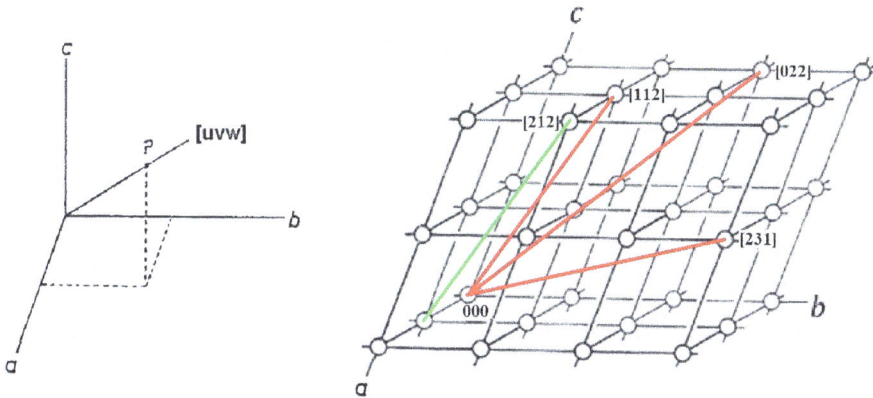

Abb. 4.12: Bezeichnung von Gittergeraden (Gitterrichtungen) durch die Koordinaten [uvw] der vom Ursprung des Gitters zu einem Punkt geführten Geraden (zu beachten sind die eckigen Klammern). Wir legen eine Gittergerade durch zwei Punkte mathematisch fest, Ausgangspunkt ist dabei stets der Ursprung mit den Koordinaten 000 und ein weiterer Punkt P im Gitter. Man verwendet daher das Koordinatentripel des Punktes P zur Beschreibung der Gittergeraden bzw. Gitterrichtung und setzt es in eckige Klammern. Allgemein bezeichnet man das Richtungssymbol seit seiner Einführung im Jahre 1839 durch Miller [39] mit [uvw] (siehe Abb. 4.12, links). Gittergeraden bzw. Gitterrichtungen werden durch die Koordinaten [uvw] angegeben. Die eckigen Klammern zeigen an, dass es sich dabei um ein kristallographisches Zahlentripel für eine Gitterrichtung handelt und nicht um Koordinaten eines einzelnen Gitterpunktes im Raumgitter. Erläuterungen zu den in das Raumgitter (Abb. 4.12, rechts) eingezeichneten Gittergeraden siehe Text).

Im Raumgitter (Abb. 4.12, rechts) sind drei Richtungen rot eingezeichnet. Sie haben die Zahlentripel [uvw] = [112], [022] und [231] und verlaufen jeweils vom Ursprung aus zum entsprechenden Punkt, der die Richtung der Geraden im Raumgitter bestimmt. Die grün eingezeichnete Gittergerade in Abb. 4.12 geht nicht vom Ursprung aus, sondern von Punkt 100 zum Punkt 212. Mit solchen Geraden führt man eine Parallelverschiebung zum Ursprung aus. Man erhält die Gerade [112], die bereits rot eingezeichnet ist. Das Tripel [uvw] bezeichnet somit eine Schar paralleler Gittergeraden, die den gleichen Translationsbetrag der Gitterpunkte aufweisen. Die grün eingezeichnete Gittergerade führt vom Gitterpunkt 100 durch je eine Translation in a- und b-Richtung und zwei Translationen in c-Richtung zum Punkt 212, es werden die gleichen Translationsbeträge ausgeführt, wie bei der rot eingezeichneten Gittergeraden von 000 zu 112 (mathematisch formuliert ist zu beachten: In einem mathematischen Punktgitter gibt es eine unendliche Schar paralleler Gittergeraden mit identischem Translationsbetrag).

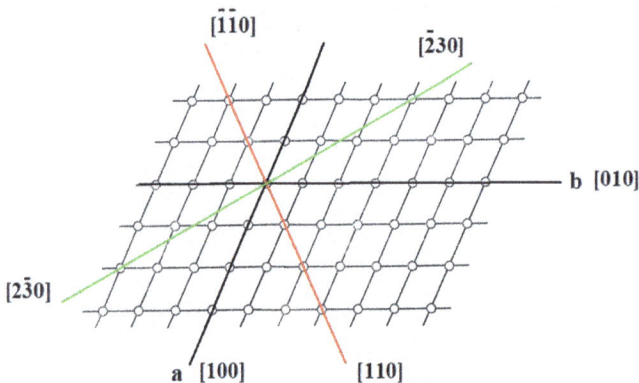

Abb. 4.13: Projektion eines Raumgitters parallel c auf die a–b-Ebene mit Bezeichnung einiger Gittergeraden.

Abb. 4.13 zeigt die Projektion eines Raumgitters entlang der c-Achse auf die a–b-Ebene. Die rot eingezeichnete Gittergerade geht durch die Gitterpunkte 000, 110, 220, $\bar{2}\bar{2}0$. Zu beachten ist hierbei, dass die Minuszeichen über die Zahlen geschrieben werden, das gilt auch für andere kristallographische Tripel, die nachfolgend besprochen werden. Für die in Abb. 4.13 rot eingezeichnete Gittergerade haben alle Punkte das gleiche Verhältnis u:v:w. Wir geben daher immer das kleinste positive Tripel, also [110] für eine solche Gittergerade an.

Die Achsen, a, b (und bei räumlicher Darstellung ebenso auch die c-Achse) stellen natürlich auch Gitterrichtungen dar und wir bezeichnen a, b und c mit [100], [010] und [001].

Eine Besonderheit stellt die grün eingezeichnete Gittergerade in Abb. 4.13 dar, der Richtung und Gegenrichtung zugeordnet werden können, also [$\bar{2}$30] oder [2$\bar{3}$0].

4.8.3 Beschreibung von Netzebenen im Raumgitter und Flächen am Kristallpolyeder: Weisssche Koeffizienten, Rationalitätsgesetz und Millersche Indizes

Ebenso wie die Kristallsysteme (siehe vorheriges Kapitel) verdanken wir Weiss die Beschreibung von Kristallflächen durch deren Achsenabschnitte [34, 35]. Die Theorie modifizierte dann Miller [39]. Millers Beschreibung der Flächen durch die reziproken Werte der Achsenabschnitte und die von ihm eingeführte Beschreibung von Gitterrichtungen und Zonenachsen als gemeinsame Richtungen von Flächen wird heute international benutzt.

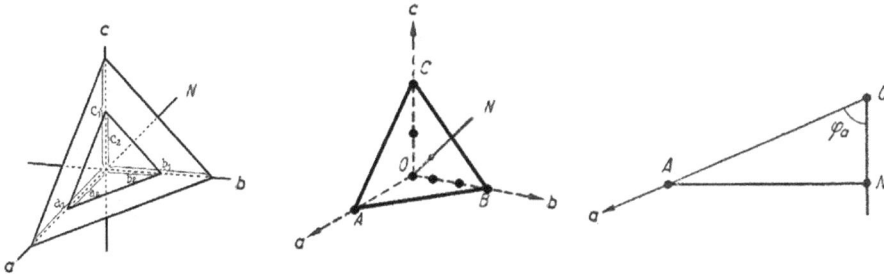

Abb. 4.14: Links: parallele Flächen im Achsenkreuz haben das gleiche Verhältnis ihrer Achsenabschnitte. Es gilt: a_1: b_1: $c_1 = a_2$: b_2: c_2 (aus Niggli [20]). Mitte: Fläche im Achsenkreuz mit den Achsenabschnitten A, B und C und der Flächennormalen N. Rechts ist ein Teildreieck 0, N, A aus Abb. 4.14 (Mitte) herausgenommen und der Flächennormalenwinkel φ_a eingetragen.

Nach Weiss [34, 35] können Netzebenen auf einfache Weise im Gitter festgelegt werden, indem man die Abschnitte der Netzebene mit den Achsen des zugrundeliegenden kristallographischen Achsenkreuzes benutzt. Betrachtet man parallel zueinander liegende Kristallflächen, ist festzustellen, dass sie zwar alle einen anderen Abstand zum Ursprung des zugrundeliegenden Achsenkreuzes haben, ihre Flächennormalen (0-N) aber identisch sind und alle Flächen das gleiche Achsenverhältnis besitzen (a_1: b_1: $c_1 =$ a_2: b_2: c_2, Abb. 4.14, links). Daher gibt man das Verhältnis der Achsenabschnitte 0A: 0B: 0C an, das dann für alle parallel liegenden Flächen gleich ist.

In Abb. 4.14 (Mitte) schneidet eine Ebene das Achsenkreuz auf der a-Achse in Punkt A mit einer Gittertranslation. Der Achsenabschnitt mit der b-Achse ist B mit 3 Translation und der mit der c-Achse ist C mit 2 Translationen. Die Achsenabschnitte 0A, 0B und 0C im Raumgitter sind daher ein ganzzahliges Vielfaches des kristallographischen Achsenverhältnisses entsprechend den Translationen a_0, b_0 und c_0. Nach Weiss gilt daher für das Verhältnis der Achsenabschnitte die Beziehung:

$$0A : 0B : 0C = m \cdot a_0 : n \cdot b : p \cdot c_0.$$

Für die Fläche in Abb. 4.14 (Mitte) ergibt sich also mit m = 1, n = 3 und p = 2 das Verhältnis 0A: 0B: 0C = 1· a_0: 3· b_0: 2· c_0. Die m, n und p heißen „Weisssche Koeffizienten" oder auch „Weisssche Indizes". Sie sind das allgemeine Symbol für die direkten Achsenabschnitte einer Netzebene (Gitterebene bzw. Kristallfläche).

Die Weissschen Koeffizienten sind in der Regel kleine ganze (rationale) Zahlen. Diese Regel heißt Rationalitätsregel bzw. Rationalitätsgesetz. Es gilt für sämtliche Flächen und damit für die kristallographischen Formen einer Kristall- bzw. Mineralart. Wir können also jedem Kristall ein spezifisches Achsenverhältnis a_0: b_0: c_0 = a: b: c zugrunde legen. Das Rationalitätsgesetz gilt nur für die Zahlen m: n: p und nicht für das Verhältnis m · a_0: n · b_0: p · c_0, weil das Achsenverhältnis a: b: c im Allgemeinen nicht rational ist. Das morphologische Achsenverhältnis stellt aber eine wichtige makroskopische Materialkonstante dar, die zur Identifizierung der Kristalle dienen kann. Man berechnet es sehr einfach aus den gemessenen Flächennormalenwinkeln bei Kenntnis der Winkel zwischen den kristallographischen Achsen (Abb. 4.14, rechts). Es entspricht dem Verhältnis der Gitterkonstanten, deren Kenntnis zur Berechnung aber nicht notwendig ist. Nach internationaler Absprache normiert man das morphologische Achsenverhältnis auf b = 1 und gibt es für trikline, monokline und orthorhombische Kristalle in der Form $\frac{a}{b}$: 1 : $\frac{c}{b}$ und für trigonale, hexagonale und tetragonale Kristalle als Verhältnis $\frac{c}{a}$ an. Für kubische Kristalle gibt es wegen des identischen Achsenverhältnisses keine morphologische Materialkonstante.

Die direkten Achsenabschnitte beinhalten aber ein Problem. Verläuft eine Netzebene zu einer der Achsen parallel, wird per mathematischer Definition der Achsenabschnitt unbestimmt (Parallelen schneiden sich in ∞). Zweckmäßigerweise benutzt man daher in der Kristallographie zur Bezeichnung von Netzebenen die Verhältnisse der reziproken Achsenabschnitte zueinander, wobei man die Brüche dann durch Erweitern mit dem Hauptnenner so umformt, dass sie ganze Zahlen und teilerfremd werden. Also für die Fläche in Abb. 4.14 mit dem Achsenverhältnis m : n : p = 1 : 3 : 2 bilden wir die reziproken Werte $\frac{1}{1}$: $\frac{1}{3}$: $\frac{1}{2}$, daraus folgt durch Erweitern mit dem Hauptnenner (HN = 6) 6 : 2 : 3. Diese Zahlen setzen wir in runde Klammern: (623). Die Vorgehensweise wird nach Miller als Millersche Indizierung bezeichnet [39], (623) sind die Millerschen Indizes der Netzebene des Achsenverhältnisses m : n : p = 1 : 3 : 2. Das allgemeine Miller-Symbol ist (hkl).

Worauf basiert dieses Prinzip? Bereits Weiss erkannte, dass die Lage der Netzebene auch durch ihre Flächennormale durch den Ursprung des Achsenkreuzes charakterisiert wird. Das verdeutlicht die rechte Abbildung in Abb. 4.14. Die Flächennormale 0-N bildet mit den Achsen die Winkel φ_a, φ_b und φ_c. Betrachten wir nun das Teildreieck 0NA, ergibt sich die Beziehung cos φ_a = 0N/0A. Analoge Beziehungen gelten für die anderen beiden Teildreiecke bezüglich der Achsenabschnitte zur b- und c-Achse. Somit folgt für die Verhältnisse der Richtungscosinus der Flächennormalen:

$$\cos\varphi_a : \cos\varphi_b : \cos\varphi_c = 0N/0A : 0N/0B : 0N/0C = 1/0A : 1/0B : 1/0C$$

Ergebnis: Die Richtungscosinus der Flächennormalen verhalten sich wie die reziproken Achsenabschnitte der Kristallfläche. Ein großer Vorteil ist der, dass ein Weissscher Koeffizient ∞ bei Parallelität der Fläche zu einer Achse im Miller-Symbol 0 wird. Wie für die Weissschen Koeffizienten gilt natürlich auch für die Millerschen Indizes das Rationalitätsgesetz.

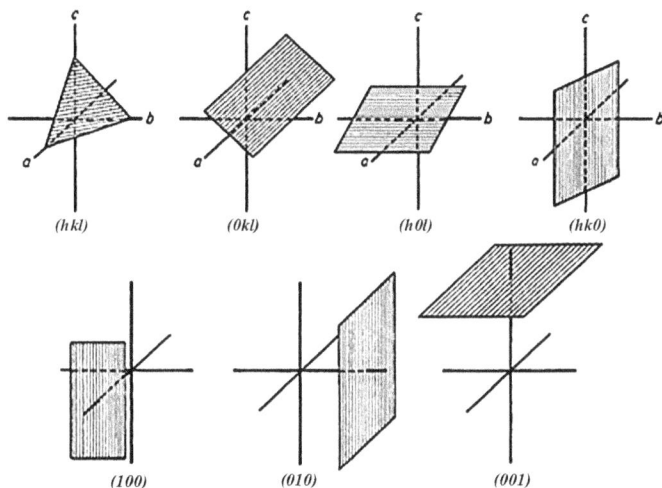

Abb. 4.15: Millersche Indizes von Kristallflächen (aus Niggli [20]).

Abb. 4.15 zeigt einige Kristallflächen und deren Indizierung mit dem Miller-Symbol. In der oberen Reihe allgemein (hkl) der entsprechende Index 0 zeigt die parallele Lage der Fläche zur entsprechenden Achse an, z. B. (hk0): Die Fläche hat nur Achsenabschnitte mit der a- und b-Achse und ist parallel zur c-Achse usw.). Untere Reihe: Eine (100)-Fläche schneidet nur die a-Achse, eine (010)-Fläche nur die nur b-Achse und eine (001)-Fläche nur die c-Achse.

Wir kommen in Abb. 4.16 (links) wieder zum Bleiglanz (Galenit PbS) zurück und indizieren dessen Flächen mit den Miller-Symbolen. Zur Tracht des im Bild dargestellten Polyeders gehören diesmal nur die Formen Würfel und Rhombendodekaeder, der Habitus ist rhombendodekaedrich (vgl. Abb. 3.13, dort ist der Polyeder mit der Tracht Würfel, Rhombendodekaeder und Oktaeder sowie mit würfelförmigem Habitus dargestellt, wie bereits erwähnt wurde, sind die natürlichen Wachstumsbedingungen für die Ausbildung von Tracht und Habitus verantwortlich, was zu den verschiedenen Kombinationen der Formen auch hier beim Bleiglanz führt).

Die Indizes der sechs Würfelflächen sind: (100), (010), (001) (dargestellt in Abb. 4.16 in der Position mit Blick auf die a-Achse) sowie die dahinter bzw. darunter liegenden nicht dargestellten Flächen ($\bar{1}$00), (0$\bar{1}$0) und (00$\bar{1}$). Die Indizes der zwölf Rhombendodekaederflächen sind (110), (1$\bar{1}$0), (101), (011), (10$\bar{1}$) und (01$\bar{1}$) (dargestellt) sowie die dahinter oder darunter liegenden (nicht dargestellten) Flächen ($\overline{1}\overline{1}0$), ($\overline{1}10$), ($\overline{1}0\overline{1}$), ($0\overline{1}\overline{1}$) ($\overline{1}01$) und ($0\overline{1}1$).

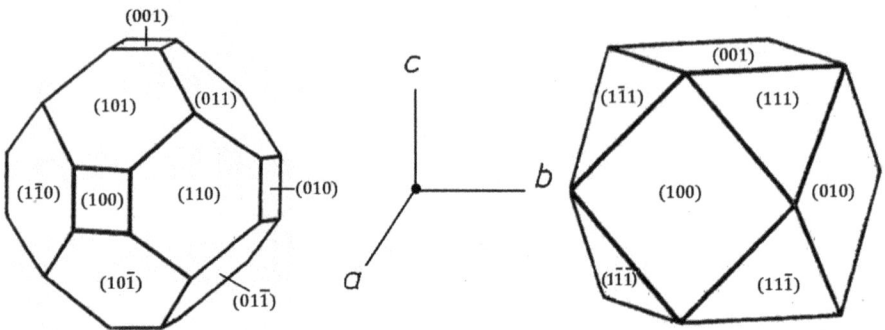

Abb. 4.16: Bleiglanzkristall (links) und Pyritkristall (rechts) mit den Millerschen Indizes der Flächen.

In Abb. 4.16 (rechts) ist ein Pyritkristall (FeS$_2$) mit den Millerschen Indizes der Flächen dargestellt. Zu den Würfelflächen (analog zum Bleiganzkristall), kommen die acht Oktaederflächen: (111), ($1\overline{1}1$), ($11\overline{1}$), ($\overline{1}11$), (abgebildet) und ($\overline{1}\overline{1}\overline{1}$), ($\overline{1}1\overline{1}$), ($1\overline{1}\overline{1}$), und ($\overline{1}\overline{1}1$) (dahinter oder darunter liegend, nicht abgebildet) hinzu.

Wir erkennen: Würfelflächen schneiden nur eine Achse, sie sind vom Typ (h00). Wir benutzen das Symbol für die Form Würfel und setzen die Indizes der Fläche mit Schnitt der a-Achse in eine geschweifte Klammer ein: Formensymbol Würfel: {100}. Oktaederflächen schneiden alle drei Achsen bei identischen Achsenabschnitten, sie sind vom Typ (hkl) mit h = k = l. In der Mineralogie benutzen wir das Symbol für die Form Oktaeder und setzen die Indizes der Fläche mit Schnitt der drei Achsen in deren positive Richtung in die geschweifte Klammer ein: Formensymbol Oktaeder: {111}. Rhombendodekaederflächen schneiden immer zwei Achsen bei identischen Abschnitten, sie sind vom Typ (hk0) mit h = k. Wir benutzen das Symbol für die Form Rhombendodekaeder und setzen die Indizes der Fläche mit Schnitt der a- und b-Achse in deren positive Richtung in die geschweifte Klammer ein: Formensymbol Rhombendodekaeder: {110}

In den Lehrbüchern der Mineralogie finden wir somit folgende Beschreibung der Kristallform des Bleiglanzkristalls in Abb. 4.16 durch die Angabe der kristallographischen Formen am Kristall: Würfel {100} und Rhombendodekaeder {110}, für den Pyritkristall entsprechend Würfel {100} und Oktaeder {111}. Es sei hier auch noch einmal an den Begriff Tracht als Gesamtheit der am Kristall vorkommenden Formen erinnert. Durch die Verwendung der Formensymbole sind also nicht mehr alle einzelnen Flächen durch die Millerschen Indizes aufzuzählen und das Setzen der Vorzeichen +/- entfällt.

Nachfolgend noch einige weitere Informationen zu den Millerschen Indizes. Abb. 4.17 zeigt die Projektion eines Raumgitters auf die a–b-Ebene. Es ist eine Schar paralleler Netzebenen eingetragen. Bilden wir dazu die Millerschen Indizes und nehmen dafür die Spur der Netzebene, die die a- und die b-Achse in deren positive Richtungen unmittelbar nach dem Ursprung schneidet (sie ist rot in Abb. 4.17 eingetragen). Die direkten Achsenabschnitte sind: m = 1, n = 2, p = ∞, reziproke Werte: $\frac{1}{1}$, $\frac{1}{2}$, $\frac{1}{\infty}$ und HN = 2, erweitern mit dem Hauptnenner und runde Klammer ergibt das Miller-Symbol (210).

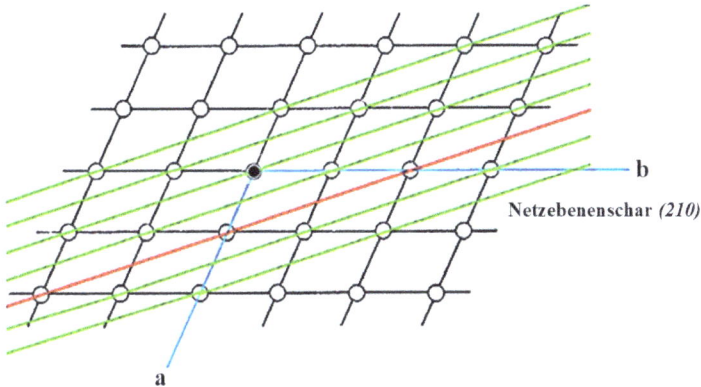

Abb. 4.17: Projektion eines Raumgitters auf die a–b-Ebene (Ursprung schwarz markiert). Die Schar paralleler Netzebenen (210) ist eingezeichnet, am Beispiel der rot eingezeichneten Spur einer Netzebene werden im Text nochmals die Millerschen Indizes abgeleitet.

Machen wir das Gleiche mit der parallelen Ebene, direkt unter der rot eingezeichneten Netzebenenspur. Sie hat die Achsenabschnitte m = $\frac{3}{2}$, n = 3 und p = ∞, die reziproken Werte sind $\frac{2}{3}$, $\frac{1}{3}$ und $\frac{1}{\infty}$, Hauptnenner ist 3, erweitern mit dem Hauptnenner und runde Klammer ergibt ebenfalls das Miller-Symbol (210). Für die direkt über der rot markierten Netzebenenspur liegende Netzebene gilt: direkte Achsenabschnitte: m = $\frac{1}{2}$, n = 1 und p = ∞, reziproke Werte: $\frac{2}{1}$, $\frac{1}{1}$, $\frac{1}{\infty}$; HN = 1, es folgt wiederum das Miller-Symbol (210).

Würden wir das so weiter für parallele Netzebenen machen, erkennen wir Folgendes: Die Millerschen Indizes repräsentieren nicht nur eine Netzebene, sondern eine ganze Schar paralleler Netzebenen, die alle den gleichen Netzebenabstand zueinander haben. Die Translationsperiode auf jeder Netzebene der Schar ist identisch.

Die durch den Ursprung verlaufende Netzebene muss zur Indizierung parallel verschoben werden. Die Netzebenen der Schar, die Gitterpunkte auf den negativen Achsenrichtungen schneiden, erhalten die Millerschen Indizes ($\overline{2}$10).

In ein Punktgitter können wir beliebige parallele Netzebenenscharen mit ihren jeweiligen Millerschen Indizes einzeichnen.

Abb. 4.18 zeigt vier einfache zweidimensionale Punktgitter. Eingezeichnet sind jeweils unterschiedliche Netzebenenscharen mit ihren Millerschen Indizes. Jede der vier Netzebenenscharen besitzt einen unterschiedlichen Netzebenenabstand d_{hkl}. Der Netzebenenabstand d_{hkl} ist eine besonders wichtige Größe in der Kristallographie.

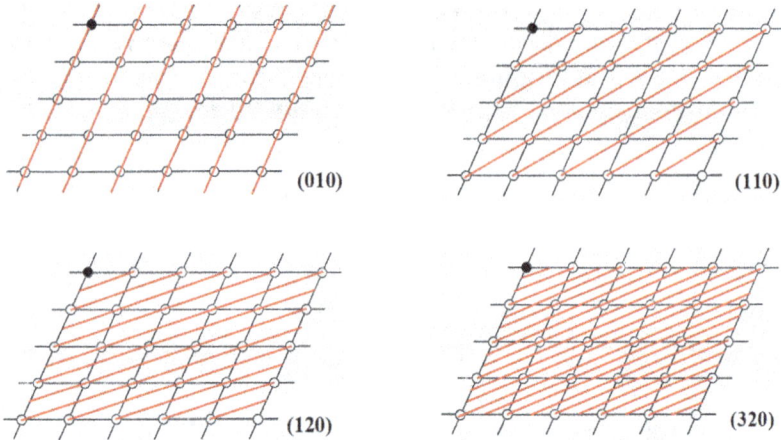

Abb. 4.18: Zweidimensionale Punktgitter mit eingezeichneten Netzebenenscharen verschiedener Netzebenenabstände „d_{hkl}", der Ursprung ist durch den schwarzen Punkt markiert. Erläuterungen siehe Text.

Wir erkennen die Beziehungen zwischen den Netzebenenabständen d_{hkl} der einzelnen Scharen sowie der Belegungsdichte der Netzebenen mit Gitterpunkten (die auch als Belastungsdichte bezeichnet wird) und den Größen der Miller-Indizes. Je kleiner der Netzebenenabstand einer Schar ist, umso weniger dicht sind deren Netzebenen mit Gitterpunkten belegt und umso größer werden die hkl-Tripel im Miller-Symbol. Am besten sichtbar an der (320)-Schar (Abb. 4.18 unten rechts). Es gilt also: Belegungsdichte und Netzebenenabstand sind direkt proportional zueinander.

Untersuchungen der Morphologie der Kristalle zeigen stets, dass bei ungestörtem Kristallwachstum immer die dicht mit Bausteinen belegten Flächen am Polyeder auftreten, also solche mit kleinen Zahlen im Miller-Symbol und entsprechend größeren Netzebenenabständen d_{hkl} zueinander. Die Ausbildung dieser Flächen erfolgt beim Kristallwachstum bevorzugt, da sie thermodynamisch stabiler sind, als Flächen mit geringerer Belegungsdichte und entsprechend größeren Werten der Millerschen Indizes. Schon bei der Überlegung zum Korrespondenzprinzip hatten wir festgestellt, dass beim NaCl-Kristall die Form Würfel (Formensymbol ist {100}) die Gleichgewichtsform darstellt. Aus der Raumgitteranordnung der Kristallbausteine und der daraus resultierenden Proportionalität von Belegungsdichte mit Bausteinen und Netzebenenabstand, aber umgekehrten Proportionalität beider zur Größe zu den Zahlen im Miller-Symbol, folgt unmittelbar auch das Rationalitätsgesetz.

4.8.4 Die Komplikationsregel

Besonders die Untersuchungen des Mineralogen Goldschmidt [40] zur Morphologie der Kristalle bestätigten die Bedeutung der Flächen mit kleinen Millerschen Indizes in der Praxis. Goldschmidt wies nach, dass Kristallflächen mit kleinen Zahlen im Miller-Symbol bei einer Vielzahl der von ihm untersuchten Kristallarten stets am häufigsten vorkommen. Die Flächen sind am größten ausgeprägt und bestimmen daher die Morphologie. Gehen wir noch einmal zu Abb. 4.18 zurück. Wir addieren einmal die Millerschen Indizes der Scharen (010) und (110). Wir erhalten die Schar (120). Sie ist weniger dicht mit Gitterpunkten belegt und hat einen geringeren Netzebenenabstand als beide Ausgangsscharen. Damit ist die Schar (120) morphologisch weniger wichtig als die Scharen (010) und (110). Aus solchen, durch Addition der Miller-Indizes abgeleiteten Untersuchungen und dem praktischen Vergleich der Morphologie diverser Kristalle hat Goldschmidt die Komplikationsregel ausgesprochen: Eine durch Addition zweier Miller-Symbole erzeugte Fläche ist morphologisch weniger wichtig als die beiden Ausgangsflächen. Den Additionsprozess der Flächensymbole bezeichnete Goldschmidt als Komplikation. Diese Regel wird auch Komplikationsgesetz genannt, da aber nur eine begrenzte Anzahl der großen Zahl an Kristallarten untersucht wurde, sollte eher der Begriff Komplikationsregel benutzt werden. Abb. 4.19 (links) zeigt ein Bespiel für die Komplikation in vier Schritten der Addition (I–IV) aus Niggli [20].

4.8.5 Die Zonengleichung und das Zonenverbandsgesetz

Bevor wir uns den Symmetrieelementen der Kristalle zuwenden, müssen wir noch den Begriff der kristallographischen Zone erläutern. Eine Zone ist eine Schar von Kristallflächen, die zu derselben Raumrichtung parallel sind. Es sind also Flächen, deren Kanten parallel verlaufen. Die gemeinsame Raumrichtung nennen wir Zonenachse. Das Richtungssymbol [uvw] wurde (wie schon erwähnt) von Miller [39] eingeführt.

Abb. 4.19 zeigt rechts die Flächen eines Polyeders, dessen Kanten parallel verlaufen (als Beispiel dient hier das hexagonale Prisma). Die Prismenflächen gehören somit einer kristallographischen Zone an. Die zu den Kanten parallele Richtung [uvw] ist die Zonenachse.

Die Flächennormalen der Flächen einer Zone liegen alle in einer gemeinsamen Ebene. Diese ist senkrecht zur Zonenachse angeordnet (Winkel „R" in Abb. 4.19). Flächen, die einer Zone angehören, heißen in der Kristallographie „tautozonale Flächen". In der stereographischen Projektion liegen sie auf Großkreisen. Das sind Kreise, deren Durchmesser dem Kugeldurchmesser entspricht, z. B. ist der Äquator der Polkugel und damit der Grundkreis der stereographischen Projektion selbst ein Großkreis (siehe z. B. Abb. 3.15 zur stereographischen Projektion des Bleiglanzkristalls).

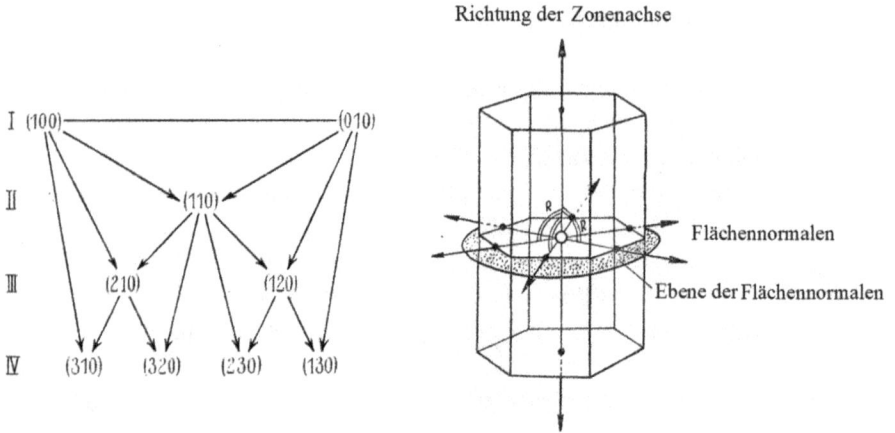

Abb. 4.19: Links: zur Komplikationsregel, rechts: zur Definition der kristallographischen Zone (beides aus Niggli [20]).

Als mathematische Beziehung zwischen den Flächen einer Zone und der Richtung der Zonenachse vermittelt die Zonengleichung. Für eine Fläche mit den Miller-Indizes (hkl), die einer Zone mit der Richtung der Zonenachse [uvw] angehört, gilt:

$$\mathbf{h \cdot u + k \cdot v + l \cdot w = 0}$$

Mit der Zonengleichung kann eine gemeinsame Richtung [uvw] zweier Flächen $(h_1 k_1 l_1)$ und $(h_2 k_2 l_2)$ einer Zone berechnet werden: $u:v:w = (k_1 l_2 - k_2 l_1) : (l_1 h_2 - l_2 h_1) : (h_1 k_2 - h_2 k_1)$

Ebenso können die Millerschen Indizes einer Fläche bestimmt werden, die durch zwei Richtungen (z. B. Zonenachsen) gebildet wird: $h:k:l = (v_1 w_2 - v_2 w_1) : (w_1 u_2 - w_2 u_1) : (u_1 v_2 - u_2 v_1)$

Schließlich lässt sich leicht bestimmen, ob drei Flächen einer Zone angehören. Falls ja, gilt für die Determinante:

$$\begin{vmatrix} h_1 & k_1 & l_1 \\ h_2 & k_2 & l_2 \\ h_3 & k_3 & l_3 \end{vmatrix} = 0$$

Ebenso ist die Bedingung, dass drei Zonen eine gemeinsame Fläche haben, dass die folgende Determinante gleich Null ist:

$$\begin{vmatrix} u_1 & v_1 & w_1 \\ u_2 & v_2 & w_2 \\ u_3 & v_3 & w_3 \end{vmatrix} = 0$$

Betrachten wir zur weiteren Erläuterung tautozonaler Flächen noch einmal unseren Bleiglanzkristall aus Abb. 3.13. Die Abb. 4.20 zeigt die stereographische Projektion des Kristallteils in der Nordhalbkugel. Zusätzlich sind die Großkreise in die Zeichenebene projiziert und in unterschiedlichen Farben dargestellt. In der stereographischen Projektion werden Großkreise außer dem Äquatorkreis zu halben Ellipsen oder zu Geraden. Insgesamt verteilen sich die 17 Kristallflächen, deren Projektion in die nördliche Hälfte sowie in den Äquator der Polkugel fallen und die hier nicht eingetragenen neun Flächen aus der südlichen Hälfte der Polkugel auf neun Zonen. Die Richtungen senkrecht zu den Großkreisen sind Zonenachsen, z. B. die Richtungen der kristallographischen Achsen [100], [010] und [001] (die Großkreise der zu diesen Achsen gehörenden Zonen sind grau, violett und schwarz gezeichnet). Blicken wir nun in der Abbildung einmal auf die b-Achse, sie ist die Zonenachse [010]. Der Großkreis senkrecht zur b-Achse, auf dem die zu dieser Zone gehörenden Flächen liegen, ist in violett eingezeichnet.

Zur Zone zählen die Flächen (100), (101), (001), ($\bar{1}$01) und ($\bar{1}$00) der oberen Kristallhälfte und entsprechend die zum unteren Kristallteil gehörenden (hier nicht eingetragenen) Flächen ($\bar{1}$0$\bar{1}$), (00$\bar{1}$) und (10$\bar{1}$). Für alle ist die Zonengleichung erfüllt.

Bei einem flächenreichen Kristall wie dem Bleiglanzkristall können einzelne Flächen mehreren Zonen angehören. Wie in Abb. 4.20 durch die rote Markierung sichtbar ist, gehört z. B. die Fläche (010) gleich vier Zonen an, sie gehört zu einem Zonenverband. Hier schneiden sich vier Großkreise (schwarz, hellgrau grün und gelb).

Das gleiche gilt für die Gegenrichtung -b. Ebenfalls immer vier Großkreise treffen auch in Richtung der a-Achse und der c-Achse sowie deren Gegenrichtungen (-a und -c) zusammen. So können diverse weitere Zonenverbände am Bleiglanzkristall erkannt werden.

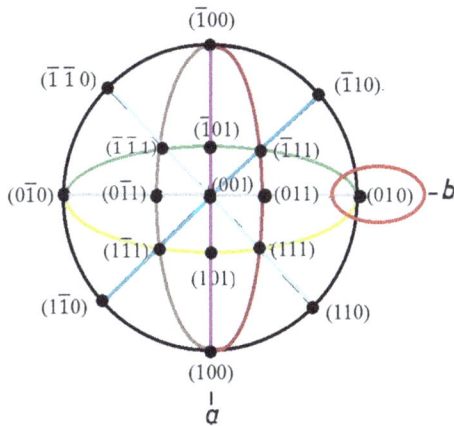

Abb. 4.20: Stereographische Projektion des Kristallteils in der Nordhalbkugel von Bleiglanz (Kristallpolyeder siehe Abb. 3.13, Tracht: Würfel, Oktaeder und Rhombendodekaeder). Die insgesamt neun Großkreise sind in die Zeichenebene projiziert und unterschiedlich farblich gekennzeichnet. Die Millerschen Indizes der Flächen sind eingetragen. Die auf den einzelnen Großkreisen liegenden Flächen gehören jeweils einer der neun Zonen an („tautozonale Flächen"). Flächen können mehreren Zonen gleichzeitig angehören und einen Zonenverband bilden. Ihre Pole liegen dann auf den Schnittpunkten von Großkreisen. Das ist hier als Beispiel für die Fläche (010) gezeigt (siehe rotes Oval). Sie liegt auf dem Schnitt der vier Großkreise (schwarz, hellgrau, grün und gelb).

Mit Hilfe der oben bereits besprochenen Formeln, die sich aus der Zonengleichung ergeben, kann man durch Kombination je zweier Flächen oder Richtungen alle an einem Kristall möglichen Flächen und Zonen bestimmen. Das ist der Inhalt, des von Weiss erstmals ausgesprochenen Zonenverbandsgesetzes [34, 35].

Das Zonenverbandsgesetz besagt: Sind vier Flächen einer Kristallart bekannt, von denen keine drei Flächen tautozonal sind, können durch Kombination jeweils zweier Flächen oder zweier Zonen immer weitere Flächen und Zonen abgeleitet werden. Auf diese Weise findet man so sämtliche an der Kristallart vorkommenden Flächen und Zonen. Andere Flächen und Zonen können an der Kristallart nicht vorkommen.

5 Die Symmetrieeigenschaften der Kristalle

5.1 Drehachsen

Ein Körper besitzt einen Symmetrieinhalt, wenn er durch eine Symmetrieoperation in eine von der Ausgangslage verschiedene, von dieser aber nicht unterscheidbare Stellung gebracht wird. Solche Symmetrieoperationen werden durch Symmetrieelemente bewirkt. Die Durchführung von Symmetrieoperationen ergibt die systematische Wiederkehr eines identischen Motivs. Das Motiv gelangt mit sich zur Deckung, Symmetrieoperationen sind Deckoperationen. Ist das Ausgangsmotiv (die Ausgangslage) wieder erreicht, sprechen wir von der „Identität". Ursache für die Symmetrie der kristallinen Materie ist ihr Raumgitteraufbau. Die Symmetrieeigenschaften besitzt sowohl der innere atomare Aufbau der Kristalle als auch der makroskopische Kristallpolyeder (Korrespondenzprinzip, siehe Kapitel 4.1 und Abb. 4.1).

Wir unterscheiden einfache Symmetrieelemente: Drehungen um einen wohlbestimmten Drehwinkel (360°, 180°, 120°, 90° und 60°) führen zu ein-, zwei-, drei-, vier- und sechszähligen Drehachsen. Man definiert die Zähligkeit „X" einer Drehachse mit X = 360°/ε (ε = Drehwinkel). Statt der Bezeichnungen für ein-, zwei-, drei-, vier- und sechszählige Drehachsen werden auch die Begriffe „Gyre", „Digyre", „Trigyre", „Tetragyre" und „Hexagyre" verwendet (griech. „gyros": rund).

Neben den Drehachsen gehören zu den einfachen Symmetrieelementen noch die Spiegelebene und das Symmetrie- oder Inversionszentrum, beide werden im Anschluss an das Kapitel Drehachsen beschrieben. Das Einwirken aller einfachen Symmetrieelemente auf Punktgitter oder auf morphologische Körper (unsere Polyeder bzw. den realen Kristall) nennen wir Symmetrieoperationen erster Art.

Wir beginnen mit der Ableitung der Drehachsen und kehren zunächst wieder zu unserem Bleiglanzkristall zurück, an dem wir das folgende Gedankenexperiment durchführen: Wir stellen den Kristall in das kubische Achsenkreuz ein und drehen ihn um die c-Achse mit einen Drehwinkel von 90°. Wir führen weitere Drehungen um diesen Winkel aus. Alle 90° wiederholt sich das Motiv seiner Flächen, d. h. das Bild kommt mit sich selbst zur Deckung. Nach der vierten Drehung ist die Ausgangslage wieder erreicht, d. h. die „Identität". Wir haben also die Symmetrieoperation „Drehung" mit Hilfe des Symmetrieelements „Drehachse" durchgeführt. Entsprechend des Drehwinkels von 90° handelt es sich um eine Tetragyre, also eine vierzählige Drehachse.

Die identische Symmetrie-Operation am Bleiglanz-Polyeder können wir durch Drehungen um die a-Achse und die b-Achse ausführen. Die drei Achsen a, b und c des Kristalls sind somit vierzählige Drehachsen. Unter Anwendung des Richtungssymbols [uvw] sind es also die Richtungen [100], [010] und [001] sowie deren Gegenrichtungen.

Nun nehmen wir in einem zweiten Gedankenexperiment die Raumdiagonale als Drehachse, also die Richtung [111] und die Gegenrichtung [$\overline{1}\overline{1}\overline{1}$]. Modellhaft stellen wir

https://doi.org/10.1515/9783112227497-005

uns die Raumdiagonale in Richtung und Gegenrichtung so verlängert vor, dass sie senkrecht aus der (111)-Fläche und aus der $(\overline{1}\overline{1}\overline{1})$-Fläche als Achse heraussticht. Die Drehung um diese Achse führt nach einem Drehwinkel von 120° zur Deckung und nach drei Drehungen zur Identität. Die vier Raumdiagonalen des Bleiglanzpolyeders sind also ige Drehachsen.

Schließlich führen wir eine Symmetrieoperation mit der [110]-Richtung und $[\overline{1}\overline{1}0]$-Gegenrichtung als Drehachse aus. Die gedachte Drehachse sticht senkrecht aus den Rhombendodekaederflächen (110) und $(\overline{1}\overline{1}0)$ heraus. Nach Drehung um den Drehwinkel von 180° erfolgt Deckung, nach zwei Drehungen um 180° liegt wieder die Identität vor. Senkrecht auf den zwölf symmetrieäquivalenten Rhombendodekaederflächen am Bleiglanz stechen somit insgesamt sechs zweizählige Drehachsen heraus. Sämtliche Drehachsen des Polyeders und deren Lage in der stereographischen Projektion sind in Abb. 5.1 dargestellt. Aus der Abbildung des Bleiglanzpolyeders erkennen wir, dass diese Symmetrieelemente unabhängig von der Tracht und dem Habitus des Kristalls sind. Hätte er z. B. nur die Form Würfel, könnten wir genauso alle Symmetrieelemente hineinlegen. Die dreizähligen Achsen würden dabei aus den Würfelecken und die zweizähligen Achsen aus den Kantenmitten senkrecht herausragen.

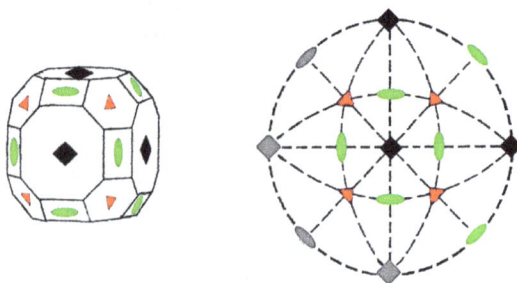

Abb. 5.1: Drehachsen des Bleiglanzkristalls im Polyeder mit Blickrichtung auf die a-Achse (links) und Lage in der stereographischen Projektion (rechts). Die im Polyeder verdeckten Gegenrichtungen der Drehachsen sind im Stereogramm grau eingezeichnet. Die graphischen Symbole werden in Abb. 5.2 erläutert.

Während wir zwei-, drei- und vierzählige Achsen bei Betrachtung des Bleiglanzkristalls besprechen konnten, fehlt noch die sechszählige Achse sowie die Asymmetrie, die Einzähligkeit, um den Satz der an Kristallen möglichen Drehachsen zu komplettieren. Zunächst besprechen wir die Sechszähligkeit. Dazu gehen wir zum Polyeder „hexagonales Prisma" zurück, an dem wir den Begriff der kristallographischen Zone kennen lernten (Abb. 4.19). Die Richtung der c-Achse eines sechsseitigen Prismas ist eine sechszählige Drehachse (und entspricht in Abb. 4.19 der Zonenachse). Nach einer Drehung um 60° besteht Deckung, nach insgesamt sechs Drehungen liegt Identität vor.

Nun zur Einzähligkeit: Ein völlig asymmetrischer Kristall kommt nach Drehung um 360° mit sich zur Deckung, womit gleichzeitig auch Identität vorliegt. Die Einzähligkeit, d. h. die Asymmetrie, ist in der Kristallographie ebenfalls zu benutzen („einzählige Drehachse")

Zusammenfassend können wir also feststellen: In der Kristallographie gibt es ein-, zwei-, drei-, vier- und sechszählige Drehachsen.

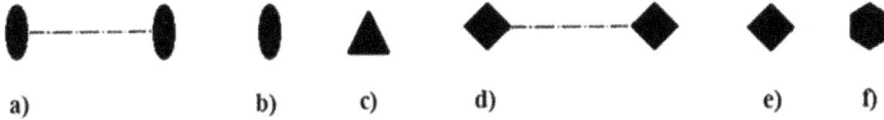

Abb. 5.2: Graphische Symbole der Drehachsen. Für die Einzähligkeit (Asymmetrie) wird kein Symbol benutzt (weitere Erläuterungen siehe Text).

Abb. 5.2 zeigt die graphischen Symbole für die Drehachsen. Folgende Lagemöglichkeiten sind zu beachten:
a) zweizählige Achse, Lage in der Ebene
b) zweizählige Achse, Lage senkrecht zur Ebene
c) dreizählige Achse, Lage senkrecht zur Ebene
d) vierzählige Achse, Lage in der Ebene (nur im kubischen Kristallsystem als a- und b-Achse, die vierzählige c-Achse hat dann die Lage senkrecht zur Ebene, siehe Abb. 5.2 e))
e) vierzählige Achse, Lage senkrecht zur Ebene
f) sechszählige Achse, Lage senkrecht zur Ebene

Besonderheit im kubischen Kristallsystem: Zweizählige Achsen können auch im Winkel von 45° aus der Ebene ragen und dreizählige Achsen bilden immer den Winkel 54° 44' zur Ebene.

Für die Einzähligkeit (Asymmetrie, einzählige Drehachse) wird kein graphisches Symbol benutzt.

Es gilt der Fundamentalsatz über die Zähligkeiten der kristallographischen Drehachsen: Im Raumgitter und damit in den Kristallstrukturen, sowie an den Polyedern (Korrespondenzprinzip), können nur ein-, zwei-, drei-, vier-, und sechszählige Drehachsen vorkommen, was unmittelbar aus dem Gitteraufbau folgt. Fünfzählige Drehachsen und Drehachsen mit einer Zähligkeit > 6 sind nicht möglich. Das gilt ebenso für die gleich zu besprechenden Inversionsdrehachsen.

Warum gibt es keine fünf-, sieben-, acht- oder neunzählige Drehachsen in der Kristallographie? Wir haben ja bereits besprochen, dass wir die Raumgitter der Kristalle durch eine Elementarzelle beschreiben. Betrachten wir z. B. eine Netzebene: Wir müssen sie mit einer einzigen Art an Flächenstücken vollständig belegen können. Nur durch zwei-, drei-, vier- oder sechszählige Flächenstücke können wir die Ebene vollständig bedecken.

Würden wir Flächen mit fünf-, sieben-, acht- oder neunzähligen Flächenstücken zu bedecken versuchen, benötigten wir zusätzlich weitere Flächenstücke anderer Zähligkeit zur vollständigen Belegung. Das würde bedeuten, dass wir z. B. zwei verschiedene Elementarmaschen für eine Netzebene bzw. zwei verschiedene Elementarzellen zur Beschreibung eines Raumgitters benötigen. Damit würden parallele Richtungen im Raumgitter unterschiedliche Translationsperioden aufweisen. Solche Anordnungen gibt es bei den Kristallen nicht.

Abb. 5.3 zeigt den Vergleich der Wirkung einer vierzähligen und einer fünfzähligen Achse. Durch die Wirkungsweise einer fünfzähligen Drehachse würden parallele Gittertranslationen unterschiedliche Perioden haben und somit nicht die Bedingung für eine Netzebene, dass parallele Gittergeraden die gleiche Translationsperiode besitzen müssen, erfüllen. In Abb. 5.3 (unten) ist die vollständige Bedeckung einer Fläche mit Quadraten im Vergleich zur unvollständigen Bedeckung mit Fünfecken gezeigt.

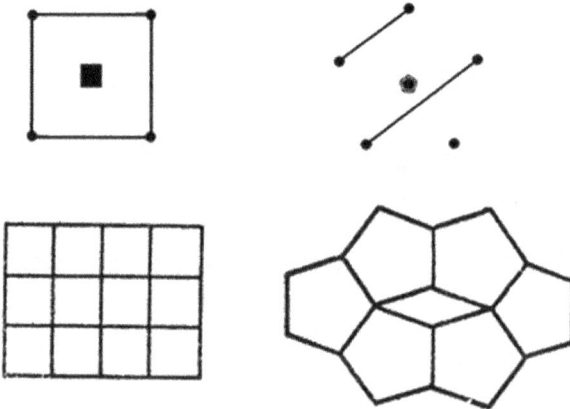

Abb. 5.3: Oben: Vergleich der Gittertranslation der Vierzähligkeit mit einer Fünfzähligkeit. Unten: vollständige Belegung der Fläche durch Quadrate. Fünfzählige Flächenstücke und Flächenstücke der Zähligkeit > 6 benötigen zur vollständigen Belegung der Fläche dagegen weitere Stücke anderer Zähligkeit. Durch fünfzählige Flächenstücke (und Flächenstücke der Zähligkeit > 6) ist keine vollständige Bedeckung der Ebene möglich. Es müssten zusätzlich weitere Flächenstücke anderer Zähligkeit benutzt werden.

5.2 Erzeugung allgemeiner kristallographischer Formen durch Drehachsen

In der Kristallographie benutzen wir für die verzerrungsfreie Darstellung von Kristallpolyedern die stereographische Projektion (siehe Kapitel 3). Wie schon in Abb. 5.1 dargestellt, können nun aber auch die Symmetrieelemente in das Stereogramms eingezeichnet werden (zunächst die Drehachsen, später dann auch noch weitere Symmetrieelemente). Wir wollen die Wirkung von Drehachsen auf die Pole (die unsere Kristallflächen und damit den Polyeder repräsentieren) im Stereogramm untersuchen. Dazu wird ein Flächenpol in das Stereogramm in allgemeiner Lage eingetragen. Das bedeutet, dass er nicht auf eine Drehachse gelegt werden darf, da damit deren Wirkung „ausgeschaltet" ist. Nur in allgemeiner Lage wird der Flächenpol durch Einwirkung der Symmetrieelemente, hier zunächst also einer Drehachse, vervielfältigt. Entsprechend ihrer Zähligkeit resultiert eine kristallographische Form, was Abb. 5.4 verdeutlicht. Wir nennen sie allgemeine Form. Die Definition einer Kristallform als Menge äquivalenter Flächen hatten wir schon bei der Klärung der Begriffe Tracht und Habitus kennengelernt.

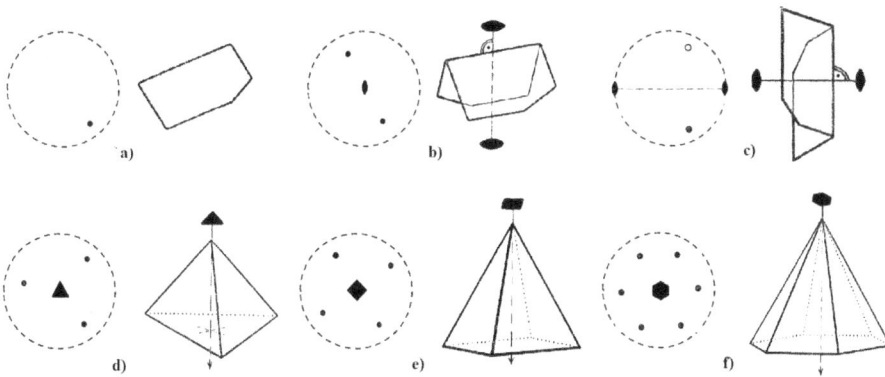

Abb. 5.4: Erzeugung allgemeiner kristallographischer Formen durch Drehachsen: Darstellung in stereographischer Projektion und Abbildung der erzeugten Form. a) Einzähligkeit, asymetrische Fläche „Pedion". b) zweizählige Drehachse in vertikaler Position, Flächenpaar „Sphenoid". c) zweizählige Drehachse in horizontaler Position, Flächenpaar „Sphenoid". d) dreizählige Drehachse, trigonale Pyramide. e) vierzählige Drehachse, tetragonale Pyramide. f) sechszählige Drehachse, hexagonale Pyramide. Formen aus Niggli [20].

Wir merken uns: Das Einwirken der Symmetrieelemente auf eine Fläche allgemeiner Lage im Stereogramm erzeugt einen Komplex von äquivalenten Flächen, den wir als allgemeine Kristallform bezeichnen. Die Flächen der allgemeinen Form liegen nicht auf Symmetrieelementen im Stereogramm, ihre Flächensymmetrie ist 1 („die Asymmetrie"). Formen, die allein keinen geschlossenen Polyeder bilden, nennen wir offene Formen.

In Abhängigkeit von der Zähligkeit führen Drehachsen zu folgenden allgemeinen Formen:

Die einzählige Drehachse (Asymmetrie) erzeugt als Form lediglich eine asymmetrische Fläche, das „Pedion" (griech.: Ebene). Der Flächenpol im Stereogramm kommt nach einer 360° Drehung mit sich selbst zur Deckung, Abb. 5.4 a).

Die zweizählige Drehachse in vertikaler Position im Zentrum der Zeichenebene erzeugt ein Flächenpaar, das „Sphenoid" (griech.: Keil), Abb. 5.4 b).

Eine zweizählige Drehachse in horizontaler Position in der Zeichenebene führt ebenfalls zum Flächenpaar „Sphenoid", Abb. 5.4 c).

Eine dreizählige Drehachse (vertikale Position im Zentrum der Zeichenebene) führt zur Form „trigonale Pyramide", Abb. 5.4 d).

Die vierzählige Drehachse (vertikale Position im Zentrum der Zeichenebene) generiert die Form „tetragonale Pyramide", Abb. 5.4 e).

Die sechszählige Drehachse (vertikale Position im Zentrum der Zeichenebene) erzeugt die Form „hexagonale Pyramide", Abb. 5.4 f).

Wie das Pedion sind auch die Formen Sphenoid, Prisma und Pyramide offene Formen. So benötigt z. B. eine Pyramide eine weitere Fläche, nämlich ein Pedion, um den offenen „Pyramidenboden" zu schließen. Ein Prisma benötigt ein Parallelflächenpaar (griech. „Pinakoid": Tafel) als Grund- und Deckfläche, um eine geschlossene Form zu bilden. Insgesamt ist die Form dann die Kombination aus Prisma und Pinakoid.

5.3 Spiegelebene und Inversionszentrum

Wie schon erwähnt wurde, zählen zu den einfachen Symmetrieelementen außer den Drehachsen auch die Spiegelebene und das Inversionszentrum (eine Punktspiegelung).

Abb. 5.5 zeigt die Wirkungsweise einer Spiegelebene (Symbol m = mirror). Wie durch die Drehachsen wird auch durch die Spiegelung eine allgemeine Form erzeugt. Die Einwirkung einer Spiegelebene auf eine Kristallfläche führt zu einer weiteren Fläche, die allgemeine Form wird „Doma" (griech.: Dach) genannt und stellt eine offene Form dar. In der stereographischen Projektion sind beide Lagemöglichkeiten zu unterscheiden. Abb. 5.5 a) zeigt die Form und das Stereogramm der Form bei einer vertikal angeordneten Spiegelebene und Abb. 5.5 b) bei einer horizontalen Lage der Spiegelebene. Hier fallen beide Flächenpole übereinander, der Grundkreis der stereographischen Projektion ist damit zur Spiegelebene geworden. Um das graphisch zu symbolisieren, wird der Grundkreis nicht mehr nur gestrichelt gezeichnet, sondern er ist als durchgezogener kompletter Kreis darzustellen.

Dazu noch zwei praktische Beispiele: In Abb. 5.5 c) und Abb. 5.5 d) ist dargestellt, wie eine Spiegelebene in gedachter Weise in einen Kristallpolyeder zu legen ist. Eine Spiegelebene in vertikaler Lage in einem Kristall überführt den rechten Teil in den linken Teil und umgekehrt. Bei horizontaler Lage der Spiegelebene wird der obere in den unteren Teil überführt (und umgekehrt). Abb. 5.5 c) zeigt das am Beispiel eines Diopsidkristalls CaMg[Si_2O_6] (vertikale Spiegelebene) und Abb. 5.5 d) für einen Covellinkristall CuS (horizontale Spiegelebene). Neben den Kristallen ist die Lage der Spiegelebenen in der stereographischen Projektion gezeigt. Für den Diopsidkristall sind hier zur Erläuterung nur die Flächen (010) und (0$\bar{1}$0) eingetragen. Für Covellin die Flächen (001) und (00$\bar{1}$). Die Lage der Pole der genannten Flächen auf dem Äquatorkreis beim Diopsid bzw. im Zentrum des Projektionskreises beim Covellin, führt zu Grenzformen der allgemeinen Form.

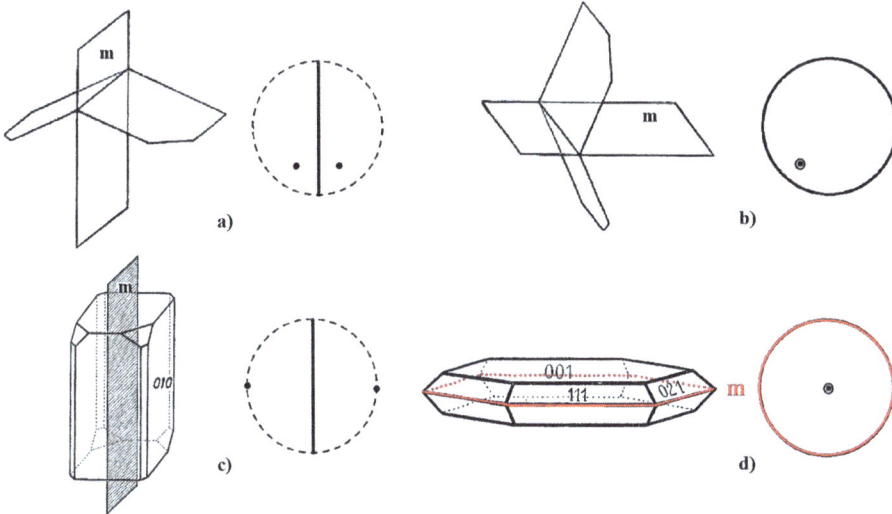

Abb. 5.5: Die Spiegelebene: Die vertikale Spiegelebene (a) und die horizontale Spiegelebene (b) erzeugen jeweils die allgemeine Form „Doma" (griech.: Dach). c) vertikale Spiegelebene im Diopsidkristall und ihre Lage im Stereogramm mit den Polen der Flächen (010) und (0$\bar{1}$0). d) horizontale Spiegelebene im Covellinkristall und ihre Lage im Stereogramm mit den Polen der Flächen (001) und (00$\bar{1}$). Beide Flächenpaare der Kristalle sind „Pinakoide" und hier die Grenzformen der allgemeinen Form „Doma". Formen aus Niggli [20].

Die in Abb. 5.5 c) und 5.5 d) projizierten Kristallflächen sind als Parallelflächen somit Pinakoide. Es sind Grenzformen der allgemeinen Form Doma. Wir definieren die Grenzform als Spezialfall der allgemeinen Form, die die gleiche Flächenzahl und Flächensymmetrie hat, aber eine andere Flächenanordnung besitzt. Später werden wir auch noch spezielle Formen und deren Grenzformen kennen kernen.

Im kubischen Kristallsystem gibt es noch weitere Anordnungsmöglichkeiten von Spiegelebenen. Es sind Spiegelebenen, die bezüglich der drei Achsen a, b und c nur zu jeweils einer parallel und zu den verbleibenden Achsen um 45° geneigt angeordnet sein. Abb. 5.6 zeigt die Spiegelebenen im Bleiglanzkristall. Die gleiche Anzahl und Lagen der Spiegelebenen haben z. B. auch die Polyeder Würfel, Oktaeder und Rhombendodekaeder.

Aus Abb. 5.6 ist auch ersichtlich, dass die neun Spiegelebenen des Bleiglanzkristalls gleichzeitig die gemeinsamen Ebenen der Flächennormalen tautozonaler Flächen

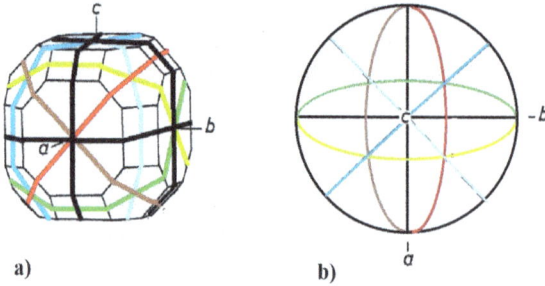

Abb. 5.6: a) Spiegelebenen im Bleiglanzkristall. b) Lage der Spiegelebenen in der stereographischen Projektion.

sind. Senkrecht darauf sind die Zonenachsen angeordnet (vgl. auch mit Abb. 4.20, Kap. 4.8.5).

Abb. 5.7 zeigt das Symmetrieelement „Inversionszentrum" bzw. „Symmetriezentrum". Es stellt eine Punktspiegelung dar. Durch die Symmetrieoperation „Inversion" wird die obere Fläche in die untere, invers zur Oberen angeordnete Fläche überführt und umgekehrt. Der zentrale, gedachte Punkt, durch den die Spiegellinien verlaufen, bildet das Inversionszentrum. Man schreibt eine 1 mit einem Strich darüber, also $\bar{1}$ und nennt das Symbol „1 quer". Mitunter wird ein großes Z für Zentrosymmetrie benutzt.

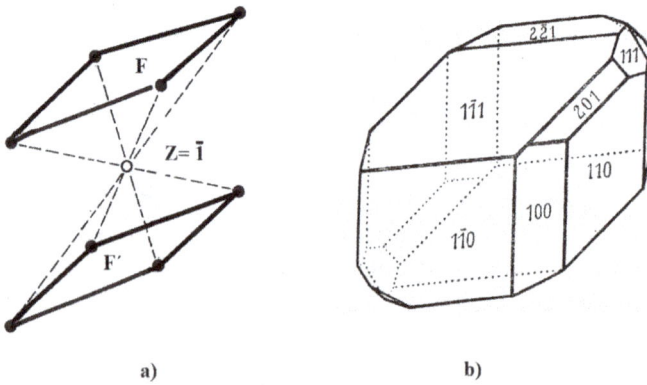

Abb. 5.7: Wirkungsweise des Inversionszentrums. Es handelt sich um eine Punktspiegelung. a) Wirkung auf eine Kristallfläche, es entsteht das Parallelflächenpaar „Pinakoid". b) Inversionszentrum im Zentrum eines Kristalls von Axinit (Polyeder aus Niggli [20]).

Abb. 5.7 a) zeigt die Wirkung der Symmetrieoperation „Inversion" auf eine Kristallfläche. Wie die Drehachsen und die Spiegelebene führt natürlich auch die Inversion zu einer allgemeinen Form. Es entsteht das Parallelflächenpaar (Pinakoid), das wir schon kennengelernt hatten. Wie eben an den Beispielen der Kristalle Diopsid und Covellin erläutert wurde, kann diese Form auch durch einfache Spiegelung entstehen, dort dann aber als Grenzform. Abb. 5.7 b) zeigt als Beispiel einen Kristallpolyeder des Silicat-Minerals Axinit. Axinit besitzt als einziges Symmetrieelement das Inversionszentrum.

Weitere wichtige Informationen zu den Symmetrieelementen zeigt Abb. 5.8. Wir haben bereits mehrfach das Korrespondenzprinzip zwischen innerer atomarer Kristallstruktur und der äußeren makroskopischen Kristallgestalt erwähnt. Das bedingt, dass in der Elementarzelle bzw. auf den Netzebenen die Symmetrieelemente zu finden sind, die auch der Kristallpolyeder zeigt. Ein morphologischer Körper, d. h. ein Polyeder, besitzt in Bezug auf eine Richtung nur ein Symmetrie-Element einer bestimmten Art, sein Raumgitter bzw. seine Kristallstruktur aber unendlich viele zueinander parallele Elemente.

In Abb. 5.8 sind links neun Elementarzellen einer allgemeinen Netzebene eines Punktgitters dargestellt. In der Stapelung direkt übereinander würde ein monoklines P-Gitter resultieren. Wir erkennen die darin enthaltene Parallelschar zweizähliger Achsen. Dagegen besitzt ein Polyeder in Bezug auf eine Richtung nur ein Symmetrie-Element einer bestimmten Art, sein Raumgitter bzw. seine Kristallstruktur aber unendlich viele zueinander parallele Elemente. Beides ist hier am Bespiel einer zweizähligen Achse gezeigt.

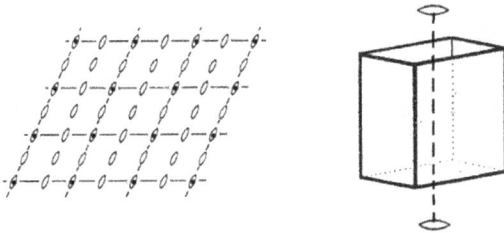

Abb. 5.8: Links: Neun Elementarzellen einer allgemeinen Netzebene eines Punktgitters mit der enthaltenen Parallelschar zweizähliger Achsen. Rechts: Ein Polyeder besitzt in Bezug auf eine Richtung immer nur ein Symmetrie-Element einer bestimmten Art. Dargestellt ist die zweizählige Achse des Prismas in Richtung der Vertikalen.

Ich erinnere hier nochmals an den Unterschied zwischen einem Raumgitter und der realen Kristallstruktur. In einer Kristallstruktur sind alle Bausteine dicht gepackt, während die identischen Gitterpunkte im Raumgitter nur die gedankliche Anordnung der Schwerpunkte der Kristallbausteine darstellen. Die Abstände zwischen den identischen Gitterpunkten (also die Verbindungslinien zwischen ihnen) dienen zur anschaulichen Konstruktion des mathematisch unendlich ausgedehnten Punktgitters.

Zu Abb. 5.8 führen wir folgendes Gedankenexperiment durch: Wir vergrößern einen realen Kristallpolyeder mit der Morphologie entsprechend Abb. 5.8 (rechts), so stark, dass wir die Atome der Kristallstruktur auf der Netzebene senkrecht zur vertikalen Achse erkennen können. Dann würden wir eine Parallelschar an zweizähligen Drehachsen auf all den Positionen aus der Fläche senkrecht zur Blickrichtung anordnen können, wie es in der zweidimensionalen Abbildung für die neun Elementarmaschen in Abb. 5.8 (links) gezeigt ist. Nehmen wir aber den makroskopischen Kristall in die Hand und bestimmen seine Symmetrieelemente, würden wir hinsichtlich enthaltener Drehachsen in die vertikale Richtung eine und nur eine zweizählige Achse anordnen, wie es in Abb. 5.8, rechts gezeigt ist.

Hier ein weiteres Beispiel. Gehen wir einmal zurück zu den Bravais-Gittern in Kapitel 4.4, Abb. 4.5. In jedem Kristallsystem gibt es eine primitive Elementarzelle, mit der wir durch Translation in die drei Raumrichtungen ein entsprechendes P-Gitter aufbauen. Im Zentrum jeder primitiven Elementarzelle des Raumgitters finden wir das Inversionszentrum. In einen entsprechenden Polyeder legen wir hingegen nur ein Inversionszentrum hinein (genau in das Zentrum des makroskopischen Körpers).

Das Inversionszentrum finden wir natürlich auch in den hochsymmetrischen Formen der Tracht Würfel, Oktaeder und Rhombendodekaeder unseres Bleiglanzkristalls oder im Zentrum des Würfels des NaCl-Kristallpolyeders.

5.4 Koppelung von Symmetrieelementen: Drehinversionsachsen und Drehspiegelachsen

Zusätzlich zu den einfachen Symmetrieelementen erhält man durch Koppelung zusammengesetzte Symmetrieelemente, mit denen Symmetrieoperationen zweiter Art ausgeführt werden. Es gibt dazu zwei Möglichkeiten: die Koppelung einer n-zähligen Drehachse mit einem in der Drehachse liegenden Symmetriezentrum zu einer Drehinversionsachse (weitere Bezeichnungen sind auch Inversionsdrehachse oder Gyroide) oder die Koppelung einer n-zähligen Drehachse mit einer senkrecht zur Drehachse liegenden Spiegelebene zur Drehspiegelachse. Ein Vergleich der Wirkung von Drehinversion und Drehspiegelung zeigt die Identität dieser gekoppelten Symmetrieelemente. In der internationalen Nomenklatur (Internationale Symbolik nach Hermann und Mauguin) [41, 42] benutzt man außer den einfachen Symmetrieelementen deshalb nur die Drehinversionsachsen. In der älteren Symbolik (nach A. Schoenflies [43]) benutzt man nur die Drehspiegelachsen.

Kommen wir nun zur Ableitung der Drehinversionsachsen. Wir nehmen unsere einfachen Drehachsen und ordnen auf der Achse ein Inversionszentrum an. Wir führen die Symmetrieoperation als Koppelung aus, das bedeutet, Ausführung von Drehung und Inversion, das Zwischenergebnis wird nicht realisiert. Abb. 5.9 a) zeigt die Koppelung der Einzähligkeit mit dem Inversionszentrum. Wir stellen eine einzählige Drehinversionsachse in die Polkugel hinein. Sie ist die Polachse von Nord- und Südpol in der Polkugel. Wir beginnen mit der Ausgangsfläche F und drehen diese entgegen dem Uhrzeigersinn um 360° und invertieren. Wir gelangen so zur Fläche F′. Die Operation entspricht in ihrer Wirkung somit dem Inversionszentrum $\bar{1}$. Das Ergebnis kann auch im Sinne einer Kombination aus Drehung und nachfolgender Inversion erzeugt werden (Drehung und Inversion werden eigenständig hintereinander ausgeführt siehe Kapitel 5.6).

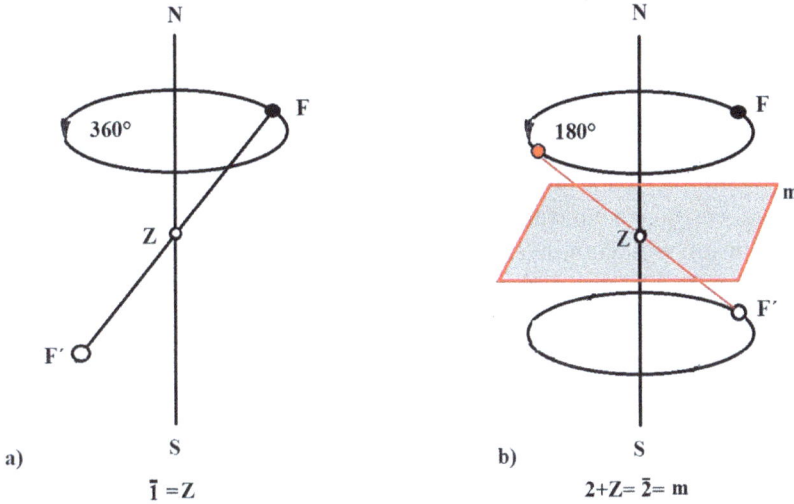

Abb. 5.9: a) Koppelung der einzähligen Drehachse mit dem Inversionszentrum. Die Operation entspricht dem Inversionszentrum selbst. b) Koppelung der zweizähligen Drehachse mit dem Inversionszentrum $\bar{1}$ = Z. Die Operation entspricht der einfachen Spiegelung „m".

Anmerkung zu Abb. 5.9: Der Drehsinn ist egal, die Abb. 5.9 ist im Drehsinn entgegen dem Uhrzeiger gezeichnet worden (das gilt auch für die nachfolgend beschriebenen Koppelungen von zwei-, drei-, vier- und sechszähligen Achsen mit dem Inversionszentrum).

Abb. 5.9 b) zeigt die Koppelung der zweizähligen Drehachse mit dem Inversionszentrum. Wir stellen eine zweizählige Drehinversionsachse als Polachse in die Polkugel hinein. Wir beginnen mit der Ausgangsfläche F und drehen diese entgegen dem Uhrzeigersinn um 180°. Dieses Zwischenergebnis (rot markierte Position in Abb. 5.9 b) wird nicht realisiert, denn es muss noch invertiert werden und wir gelangen so zur Fläche F′. Die gekoppelte Operation aus Drehen und Invertieren muss solange fortgesetzt werden, bis wir wieder zum Ausgangspunkt gelangen, also die Identität erreicht haben. Wir drehen also F′ um 180° und invertieren und haben die Identität erreicht (F′ fällt in die Position F). Die gesamte Operation entspricht in ihrer Wirkung einer einfachen Spiegelebene „m" senkrecht zu unserer Drehachse (siehe Abb. 5.9 b).

Abb. 5.10 zeigt die Koppelung am Beispiel der Drehachsen der Zähligkeiten 3, 4 und 6 mit dem Inversionszentrum. Wir beginnen mit der Koppelung einer dreizähligen Drehachse und dem Inversionszentrum. Abb. 5.10 a) zeigt die Vorgehensweise. Beginnend mit der Ausgangsfläche F_1 drehen wir wieder entgegen dem Uhrzeigersinn, nun aber um 120° und invertieren und erhalten so zu F_1`. Wir drehen wieder und invertieren und erhalten F_2. Die gekoppelte Operation müssen wir wieder so oft ausführen, bis die Identität (Ausgangsfläche F_1) erreicht ist. Insgesamt sind dazu sechs Drehungen um 120° + Inversion notwendig. Dabei ist zu erkennen, dass nun realisierte Punkte auf die Positionen fallen, die vorher nur das nicht realisierte Zwischenergebnis darstellten. Diese sind in Abb. 5.10 a) mit roten Punkten markiert. Dadurch ist ersichtlich, dass jede der sechs Positionen auch einmal die nicht realisierte Zwischenposition war. Das bedeutet aber, dass wir das Ergebnis (wie schon bei der einzähligen Drehinversion) auch im Sinne einer Kombination der dreizähligen Drehachse und des Inversionszentrums erhalten würden (Kombination: Ausführen der drei Drehungen und dann Invertieren des Motivs, d. h. Drehung und Inversion werden eigenständig hintereinander ausgeführt, mehr dazu weiter unten in Kapitel 5.6). Insgesamt erzeugt die Einwirkung einer dreizähligen Inversionsdrehachse die Flächen F_1, F_2 und F_3 sowie F_1`, $F_2$` und F_3`. Aufgrund der sechs auszuführenden Drehungen hat die Kopplung den Charakter der Sechszähligkeit und das Motiv in der nördlichen Hälfte der Polkugel ist gegenüber dem in der südlichen Kugelhälfte um 60° senkrecht zur Achsenrichtung verdreht (siehe Abb. 5.10 a).

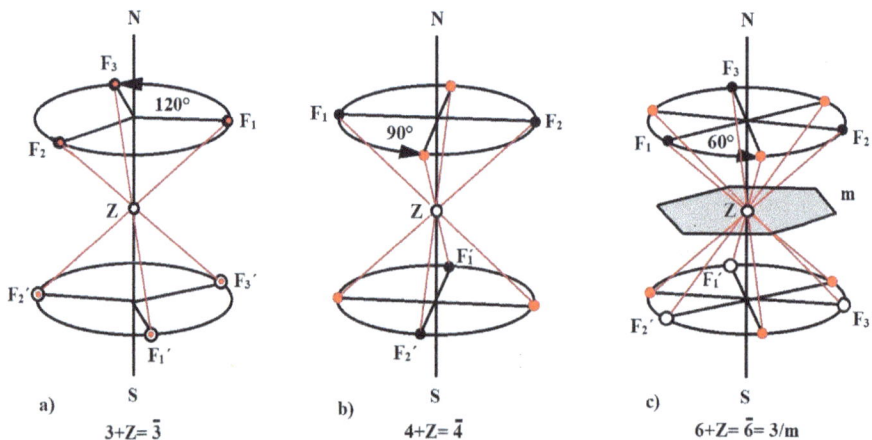

Abb. 5.10: a)–c): Koppelung der drei-, vier- und sechszähligen Drehachsen mit dem Inversionszentrum.

Abb. 5.10 b) zeigt die Koppelung der vierzähligen Drehachse mit dem Inversionszentrum. Nach wiederum gleicher Vorgehensweise (Drehwinkel nun 90°) erzeugt die Operation die Flächen F_1 und F_2 sowie F_1` und $F_2$`. Es sind vier Drehungen um 90° + Inversion notwendig, bis die Identität erreicht ist. Die nicht realisierten Zwischenpositionen sind mit roten Punkten markiert. Das so erzeugte hantelförmige Motiv in der nördlichen Hälfte der Polkugel ist gegenüber dem in der südlichen Kugelhälfte um 90° senkrecht zur Achsenrichtung verdreht (siehe Abb. 5.10 b).

Schließlich ist in Abb. 5.10 c) die Koppelung einer sechszähligen Drehachse mit dem Inversionszentrum gezeigt. Wir beginnen mit der Ausgangsfläche F_1 und drehen wieder entgegen dem Uhrzeigersinn, invertierten nun aber um 60°. Die gekoppelte Operation müssen wir insgesamt sechsmal ausführen, bis die Identität (Ausgangsfläche F_1) erreicht ist. Die dabei nicht realisierten Punkte sind wieder mit roten Punkten gekennzeichnet. Die Abbildung zeigt, dass eine (hier grau eingezeichnete) Spiegelebene „m" senkrecht zur Drehachse entsteht, die das Inversionszentrum enthält. Die Wirkung der sechszähligen Drehinversionsachse entspricht der Wirkung einer Kombination aus einfacher dreizähliger Drehachse und einer senkrecht dazu angeordneten Spiegelebene. Für diese Kombination schreibt man das Symbol 3/m (sprich drei über m).

Im Abb. 5.11 sind die Drehinversionsachsen und deren Symbole zusammenfassend dargestellt.

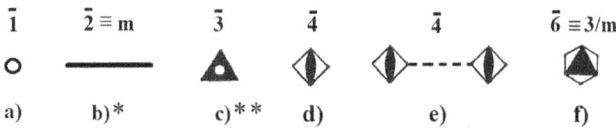

Abb. 5.11: Graphische Symbole und Lagen der Drehinversionsachsen: a) die einzählige Drehinversionsachse, sie entspricht dem Inversionszentrum. b) Die zweizählige Drehinversionsachse entspricht der Wirkung der Spiegelebene. *Hinweis: Lagemöglichkeiten sind horizontal und/oder vertikal, die Anzahl der Spiegelebenen und Winkel bei vertikaler Lage zueinander ergibt sich entsprechend der Zähligkeit der c-Achse. (Achtung: Nur im kubischen System sind auch Lagen von Spiegelebenen mit einer Neigung von 45° bezüglich zwei der kristallographischen Achsen möglich). c) dreizählige Drehinversionsachse, Lage vertikal zur Ebene. **Hinweis: Nur im kubischen Kristallsystem sind vier dreizählige Drehinversionsachse möglich und liegen im Winkel 54°44' zur Ebene. d) vierzählige Drehinversionsachse, Lage senkrecht zur Ebene, als c-Achse im tetragonalen und kubischen Kristallsystem. e) vierzählige Drehinversionsachse, Lage in der Ebene (nur im kubischen Kristallsystem als a- und b-Achse). f) sechszählige Drehinversionsachse, Lage senkrecht zur Ebene, ihre Wirkung entspricht der Kombination 3/m.

5.5 Erzeugung allgemeiner Formen durch Drehinversionsachsen

Genau wie die einfachen Symmetrieelemente führen auch die durch Koppelung gewonnenen Symmetrieelemente zu allgemeinen Formen. Die Wirkung der Drehinversionsachsen auf einen Flächenpol allgemeiner Lage in stereographischer Projektion und die resultierenden allgemeinen Formen zeigt Abb. 5.12.

Im Falle der einzähligen Drehinversionsachse, deren Wirkung dem Inversionszentrum entspricht, entsteht das Parallelflächenpaar „Pinakoid". Die zweizählige Drehinversionsachse entspricht der einfachen Spiegelung (m in vertikaler oder horizontaler Anordnung). Die allgemeine Form ist das „Doma". Die dreizählige Drehinversionsachse erzeugt die allgemeine Form „Rhomboeder". Die vierzählige Drehinversionsachse führt zur allgemeinen Form „Disphenoid" (griech.: Doppelkeil). Schließlich entspricht die sechszählige Drehinversionsachse der Kombination aus einfacher dreizähliger Achse mit einer senkrecht dazu angeordneten Spiegelebene (3/m). Allgemeine Form ist die trigonale Dipyramide.

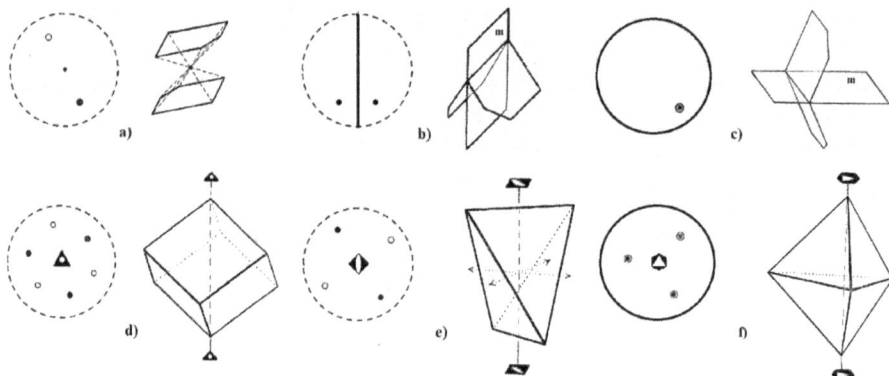

Abb. 5.12: Erzeugung allgemeiner kristallographischer Formen durch ein-, zwei-, drei-, vier- und sechszählige Drehinversionsachsen und ihre Darstellung in stereographischer Projektion: a) einzählige Drehinversionsachse entspricht dem Inversionszentrum (in der Projektionsebene durch einen Punkt im Zentrum des Grundkreises markiert). Allgemeine Form: Parallelflächenpaar „Pinakoid". b) zweizählige Drehinversionsachse entspricht der einfachen Spiegelung (hier vertikale Spiegelebene). Form: „Doma". c) wie b, aber horizontale Spiegelebene. d) dreizählige Drehinversionsachse. Form: „Rhomboeder". e) vierzählige Drehinversionsachse. Form: „Disphenoid". f) Die sechszählige Drehinversionsachse entspricht der Kombination 3/m. Form: „trigonale Dipyramide". Formen aus Niggli [20].

Zum Abschluss der Beschreibung von Koppelungen soll noch einmal an die Möglichkeit von Drehspiegelachsen erinnert werden. Würden wir nun nach gleichem Muster eine beliebige Drehachse mit einer senkrecht dazu angeordneten Spiegelebene koppeln, entstehen Drehspiegelachsen. Sie führen zu den gleichen Resultaten, wie die Drehinversionsachsen.

Das Ziel unserer Untersuchungen zu einfachen und gekoppelten Symmetrieelementen ist deren Kombination, die insgesamt zu 32 Möglichkeiten führt. Für die Ableitung der 32 Kristallklassen oder Punktgruppen benötigen wir die einfachen Symmetrieelemente und entweder die Drehinversionsachsen oder die Drehspiegelachsen. Wie bereits erwähnt, werden in der internationalen Symbolik nach Hermann und Mauguin [41, 42] die Drehinversionsachsen zur Ableitung der 32 Kristallklassen bzw. 32 Punktgruppen verwendet. Auf die ältere Symbolik nach Schoenflies [43] gehen wir am Schluss des Kapitels 5 noch kurz ein, da sie in der Molekülchemie und Spektroskopie heute zum Teil noch benutzt wird (siehe 5.9.5).

5.6 Kombination von Symmetrielementen: Die Symmetriesätze I und II

Bevor wir uns mit der Ableitung der 32 Kristallklassen beschäftigen, müssen wir noch die Verknüpfung von Symmetrieelementen durch Kombination besprechen. Wir hatten schon bei der Ableitung der einzähligen- und dreizähligen Drehinversionsachsen festgestellt, dass deren Wirkung auch einer Kombination entspricht. Die Kombination von Symmetrieelementen ist eine einfache Hintereinanderausführung der Symmetrieoperationen. Jede behält dabei die Eigenständigkeit. Nehmen wir zur Erläuterung wieder unsere einfachen Drehachsen und ordnen darauf ein Inversionszentrum an. Wir führen die Symmetrieoperation nun aber als Kombination aus, das bedeutet, zuerst Ausführung aller Drehungen und im Anschluss dann die Inversion des gesamten, durch Drehung erzeugten Motivs. Beide nacheinander auszuführenden Operationen behalten also die Eigenständigkeit. Das zeigt Abb. 5.13 am Beispiel der Kombination der vierzähligen Drehachse mit dem Inversionszentrum.

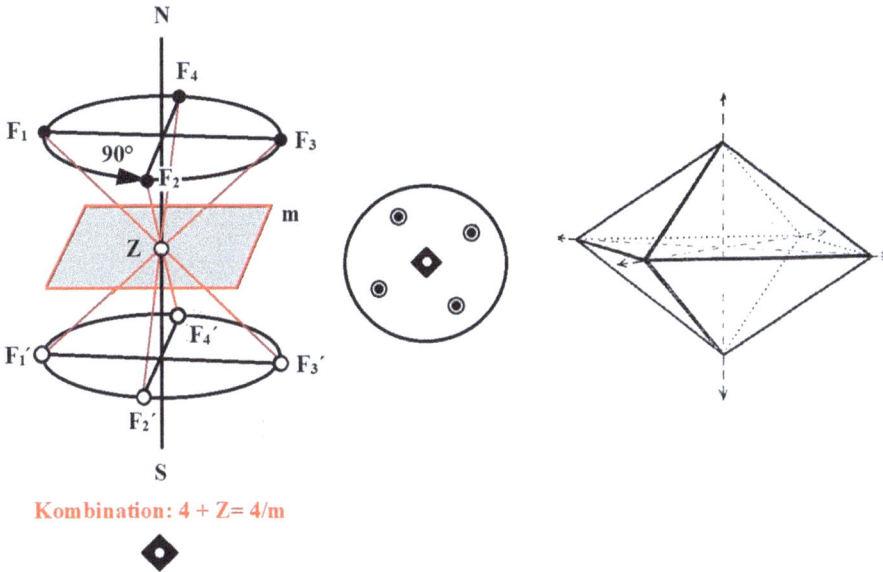

Abb. 5.13: Links: Kombination von vierzähliger Drehachse und Inversionszentrum, es resultiert die Spiegelebene „m". Darunter: graphisches Symbol für diese Kombination. Mitte: Stereographische Projektion der Wirkung der Kombination auf eine Kristallfläche. Rechts: allgemeine Form ist eine „tetragonale Dipyramide" (Form aus Niggli [20]).

Wir stellen die Kombination aus vierzähliger Drehachse und Inversionszentrum in die Polkugel wie bisher mit der Drehachse als Polachse. Dann beginnen wir mit dem Ausgangspunkt (Fläche F_1) und führen die Operation der vierzähligen Achse komplett aus. Wir erhalten die Pole der Flächen F_1–F_4 in der nördlichen Hälfte der Polkugel. Dann invertieren wir diese Pole. Die Lagen der Flächenpole zeigt, dass diese Kombination zu einer Spiegelsymmetrie führt. Die Spiegelebene „m" ist senkrecht zur Drehachse angeordnet und enthält in ihrem Zentrum das Inversionszentrum. Die Spiegelung des Motivs der nördlichen Hälfte der Polkugel führt zu den Lagen F_1`--$F_4$`, wie in Abb. 5.13 angegeben, das Inversionszentrum überführt F_1 in F_3′, F_2 in F_4`, $F_3$ in $F_1$` und F_4 in F_2` (rote Spiegellinien in Abb. 5.13). Die Flächenpole im Stereogramm zeigen die allgemeine Form, die tetragonale Dipyramide (Abb. 5.13, rechts).

Die Symmetrie der Kombination bezeichnen wir mit 4/m (sprich 4 über m), das ist die Bezeichnungsweise der durch Kombination erzeugten Symmetrie aus vierzähliger Drehachse und senkrecht dazu angeordneter Spiegelebene. Im Zentrum der Spiegelebene liegt das Inversionszentrum.

Die Entstehung resultierender Symmetrieelemente bei einer Kombination regeln die Symmetriesätze I und II („Kombinationssätze"). Abb. 5.14 zeigt den Symmetriesatz I:

a) Eine geradzählige Drehachse (hier im Beispiel eine zweizählige Drehachse) und eine senkrecht dazu angeordnete Spiegelebene erzeugt ein Inversionszentrum im Schnittpunkt der Drehachse und der Spiegelebene.

b) Ein Inversionszentrum in der Spiegelebene erzeugt die zweizählige Drehachse.

c) Inversionszentrum auf der zweizähligen Drehachse erzeugt eine Spiegelebene.

Es gilt: Zwei davon vorhandene Symmetrieelemente erzeugen stets das Dritte (in Abb. 5.14 ist das erzeugte Symmetrieelement jeweils rot eingezeichnet)

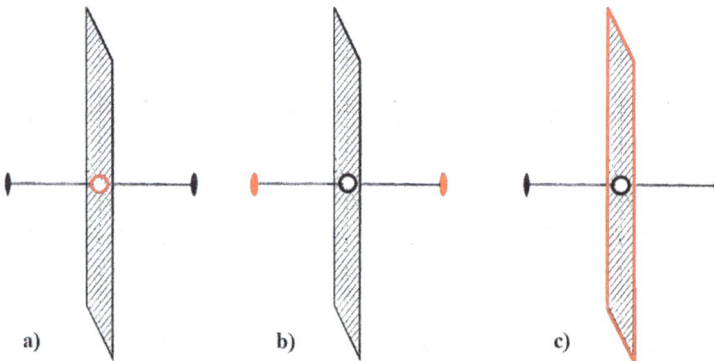

Abb. 5.14: Der Symmetriesatz I (gilt für geradzahlige Drehachsen und ist hier am Beispiel der zweizähligen Drehachse gezeigt, das erzeugte Symmetrieelement ist rot eingezeichnet). a) 2 $\perp$ m → $\bar{1}$ (im Schnittpunkt von 2 und m); b) $\bar{1}$ in m → 2 ($\perp$ auf m und durch $\bar{1}$); c) $\bar{1}$ auf 2 → m ($\perp$ zu 2 und durch $\bar{1}$). Abb. aus Niggli [20].

Der Symmetriesatz II wird in Abb. 5.15 erläutert. Zwei senkrecht zueinander angeordnete Spiegelebenen m_1 und m_2 erzeugen eine zweizählige Drehachse als gemeinsame Schnittgerade (Abb. 5.15 a). Auch hier gilt: Zwei vorhandene Symmetrieelemente erzeugen stets das Dritte (in Abb. 5.15 ist das erzeugte Symmetrieelement wieder rot eingezeichnet).

Die zweizählige Drehachse in der Spiegelebene m_2 erzeugt die Spiegelebene m_1 $\perp$ m_2 (mit 2 als Schnittgeraden, Abb. 5.15 b) und eine zweizählige Drehachse in der Spiegelebene m_1 erzeugt eine Spiegelebene $m_2 \perp m_1$ (mit 2 als Schnittgeraden, Abb. 5.15 c).

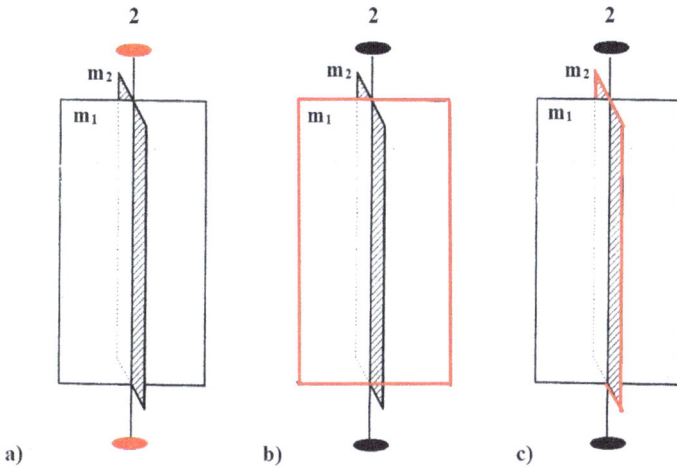

Abb. 5.15: Symmetriesatz II: a) Zwei senkrecht zueinander angeordnete Spiegelebenen (m_1 und m_2) erzeugen eine zweizählige Drehachse in der gemeinsamen Schnittgeraden der Spiegelebenen. b) 2 in m_2 erzeugt $m_1 \perp m_2$ (mit 2 als Schnittgeraden) und c) 2 in m_1 erzeugt $m_2 \perp m_1$ (mit 2 als Schnittgeraden). Abb. aus Niggli [20].

5.7 Die 32 Kristallklassen (32 Punktgruppen)

1830 schlussfolgerte der Mineraloge J. F. C. Hessel, dass es 32 Kristallklassen gibt, die sich durch ihre Symmetrie unterscheiden [44]. Auf diese Klassifizierung wurde dann erst später wieder von Bravais (1849) hingewiesen [13]. Unabhängig davon hat A. Gadolin (1867) nochmals die 32 Klassen abgeleitet [45]. Auf ihn geht auch die noch heute benutzte Darstellung der Symmetriegerüste in stereographischer Projektion zurück. 1891 führte Schoenflies eine Nomenklatur der Gruppen ein [43]. Grundlage aller Herleitungen bildete das Rationalitätsgesetz und die mathematische Gruppentheorie. Noch heute aktuell ist die theoretische Herleitung durch G. Frobenius [46]. In der Folgezeit wären noch viele weitere Wissenschaftler zu nennen, die die Thematik aufgriffen und die Symmetriegruppen auf verschiedene Weise herleiteten, z. B. durch Matrizenmultiplikation. Die heute in der Kristallographie international verwendete Nomenklatur geht auf Hermann und Mauguin (1931) zurück [41, 42].

Die Kombinationen von einfachen Drehachsen (X) und Drehinversionsachsen (bzw. einfachen Drehachsen und Drehspiegelachsen) führt zu 32 Möglichkeiten, den 32 Kristallklassen. Sie werden auch als 32 Punktgruppen bezeichnet. Beide Begriffe werden gleichwertig verwendet, der Begriff Kristallklasse eher bei der praktischen Bestimmung der Symmetrie von Polyedermodellen und realen Kristallen und insbesondere im Bereich der Mineralogie und den Geowissenschaften. Der Begriff Punktgruppe wird dagegen eher in der theoretischen und praktischen Strukturkristallographie sowie in der Chemie und Physik benutzt. Beachten Sie daher auch die Verwendung beider Begriffe hier in den folgenden Kapiteln unter diesen Gesichtspunkten. Gemeint ist stets dasselbe, nämlich die Symmetrie der Kristalle und ihrer Punktgitter.

Die Ableitung der Kristallklasse bzw. Punktgruppen erfolgt auf den mathematischen Prinzipien der Gruppentheorie. Das Prinzip können wir einfach und anschaulich so erläutern: Wenn eine neue Kombination nur ein schon bekanntes Ergebnis liefert, wird diese neue Möglichkeit nicht verwendet, sondern nur die vorherige, die zum gleichen Ergebnis geführt hatte. Anstelle der Begriffe Symmetrieelemente und Symmetrieoperation werden die gleichbedeutenden Begriffe Punktsymmetrieelemente und Punktsymmetrieoperation benutzt, insbesondere bei der Beschreibung der Punktgitter. Eine Symmetrie- oder (genauer gesprochen) eine Punktsymmetrieoperation führt mit dem Erreichen der Identität stets zum Ausgangspunkt zurück, man sagt, es bleibt ein Punkt stets am Ort. Ausgangspunkt kann ein Punkt des Punktgitters sein oder ein Punkt, der eine Kristallfläche in stereographischer Projektion repräsentiert. Das Erreichen der Identität bedeutet, dass bei den Symmetrieoperationen die Gittertranslation stets unberücksichtigt bleibt.

Die Kristallklassen werden systematisch auf der Grundlage der sieben Kristallsysteme geordnet. Die Benutzung des Begriffs Kristallklasse besagt, dass alle Kristalle mit identischer Punktsymmetrie in eine entsprechende Klasse eingeordnet werden. Jede Kristallart gehört also nicht nur genau zu einem der sieben Kristallsysteme, sondern auch genau zu einer der 32 Kristallklassen bzw. Punktgruppen.

Die Kristallklasse erhält nach von Groth [17, 18] den Namen ihrer allgemeinen Form, die durch die entsprechende Kombination der Punktsymmetrieelemente erzeugt wird. Ich erinnere noch einmal an den bereits genannten Formenbegriff: Als allgemeine Form bezeichnen wir einen Komplex von äquivalenten Flächen. Die Flächen der allgemeinen Form liegen nicht auf Symmetrieelementen des Symmetriegerüsts, ihre Flächensymmetrie ist 1. Im Zusammenhang mit dem parallelflächigen Doma fiel auch schon der Begriff der Grenzform als Spezialfall der allgemeinen Form mit gleicher Flächenzahl und Flächensymmetrie, aber anderer Flächenanordnung.

Nach der Ableitung der 32 Kristallklassen lernen wir Beispiele dazu kennen und noch weitere Formen, nämlich die speziellen Formen und deren Grenzformen. Außer der Benennung der Kristallklassen nach dem Namen der allgemeinen Form, die durch die Punktsymmetrieelemente erzeugt wird, werden auch Symbole entsprechend des zugrunde liegenden Symmetriegerüstes verwendet. Dazu sind international bestimmte Blickrichtungen auf die Symmetriegerüste vereinbart worden. Die einzelnen Blickrichtungen, deren Symmetrieelement man nennt, um das Symbol zu erhalten, sind in der Tab. 5.1 zusammengefasst.

Tab. 5.1: International vereinbarte Blickrichtungen zur Angabe der Punktgruppensymbole.

Kristallsystem	1. Blickrichtung	2. Blickrichtung	3. Blickrichtung
Triklin		–	
Monoklin	b-Achse		
Orthorhombisch	a-Achse	b-Achse	c-Achse
Tetragonal	c-Achse	⟨a⟩	⟨110⟩
Trigonal	c-Achse	⟨a⟩	–
Hexagonal	c-Achse	⟨a⟩	⟨210⟩
Kubisch	⟨a⟩	⟨111⟩	⟨110⟩

Trikline und monokline Kristalle erhalten aufgrund der geringen Symmetrie nur ein eingliedriges Symbol. Dabei gibt es für trikline Kristalle keine ausgezeichnete Symmetrierichtung, da entweder keine Symmetrie oder höchstens ein Inversionszentrum vorliegt. Im monoklinen System ist als Blickrichtung die b-Achse festgelegt. Für trigonale Gruppen werden zweigliedrige Symbole und für alle anderen dreigliedrige Symbole verwendet. Die in der Tab. 5.1 in spitzer Klammer stehenden Blickrichtungen bedeuten, dass das Symmetrieelement in den symmetrieäquivalenten Richtungen ebenfalls zu finden ist.

Die Kristallklassen bzw. Punktgruppen stellen die maximal mögliche Anzahl an Kombinationen der Punktsymmetrieelemente dar. Entsprechend der Kombinationssätze (Symmetriesatz I und II) ergeben sich in einigen Fällen als resultierende Symmetrieelemente zweizählige Drehachsen, Spiegelebenen und das Inversionszentrum. Wir sprechen vom vollständigen Symbol einer Kristallklasse, wenn diese resultierenden Symmetrieelemente im Symbol mitgenannt werden. Die Symbole sind dadurch überbestimmt und es können gekürzte Symbole (ohne Benennung der resultierenden Symmetrieelemente) eingesetzt werden. Wir wollen hier aber zunächst die vollständigen Symbole verwenden und erst in einem weiteren Abschnitt (Kapitel 5.7.8) noch einmal auf die Problematik eingehen. Betroffen sind nur sechs von 32 Gruppen.

Wir benutzen im Folgenden für unsere Ableitungen das trigonale Kristallsystem anstelle des rhomboedrischen Systems (noch einmal der Hinweis: das Achsenkreuz ist mit dem hexagonalen System identisch, als c-Achse dient aber die dreizählige Drehachse oder dreizählige Drehinversionsachse, vgl. auch Kapitel 4.5).

Die Ableitung der 32 Kristallklassen bzw. Punktgruppen erfolgt auf der Grundlage der sieben Kristallsysteme und den folgenden Kombinationen der Punktsymmetrieelemente, die als erzeugende Symmetrieelemente bezeichnet werden, da sie jeweils zu einer Gruppe führen:

- Gruppen mit nur einer X: 1, 2, 3, 4, 6
- Gruppen mit nur einer $\bar{X}$: $\bar{1}$ (= Inversionszentrum), $\bar{2}$ (= m), $\bar{3}$, $\bar{4}$, $\bar{6}$
- Kombination von X + m, wobei m $\perp$ zu X gelegt wird (X/m)
- Kombination von X + m wobei m in der Achse liegt (Xm), m wiederholt sich entsprechend der Zähligkeit der Achse)
- Kombination von $\bar{X}$ + m, wobei m in der Achse liegt ($\bar{X}$m)
- Kombination von X + 2, wobei 2 $\perp$ zu X steht und sich entsprechend der Zähligkeit von X wiederholt (X2)
- Kombination weiterer Spiegelebenen zu Gruppen X/m, in denen X liegt (X/mm)
- Kombinationen von 2 + 3 bzw. von 2 + $\bar{3}$ und 4 + 3 bzw. 4 + $\bar{3}$ oder $\bar{4}$ + 3 unter dem Winkel von 54°44′ (kubische Punktgruppen)

Die hohe Symmetrie der kubischen Kombinationen führt stets zusätzlich zu vier dreizähligen Dreh- oder Inversionsdrehachsen (denken Sie z. B. an die Vierraumdiagonalen eines Würfels). In den folgenden Abbildungen 5.16–5.22 sind die 32 Kristallklassen bzw. 32 Punktgruppen in Form ihres jeweiligen Stereogramms gezeigt. Projiziert sind die Symmetriegerüste für die höchstsymmetrischen Gruppen, die kristallographischen Achsen sind gekennzeichnet. Die Symmetrieelemente sind hinsichtlich der international vereinbarten Blickrichtungen (Tab. 5.1) zur Angabe der Punktgruppensymbole farblich unterschieden. Eingetragen ist außerdem die Vervielfältigung eines Flächenpols allgemeiner Lage. Rechts neben jedem Stereogramm ist die allgemeine Form dargestellt, also der Polyeder, der aus der Vervielfältigung der Flächenpole resultiert.

Begonnen wird in den Abbildungen mit den Gruppen des triklinen Kristallsystems und stets immer oben mit der Klasse höchster Symmetrie, der Holoedrie (griech. „olos“: ganz, alle). Die allgemeine Form der Holoedrie ist die Form mit der im Kristallsystem möglichen maximalen Zahl an Kristallflächen. Nur für diese höchste Symmetrie ist (ab den monoklinen Klassen) zwischen dem Stereogramm und der allgemeinen Form eine graphische Darstellung des räumlichen Symmetriegerüstes eingefügt. In den Zeilen darunter folgen dann die Klassen mit niedrigerer Symmetrie, die Meroedrien (griech. „Meros“: Teil) bis hin zur jeweils geringsten Symmetrie im entsprechenden Kristallsystem. Allgemeine Formen der Meroedrien mit halb so großer Flächenanzahl im Vergleich zur Holoedrie werden Hemiedrien genannt (griech. „hemi“: halb).

5.7.1 Trikline Kristallklassen

Im triklinen Kristallsystem gibt es nur die Klassen $\bar{1}$ und 1, d. h. die drei schiefwinklig zueinander stehenden Achsen sind nicht durch Symmetrieelemente belegt. Die c-Achse stellt man vertikal in einen triklinen Kristallpolyeder und die b-Achse wird nach rechts gerichtet. Materialkonstanten sind die Achsenverhältnisse a/b und c/b und die Achsenwinkel α, β und γ.

Abb. 5.16 zeigt die Stereogramme und allgemeinen Formen der triklinen Kristallklassen. Höchste Symmetrie im triklinen Kristallsystem besitzt die „triklin-pinakoidale Klasse" $\bar{1}$. Als einziges Symmetrieelement liegt das Inversionszentrum vor (Abb. 5.16 a). Allgemeine Form (Holoedrie) ist das Pinakoid (Parallelflächenpaar, Abb. 5.16 b).

Hinzu kommt nach Wegname des Inversionszentrums die triklin-pediale Klasse 1 ohne jegliche Symmetrie (Abb. 5.16 c). Sie ist die Untergruppe zur Klasse $\bar{1}$. Allgemeine Form ist das Pedion, eine einzelne asymmetrische Fläche (Abb. 5.16 d). Die Asymmetrie 1 bedeutet Drehung um 360°. Da im triklinen System nur ein Inversionszentrum bzw keine Symmetrie vorliegt, gibt es kein Symmetriegerüst und somit keine ausgezeichnete Blickrichtung.

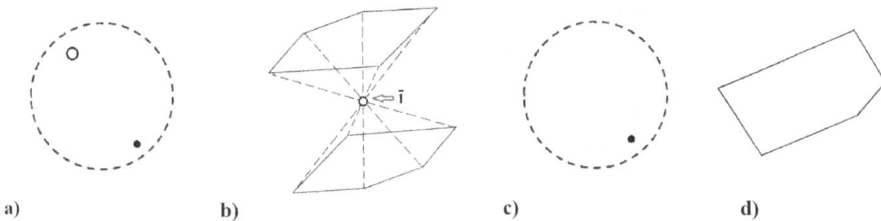

a)   b)   c)   d)

Abb. 5.16: Trikline Kristallklassen: a) Stereogramm der Kristallklasse $\bar{1}$: „triklin-pinakoidale Klasse". b) Allgemeine Form ist das „Pinakoid". c) Stereogramm der Kristallklasse 1: „triklin-pediale Klasse". d) Allgemeine Form ist das „Pedion", eine einzelne asymmetrische Fläche. Formen aus Niggli [20].

5.7.2 Monokline Kristallklassen

Im monoklinen Kristallsystem gibt es drei Kristallklassen (Abb. 5.17). Das Achsenkreuz stellt man im Allgemeinen mit der c-Achse als vertikale Richtung und der b-Achse horizontal nach rechts zeigend ein, beide stehen im rechten Winkel zueinander, während die a-Achse zur b–c-Ebene den monoklinen Winkel ß bildet. Materialkonstanten sind wie im triklinen Fall die Achsenverhältnisse a/b und c/b, nun aber nur noch der monokline Winkel ß. Die Symbole der drei monoklinen Kristallklassen sind jeweils eingliedrig (Blickrichtung ist die b-Achse). Die höchste Symmetrie hat die Klasse 2/m (Abb. 5.17 a). Das Symmetriegerüst (Abb. 5.17 b) besteht aus einer zweizähligen Drehachse und einer senkrecht dazu angeordneten Spiegelebene m. Es ist das Gerüst, das wir bereits beim Symmetriesatz I kennengelernt haben. Im Schnittpunkt der Drehachse und der Spiegelebene „m" resultiert ein Inversionszentrum. Das monokline Achsenkreuz ist in die stereographische Projektion eingezeichnet. Da als monokliner Winkel der Winkel ß international festgelegt ist, befindet sich die kristallographische c-Achse in stereographischer Projektion als Punkt auf der Linie zwischen Nordpol und Zentrum der Projektionsebene (bei den Gruppen 2/m und m damit auf der Spur der Spiegelebene). In den Stereogrammen in Abb. 5.17 ist die Position der c-Achse durch einen blau eingezeichneten Punkt im Fettdruck markiert. Stellen wir uns dazu noch einmal das monokline Achsenkreuz in der Polkugel vor: Die a–b-Ebene befindet sich in der Äquatorebene der Polkugel. Der im schiefen Winkel darauf stehende positive Teil der c-Achse schneidet die Polkugel je nach Schiefe des Winkels ß irgendwo zwischen Nordpol und Äquator. Die Achse darf natürlich nicht mit dem Nordpol zusammenfallen, dann würde sie im Pol ausstoßen und wir hätten einen Winkel ß von 90° erreicht und somit kein monoklines System, sondern ein orthorhombisches Achsenkreuz vorliegen. Sie darf natürlich auch nicht im Äquator austreten, dann wäre ß = 0° bzw. 180° und kein definiertes Achsenkreuz mehr vorhanden, da die c-Achse mit der a-Achsenrichtung zusammenfallen würde. Nur um auf diese Problematik hinzuweisen, ist die c-Achse in den Stereogrammen als blau eingetragener Punkt und dem Winkel ß zwischen 90° < ß < 180° eingezeichnet.

Die allgemeine Form der Kristallklasse 2/m ist das monokline Prisma (Abb. 5.17 c). Es handelt sich um eine offene Form. Klassenname ist „monoklin-prismatische Klasse". Die kristallographische b-Achse ist die zweizählige Achse und damit auch als besondere Blickrichtung vorgeschrieben (siehe Tab. 5.1). Wir blicken also entlang der b-Achse auf die senkrecht dazu angeordnete Spiegelebene und geben als Symbol 2/ m an.

Aus dem Symmetriegerüst entnehmen wir nun die zweizählige Drehachse und erhalten die Kristallklasse m, eine Untergruppe von 2/m (Abb. 5.17 d), mit der Wegnahme der Drehachse ist die Klasse auch nicht mehr zentrosymmetrisch. Allgemeine Form ist das Doma (Abb. 5.17 e), die Klasse heißt „monoklin-domatische Klasse".

Schließlich gelangen wir, wiederum ausgehend von der höchstsymmetrischen Punktgruppe 2/m, jetzt durch Wegnahme der Spiegelebene m zur Untergruppe 2 als weitere Untergruppe von 2/m. Symmetrieelement ist nur die zweizählige Drehachse, das Inversionszentrum ist durch Fortfall der Spiegelebene ebenfalls nicht mehr vorhanden (Stereogramm in Abb. 5.17 f). Allgemeine Form ist das Sphenoid (Abb. 5.17 g). Klassenname ist „monoklin-sphenoidische Klasse". Die zweizählige Achse der Punktgruppe 2 ist eine polare Achse. Das sind Achsen, bei denen in Bezug auf die Kristallstruktur in Richtung und Gegenrichtung eine unterschiedliche atomare Konfiguration vorliegt. Die Kristallflächen bei polaren Achsen sind in Richtung und Gegenrichtung nicht gleichwertig, sondern symmetrisch verschieden. Das ist in Abb. 5.17 g) an der allgemeinen Form „Sphenoid" gut zu erkennen. Weiter unten wird im Kapitel 5.8.2 genauer auf polare Achsen eingegangen.

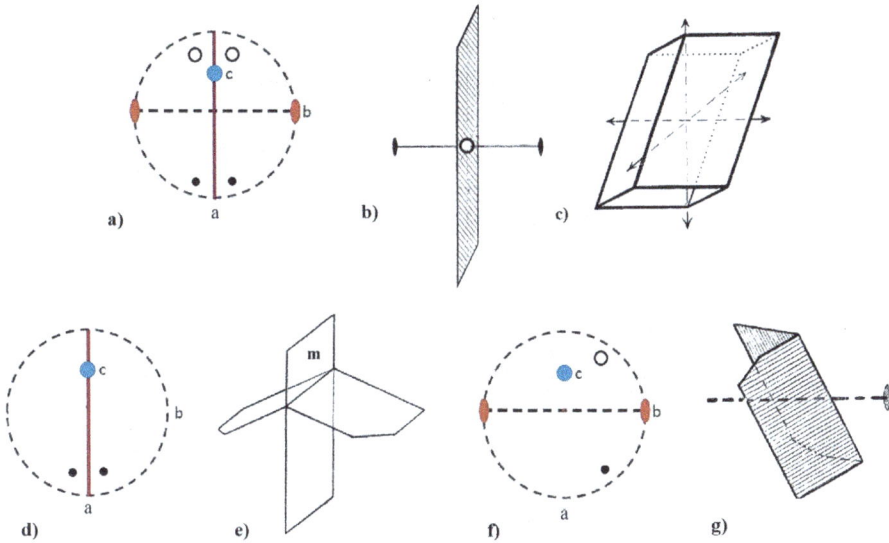

Abb. 5.17: Monokline Kristallklassen (die Symmetrieelemente sind im Stereogramm nach den international vereinbarten Blickrichtungen zur Angabe der Punktgruppensymbole farblich unterschieden, die kristallographische c-Achse ist hier nur zum besseren Verständnis der Lage des Achsenkreuzes eingetragen): a) Stereogramm der Kristallklasse 2/m, „monoklin-prismatische Klasse". b) Symmetriegerüst der Klasse 2/m. c) Allgemeine Form ist das „monokline Prisma". d) Stereogramm der Kristallklasse m, „monoklin-domatische Klasse". e) Allgemeine Form ist das „Doma". f) Stereogramm der Kristallklasse 2, „monoklin-sphenoidische Klasse". g) Allgemeine Form ist das „Sphenoid". Formen aus Niggli [20].

5.7.3 Orthorhombische Kristallklassen

Im orthorhombischen Kristallsystem gibt es ebenfalls drei Kristallklassen. Die orthogonal zueinander angeordneten Achsen des Kristallsystems sind dabei die Symmetrieachsen. Materialkonstanten sind nur noch die Achsenverhältnisse a/b und c/b. Die Symbole sind dreigliedrig (Blickrichtungen sind die drei Achsen). Die höchste Symmetrie hat die Klasse 2/m2/m2/m (Stereogramm in Abb. 5.18 a). Das Symmetriegerüst (Abb. 5.18 b) besteht aus drei zweizähligen Drehachsen (es sind die a-, b- und die c-Achse), wobei zu jeder der drei Achsen eine senkrecht angeordnete Spiegelebene vorliegt. Die kristallographischen Achsen sind in die stereographische Projektion eingezeichnet. Die c-Achse sticht nun senkrecht aus dem Zentrum des Projektionskreises aus (blau markiert in Abb. 5.18 a). Entsprechend den drei Blickrichtungen folgt das dreigliedrige Symbol 2/m2/m2/m. Bezüglich jeder der drei kristallographischen Achsen liegt das Gerüst vor, das wir bereits beim Symmetriesatz II kennengelernt haben. Da nun aufgrund der Lagen in a-, b- und c-Richtung zweizählige Drehachsen durch Spiegelebene verlaufen, entsteht zusätzlich ein Inversionszentrum.

Die allgemeine Form der Kristallklasse 2/m2/m2/m ist die rhombische Dipyramide (Abb. 5.18 c). Klassenname ist „rhombisch-dipyramidale Klasse".

Dem Symmetriegerüst entnehmen wir nun die drei Spiegelebenen (wodurch auch das Inversionszentrum entfällt) und erhalten die Kristallklasse 222, eine Untergruppe von 2/m2/m2/m (Abb. 5.18 d). Allgemeine Form ist das rhombische Disphenoid (Abb. 5.18 e), die Klasse heißt „rhombisch-disphenoidische Klasse".

Schließlich gelangen wir wiederum ausgehend von der höchstsymmetrischen Punktgruppe 2/m2/m2/m jetzt durch Wegnahme von zwei zweizähligen Achsen der in a- sowie b-Richtung und Wegnahme der Spiegelebene senkrecht zur c-Achse zur Untergruppe mm2. Das Inversionszentrum ist durch Fortfall der beiden zweizähligen Achsen und der Spiegelebene ebenfalls nicht mehr vorhanden (Stereogramm Abb. 5.18 f).

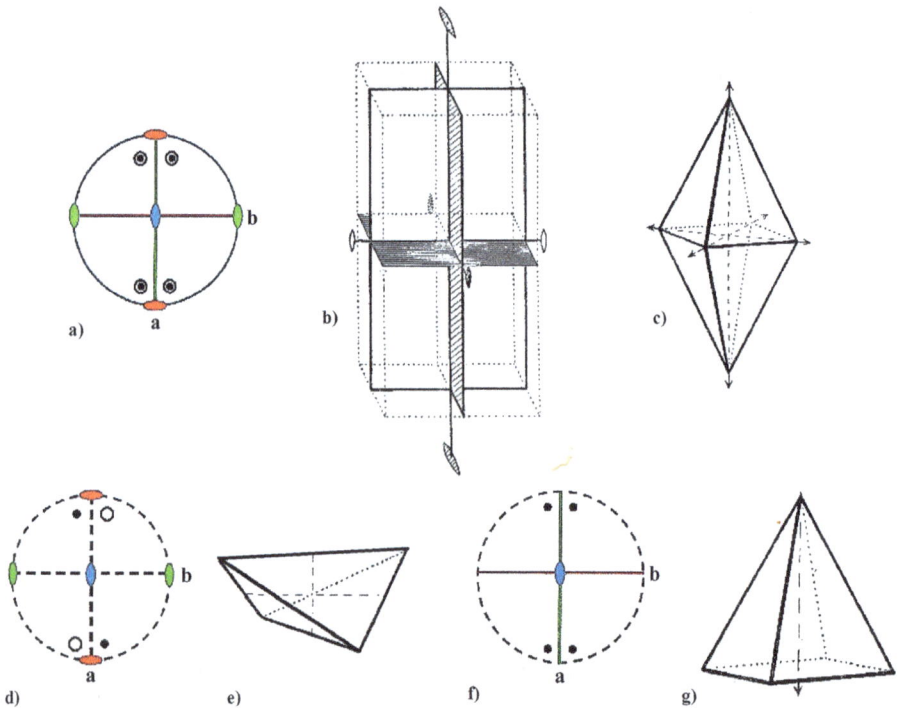

Abb. 5.18: Orthorhombische Kristallklassen (die Symmetrieelemente sind im Stereogramm nach den international vereinbarten Blickrichtungen zur Angabe der Punktgruppensymbole farblich unterschieden): a) Stereogramm der Kristallklasse 2/m2/m2/m, „rhombisch-dipyramidale Klasse". b) Symmetriegerüst der Klasse 2/m2/m2/m. c) Allgemeine Form ist die „rhombische Dipyramide". d) Stereogramm der Kristallklasse 222, „rhombisch- disphenoidische Klasse". e) Allgemeine Form ist das „rhombische Disphenoid". f) Stereogramm der Kristallklasse mm2, „rhombisch-pyramidale Klasse". g) Allgemeine Form ist die „rhombische Pyramide". Formen aus Niggli [20].

Allgemeine Form ist die rhombische Pyramide, eine offene Form (Abb. 5.18 g). die Klasse heißt „rhombisch-pyramidale Klasse". Die zweizählige Achse der Klasse mm2 ist polar.

5.7.4 Trigonale Kristallklassen

Zum trigonalen Kristallsystem gehören fünf Kristallklassen. Die Symbole sind nur zweigliedrig, Blickrichtungen sind die c-Achse sowie die a_1-Achse und deren symmetrieäquivalente Achsen a_2 und a_3, wobei für diese drei Richtungen sinnvollerweise die Symmetrie nur einmal benannt wird (Kennzeichnung durch ‹a› in Tab. 5.1). Materialkonstante ist das Achsenverhältnis c/a.

Beginnen wir mit der höchstsymmetrischen trigonalen Klasse $\bar{3}2/m$ (Stereogramm in Abb. 5.19 a). Das Symmetriegerüst (Abb. 5.19 b) besteht aus der dreizähligen Drehinversionsachse als c-Achse. Durch diese Hauptachse verlaufen drei Spiegelebenen. Es resultieren drei zweizählige Drehachsen. Sie sind die Achsen a_1, a_2 und a_3. Die Spiegelebenen sind senkrecht zu den zweizähligen Drehachsen angeordnet. Dadurch entsteht zusätzlich ein Inversionszentrum.

Die allgemeine Form ist das ditrigonale Skalenoeder (griech. „skalenos": ungleich), Abb. 5.19 c). Klassenname ist „ditrigonal-skalenoedrische Klasse".

Zur höchstsymmetrischen Klasse gehören drei Untergruppen, die aufgrund reduzierter Symmetrie anstelle eines Zwölf-Flächners nur Sechs-Flächner erzeugen. Dem Symmetriegerüst entnehmen wir die drei Spiegelebenen und erhalten die Kristallklasse 32 als eine Untergruppe von $\bar{3}2/m$. (Stereogramm in Abb. 5.19 d). Die Hauptachse ist nur noch einfache dreizählige Drehachse, die Achsen a_1, a_2 und a_3 sind zweizählige polare Drehachsen. Allgemeine Form ist das trigonale Trapezoeder (Abb. 5.19 e) und der Klassenname entsprechend „trigonal-trapezoedrische Klasse".

Von der Punktgruppe $\bar{3}2/m$ kommen wir jetzt durch Entfernen der drei zweizähligen Achsen zur Kristallklasse 3 m als weitere Untergruppe. Die Hauptachse ist wiederum nur noch dreizählige Drehachse, die nun jedoch eine polare Achse ist. Das Inversionszentrum ist nicht mehr vorhanden, sondern nur noch die drei Spiegelebenen senkrecht zu den Achsen a_1, a_2 und a_3 (Stereogramm siehe Abb. 5.19 f). Allgemeine Form ist die ditrigonale Pyramide (eine offene Form, Abb. 5.19 g), die Klasse heißt „ditrigonal-pyramidale Klasse".

Entfernen wir von der Gruppe $\bar{3}2/m$ die Spiegelebenen und die zweizähligen Drehachsen, gelangen wir zur Klasse $\bar{3}$ als dritte Untergruppe von $\bar{3}2/m$. Es ist nur noch die dreizählige Drehinversionsachse vorhanden (Stereogramm siehe Abb. 5.19 h). Das Symbol wird eingliedrig, da nur Symmetrie in Richtung der c-Achse vorliegt. Die Klasse ist zentrosymmetrisch, da die dreizählige Drehinversionsachse das Inversionszentrum enthält. Allgemeine Form ist das Rhomboeder (Abb. 5.19 i). Klassenname ist „rhomboedrische Klasse".

Schließlich ersetzen wir die dreizählige Inversionsdrehachse durch die einfache dreizählige Achse und gelangen zur Klasse 3. Sie ist sowohl Untergruppe der Klasse $\bar{3}2/m$, aber auch Untergruppe der drei vorher beschriebenen Klassen. Es resultiert nur noch eine dreiflächige allgemeine Form. Das Symbol ist eingliedrig, da wiederum nur noch Symmetrie in Richtung der c-Achse vorliegt (Stereogramm in Abb. 5.19 j). Allgemeine Form ist die trigonale Pyramide (eine offene Form, Abb. 5.19 k). Der Klassenname ist „trigonal-pyramidale Klasse". Die dreizählige Achse der Kristallkasse 3 ist eine polare Achse.

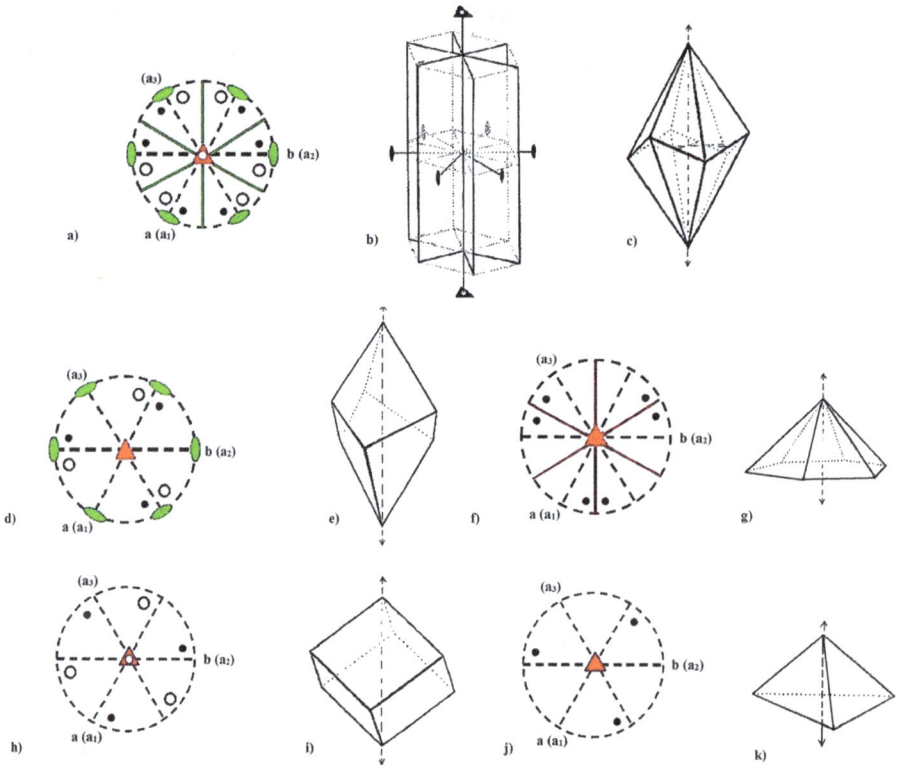

Abb. 5.19: Trigonale Kristallklassen (die Symmetrieelemente sind im Stereogramm nach den international vereinbarten Blickrichtungen zur Angabe der Punktgruppensymbole farblich unterschieden):
a) Stereogramm der Kristallklasse $\bar{3}2/m$, „ditrigonal-skalenoedrische Klasse". b) Symmetriegerüst der Klasse $\bar{3}2/m$. c) Allgemeine Form ist das „ditrigonale Skalenoeder". d) Stereogramm der Kristallklasse 32, „trigonal-trapezoedrische Klasse". e) Allgemeine Form ist das „trigonale Trapezoeder". f) Stereogramm der Kristallklasse 3m, „ditrigonal-pyramidale Klasse". g) Allgemeine Form ist die „ditrigonale Pyramide". h) Stereogramm der Kristallklasse $\bar{3}$, „rhomboedrische Klasse". i) Allgemeine Form ist das „Rhomboeder". j) Stereogramm der Kristallklasse 3 „trigonal-pyramidale Klasse". k) Allgemeine Form ist die „trigonale Pyramide". Formen aus Niggli [20].

5.7.5 Hexagonale Kristallklassen

Im hexagonalen Kristallsystem gibt es sieben Kristallklassen. Davon hat die Klasse mit der höchsten Symmetrie (6/m2/m2/m) vier Untergruppen. Die vier Untergruppen haben weitere zwei Untergruppen, die damit auch Untergruppen der höchstsymmetrischen Klasse sind. Wie im trigonalen System gibt es nur eine makroskopische Materialkonstante, nämlich das Achsenverhältnis c/a.

Die Symbole sind dreigliedrig, Blickrichtungen sind die c-Achse (erste Benennung im Symbol). In der Mitte des dreigliedrigen Symbols wird die Symmetrie der a_1-Achse angegeben (sie entspricht wieder der Symmetrie der äquivalenten Achsen a_2 und a_3). Schließlich gibt man an dritter Stelle die Symmetrie in Richtung ⟨210⟩ und deren symmetrieäquivalente Richtungen an. Die Richtung [210] und die beiden dazu symmetrieäquivalenten Richtungen erhält man, indem man von der a_1-Achse beginnend den 120° Winkel zur a_2-Achse um 30° entgegen dem Uhrzeigersinn reduziert, anders ausgedrückt, indem man von der a_2-Achse ausgehend im rechten Winkel eine Richtung abträgt. Im Stereogramm (Abb. 5.20 a) sind die [210] Richtung und ihre beiden symmetrieäquivalenten Richtungen durch Pfeile markiert worden. Die sechszählige Drehachse oder Drehinversionsachse ist stets die kristallographische c-Achse.

Beginnen wir wieder mit der höchstsymmetrischen Klasse 6/m2/m2/m (Stereogramm in Abb. 5.20 a). Das Symmetriegerüst (Abb. 5.20 b) besteht aus der sechszähligen Drehachse als c-Achse zu der senkrecht eine Spiegelebene angeordnet ist. Dadurch resultiert in dieser Klasse das Inversionszentrum. Symmetrie in c-Achsenrichtung ist also 6/m und damit der erste Teil des Gruppensymbols. Durch die sechszählige Hauptachse verlaufen sechs Spiegelebenen. Es resultieren sechs zweizählige Drehachsen, jeweils im Winkel von 30° zueinander und senkrecht zu je einer der Spiegelebenen. Drei der zweizähligen Achsen sind die a_1-, a_2- und a_3-Achse des hexagonalen Achsenkreuzes. Die Symmetrie in Blickrichtung ⟨a⟩ ist also 2/m (zweiter Teil des Gruppensymbols). Die drei weiteren zweizähligen Achsen verlaufen in die Richtung ⟨210⟩, Die Symmetrie in diese Blickrichtung ist somit ebenfalls 2/m (dritter Teil des Gruppensymbols). Die Richtungen sind durch rote Pfeile im Stereogramm (Abb. 5.20 a) markiert. Die allgemeine Form ist die dihexagonale Dipyramide (Abb. 5.20 c). Klassenname ist „dihexagonal-dipyramidale Klasse". Zu diese Gruppe gibt es vier Untergruppen, die anstelle einer 24-flächigen allgemeinen Form nur Zwölf-Flächner erzeugen.

Entnehmen wir dem Symmetriegerüst sämtliche Spiegelebenen, erhalten wir die Kristallklasse 622 (Stereogramm in Abb. 5.20 d). Die Hauptachse ist nur noch einfache sechszählige Drehachse, die Achsen a_1, a_2 und a_3 sowie die Richtungen ⟨210⟩ verbleiben als zweizählige Drehachsen. Allgemeine Form ist das hexagonale Trapezoeder (Abb. 5.20 e) und der Klassenname entsprechend „hexagonal-trapezoedrische Klasse".

Zu einer weiteren Untergruppe von 6/m2/m2/m gelangen wir jetzt durch Entfernen der drei zweizähligen Achsen a_1, a_2 und a_3 sowie Entfernen der drei Spiegelebenen senkrecht zu den Richtungen ⟨210⟩. Es verbleiben nur die ⟨210⟩-Richtungen als zweizählige (jetzt aber polare) Achsen und die drei Spiegeleben senkrecht zur a_1-, a_2-

und a_3-Achse. Die sechszählige Drehachse ist dadurch Drehinversionsachse geworden, Gruppensymbol ist $\bar{6}m2$ (Stereogramm in Abb. 5.20 f). Allgemeine Form ist die ditrigonale Dipyramide (Abb. 5.20 g) und der Klassenname ist „ditrigonal-dipyramidale Klasse".

Eine weitere Untergruppe zur Klasse 6/m2/m2/m erhalten wir durch Entfernen der Spiegelebene senkrecht zur sechszähligen Hauptachse und die Entnahme aller sechs zweizähligen Achsen in der a_1-, a_2- und a_3-Ebene. Wir gelangen zur Klasse 6mm. Die Hauptachse ist sechszählige Drehachse, sie ist polar. Das Inversionszentrum ist nicht mehr vorhanden, sondern nur noch die drei Spiegelebenen senkrecht zu den Achsen a_1, a_2 und a_3 sowie die Spiegelebene senkrecht zur Richtung [210] und deren beiden symmetrieäquivalenten Richtungen (Stereogramm siehe Abb. 5.20 h). Allgemeine Form ist die dihexagonale Pyramide (Abb. 5.20 i), die Klasse heißt „dihexagonal-pyramidale Klasse".

Schließlich erhalten wir eine vierte Untergruppe, indem aus der Klasse 6/m2/m2/m nur die sechszählige c-Achse und die senkrecht dazu angeordnete Spiegelebene erhalten bleibt. Es ist die Klasse 6/m (das Symbol wird eingliedrig, da nur in Blickrichtung c-Achse Symmetrieelemente vorliegen, Symmetriegerüst siehe Abb. 5.20 j). Es resultiert entsprechend dem Symmetriesatz I das Inversionszentrum. Allgemeine Form ist die hexagonale Dipyramide (Abb. 5.20 k). Klassenname ist „hexagonal-dipyramidale Klasse.

Zu den bisher besprochenen vier Untergruppen von 6/m2/m2/m gibt es schließlich zwei Untergruppen, die damit auch Untergruppen der höchstsymmetrischen Klasse sind. Ihre allgemeine Form ist nur noch ein Sechs-Flächner. Es sind die Klassen $\bar{6}$ und 6. Die Klasse $\bar{6}$ hat lediglich die sechszählige Drehinversionsachse als Hauptachse und alleinige Symmetrierichtung (daher hat die Klasse wieder nur ein eingliedriges Symbol). Das Stereogramm zeigt Abb. 5.20 l) Die Symmetrie der Klasse entspricht der Symmetrie 3/m, früher wurde sie zu den trigonalen Klassen hinzugezählt. Die Klasse besitzt ein Inversionszentrum. Allgenmeine Form ist die trigonale Dipyramide (Abb. 5.20 m). Klassenname ist trigonal-dipyramidale Klasse.

Die Kristallklasse 6 hat als einziges Symmetrieelement die sechszählige Hauptachse, die hier polare Achse ist (Stereogramm siehe Abb. 5.20 n). Allgemeine Form ist die hexagonale Pyramide, eine offene Form (Abb. 5.20 o). Klassenname ist hexagonal-pyramidale Klasse.

5.7.6 Tetragonale Kristallklassen

Auch im tetragonalen Kristallsystem gibt es sieben Kristallklassen. Davon hat wiederum die Klasse mit der höchsten Symmetrie (4/m2/m2/m) vier Untergruppen und diese Gruppen zwei weitere Untergruppen, die auch Untergruppen von 4/m2/m2/m sind. Wie im trigonalen und hexagonalen System gibt es nur eine makroskopische Materialkonstante, das Achsenverhältnis c/a.

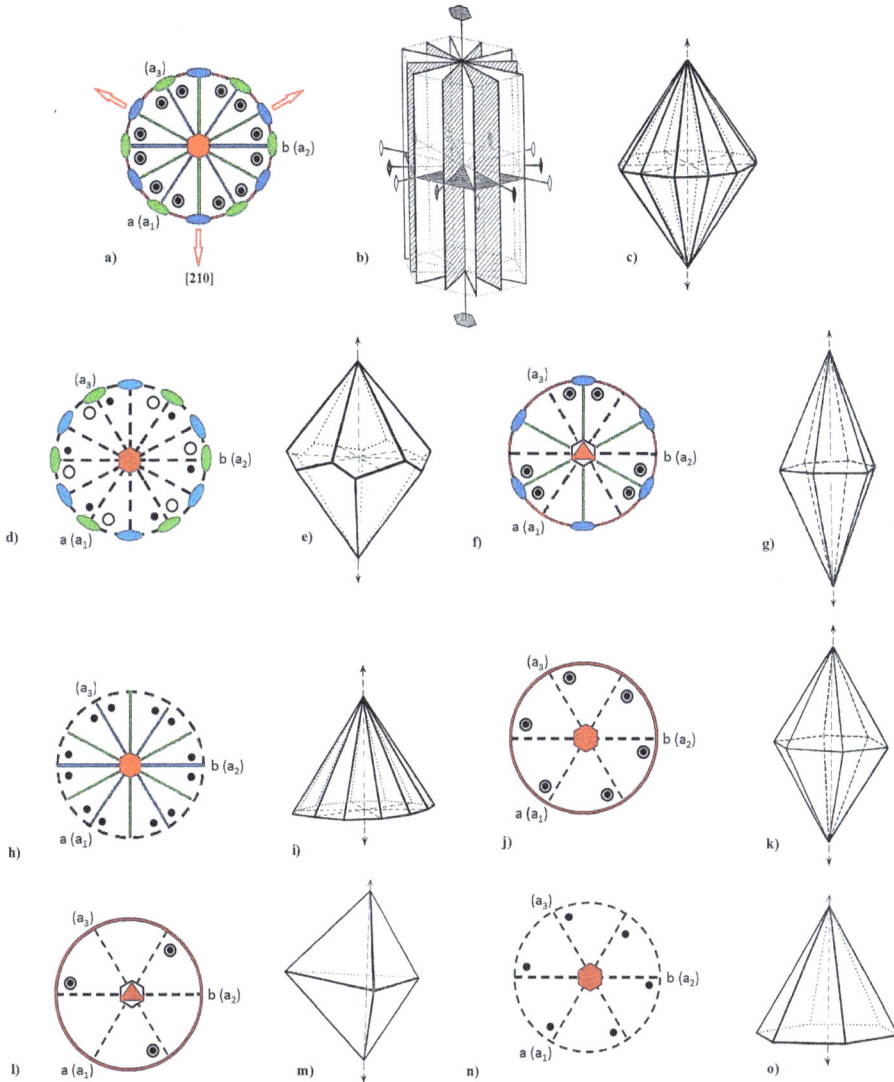

Abb. 5.20: Hexagonale Kristallklassen (die Symmetrieelemente sind im Stereogramm nach den international vereinbarten Blickrichtungen zur Angabe der Punktgruppensymbole farblich unterschieden): a) Stereogramm der Kristallklasse 6/m2/m2/m, „dihexagonal-dipyramidale Klasse". b) Symmetriegerüst der Klasse 6/m2/m2/m. c) Allgemeine Form ist die „dihexagonale Dipyramide". d) Stereogramm der Kristallklasse 622, „hexagonal-trapezoedrische Klasse". e) Allgemeine Form ist das „hexagonale Trapezoeder". f) Stereogramm der Kristallklasse $\bar{6}$m2, „ditrigonal-dipyramidale Klasse". g) Allgemeine Form ist die „ditrigonale Dipyramide". h) Stereogramm der Kristallklasse 6mm, „dihexagonal-pyramidale Klasse". i) Allgemeine Form ist die „dihexagonale Pyramide". j) Stereogramm der Kristallklasse 6/m, „hexagonal-dipyramidale Klasse". k) Allgemeine Form ist die „hexagonale Dipyramide". l) Stereogramm der Kristallklasse $\bar{6}$, „trigonal dipyramidale Klasse". m) Allgemeine Form ist die „trigonale Dipyramide". n) Stereogramm der Kristallklasse 6, „hexagonal-pyramidale Klasse". o) Allgemeine Form ist die „hexagonale Pyramide". Formen aus Niggli [20].

Die Symbole sind dreigliedrig, Blickrichtungen sind die c-Achse (erster Teil des Symbols), gefolgt von der Symmetrie der a-Achse (sie ist symmetrieäquivalent zur b-Achse). Dritter Teil des Symbols ist die Symmetrie in die Richtungen ‹110›, d. h. die um 45° zur a- und b-Achse angeordneten, symmetrieäquivalenten Richtungen. In den Stereogrammen (Abb. 5.21) sind die Symmetrieelemente in [110] Richtung und ihre beiden symmetrieäquivalenten Richtungen in blauer Farbe eingetragen. Die vierzählige Drehachse oder Drehinversionsachse ist stets die kristallographische c-Achse und wird vertikal aufgestellt.

Beginnen wir wieder mit der höchstsymmetrischen Klasse 4/m2/m2/m (Stereogramm in Abb. 5.21 a). Das Symmetriegerüst (Abb. 5.21 b) besteht aus der vierzähligen Drehachse als c-Achse, zu der senkrecht eine Spiegelebene angeordnet ist (Symmetrie in c-Achsenrichtung ist 4/m und somit der erste Teil des Gruppensymbols). Dadurch resultiert auch in dieser Klasse das Inversionszentrum. Durch die vierzählige Hauptachse verlaufen vier vertikal angeordnete Spiegelebenen. Es resultieren vier zweizählige Drehachsen, jeweils im Winkel von 45° zueinander und senkrecht zu je einer der Spiegelebenen. Davon sind zwei der zweizähligen Achsen die a- und die b-Achse (bzw. wegen a = b die a_1- und a_2-Achse) des tetragonalen Achsenkreuzes. Die Symmetrie in Blickrichtung ‹a› ist also 2/m (zweiter Teil des Gruppensymbols). Die zwei weiteren zweizähligen Achsen verlaufen in die Richtungen ‹110›. Auch in diese Richtungen ist die Symmetrie 2/m (dritter Teil des Gruppensymbols).

Die allgemeine Form ist die ditetragonale Dipyramide (Abb. 5.21 c). Klassenname ist „ditetragonal-dipyramidale Klasse". Die Gruppe hat wieder vier Untergruppen. Anstelle einer 16-flächigen allgemeinen Form der Gruppe 4/m2/m2/m werden durch die Symmetrien dieser Untergruppen nur Acht-Flächner erzeugt.

Entnehmen wir dem Symmetriegerüst sämtliche Spiegelebenen, erhalten wir die Kristallklasse 422 (Stereogramm in Abb. 5.21 d). Die Hauptachse ist nur noch einfache vierzählige Drehachse, die a- und b-Achse und die Richtungen ‹110› verbleiben als zweizählige Drehachsen. Allgemeine Form ist das tetragonale Trapezoeder (Abb. 5.21 e). Der Klassenname ist „tetragonal-trapezoedrische Klasse".

Zu einer weiteren Untergruppe von 4/m2/m2/m gelangen wir jetzt durch Entfernen der beiden zweizähligen Achsen der ‹110›-Richtungen sowie der beiden Spiegelebenen senkrecht zur a- und b-Achse, die jedoch zweizählige Achsen bleiben. Die vierzählige Drehachse ist dabei Drehinversionsachse geworden, Gruppensymbol ist $\bar{4}$m2 (Stereogramm in Abb. 5.21 f). Allgemeine Form ist das tetragonale Skalenoeder (Abb. 5.21 g) und der Klassenname ist „tetragonal-skalenoedrische Klasse".

Durch Entfernen der Spiegelebene senkrecht zur vierzähligen Hauptachse und Entnahme aller vier zweizähligen Achsen folgt eine weitere Untergruppe zur Klasse 4/m2/m2/m. Wir gelangen zur Klasse 4mm. Die Hauptachse ist eine vierzählige Drehachse, die eine polare Achse darstellt. Das Inversionszentrum ist nicht mehr vorhanden, da die senkrecht zur c-Achse angeordnete Spiegelebene entnommen wurde (Stereogramm siehe Abb. 5.21 h). Allgemeine Form ist die ditetragonale Pyramide (Abb. 5.21 i). Der Klassenname ist „ditetragonal-pyramidale Klasse".

Schließlich gelangen wir zu einer vierten Untergruppe, indem ausgehend von der Klasse 4/m2/m2/m nur die vierzählige c-Achse und die senkrecht dazu angeordnete Spiegelebene erhalten bleibt. Es ist die Klasse 4/m (das Symbol wird eingliedrig, da Symmetrieelemente nur noch in Blickrichtung der c-Achse vorliegen, Symmetriegerüst siehe Abb. 5.21 j). Es resultiert daher aber entsprechend dem Symmetriesatz I das Inversionszentrum. Allgemeine Form ist die tetragonale Dipyramide (Abb. 5.21 k). Klassenname ist „tetragonal-dipyramidale Klasse".

Zu den eben besprochenen vier Untergruppen von 4/m2/m2/m gibt es zwei Untergruppen, die auch Untergruppen der höchstsymmetrischen Klasse sind. Anstelle von 16-Flächnern der höchstsymmetrischen Gruppe 4/m2/m2/m sowie von Acht-Flächnern ihrer vier Untergruppen sind allgemeine Formen der beiden Gruppen $\bar{4}$ und 4 nur noch Vier-Flächner. Die Klasse $\bar{4}$ besitzt nur die vierzählige Drehinversionsachse als Hauptachse und alleinige Symmetrierichtung, daher hat die Klasse wieder nur ein eingliedriges Symbol. Das Stereogramm zeigt Abb. 5.21 l). Allgemeine Form ist das tetragonale Disphenoid (Abb. 21 m). Klassenname ist „tetragonal-disphenoidische Klasse".

Die Kristallklasse 4 hat als einziges Symmetrieelement die vierzählige Hauptachse. Sie ist hier eine polare Achse (Stereogramm siehe Abb. 5.21 n). Allgemeine Form ist die tetragonale Pyramide, eine offene Form (Abb. 5.21 o). Klassenname ist „tetragonal-pyramidale Klasse".

5.7.7 Kubische Kristallklassen

Zum kubischen Kristallsystem gehören fünf Klassen. Das Achsensystem entspricht dem kartesischen System. Es gibt keine morphologische Materialkonstante, denn das Achsenverhältnis ist 1. Die drei gleichwertigen, im rechten Winkel zueinander stehenden Achsen a, b und c, sind entweder zweizählige Drehachsen oder vierzählige Dreh- oder Drehinversionsachsen.

Die hohe Symmetrie der kubischen Kombinationen führt bei allen fünf kubischen Kristallklassen zu vier dreizähligen Dreh- oder Drehinversionsachsen, die den Winkel 54°44′ zur Ebene der stereographischen Projektion bilden (denken Sie z. B. an die Vier-Raumdiagonalen eines Würfels oder des Polyeders des Bleiglanzkristalls (siehe auch Kap. 5.1 und Abb. 5.1). Eine weitere Besonderheit ist die Lagemöglichkeit von zweizähligen Drehachsen. Sie können im Winkel von 45° aus der Ebene ragen. Auch sind weitere Anordnungsmöglichkeiten von Spiegelebenen im kubischen System zu berücksichtigen. Es sind Spiegelebenen möglich, die bezüglich der drei Achsen a, b und c nur zu einer parallel und zu den anderen um 45° geneigt angeordnet sind (siehe Kapitel 5.3 und Abb. 5.6).

Die Symbole der kubischen Kristallklassen sind dreigliedrig. Erste Blickrichtung ist ‹a›, die spitzen Klammern weisen darauf hin, dass selbstverständlich auch die b- und c-Achsenrichtungen symmetrieäquivalente Richtungen sind (kubisch: a = b = c).

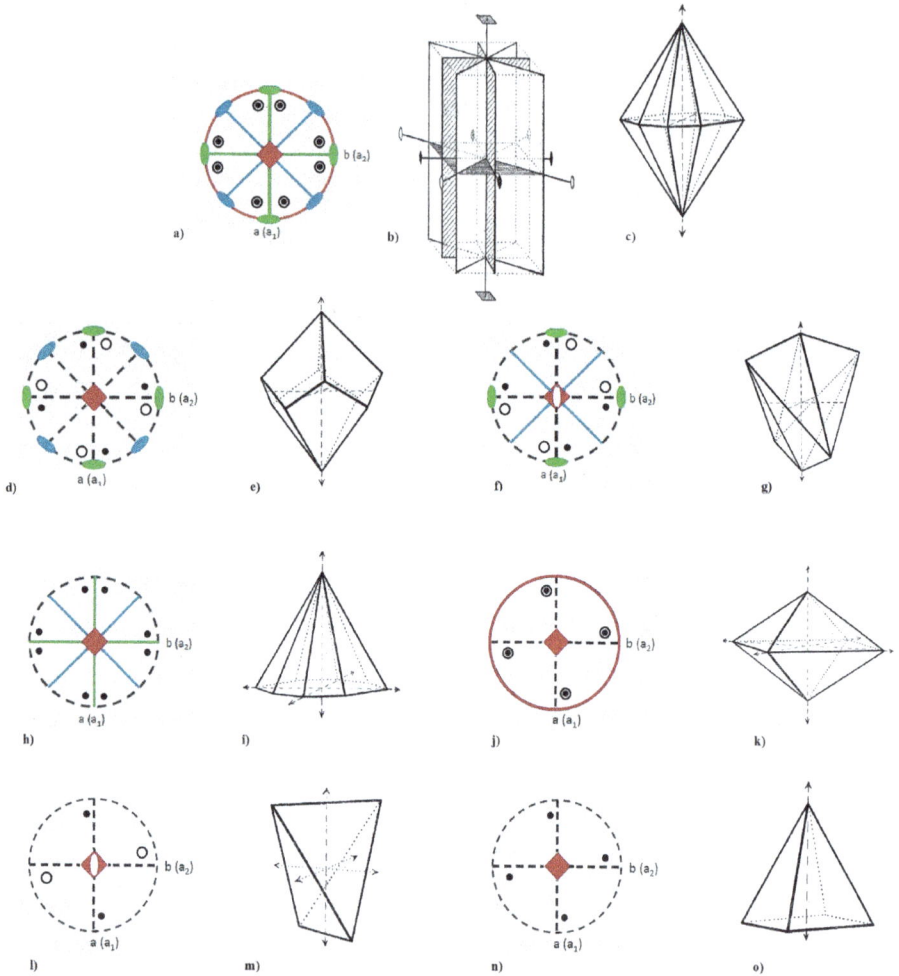

Abb. 5.21: Tetragonale Kristallklassen (die Symmetrieelemente sind im Stereogramm nach den international vereinbarten Blickrichtungen zur Angabe der Punktgruppensymbole farblich unterschieden): a) Stereogramm der Kristallklasse 4/m2/m2/m, „ditetragonal-dipyramidale Klasse". b) Symmetriegerüst der Klasse 4/m2/m2/m. c) Allgemeine Form ist die „ditetragonale Dipyramide". d) Stereogramm der Kristallklasse 422, „tetragonal-trapezoedrische Klasse". e) Allgemeine Form ist das „tetragonale Trapezoeder". f) Stereogramm der Kristallklasse 4̄m2, „tetragonal-skalenoedrische Klasse". g) Allgemeine Form ist das „tetragonale Skalenoeder". h) Stereogramm der Kristallklasse 4mm, „ditetragonal-pyramidale Klasse". i) Allgemeine Form ist die „ditetragonale Pyramide". j) Stereogramm der Kristallklasse 4/m, „tetragonal-dipyramidale Klasse". k) Allgemeine Form ist die „tetragonale Dipyramide".
l) Stereogramm der Kristallklasse 4̄, „tetragonal disphenoidische Klasse". m) Allgemeine Form ist das „tetragonale Disphenoid". n) Stereogramm der Kristallklasse 4, „tetragonal-pyramidale Klasse".
o) Allgemeine Form ist die "tetragonale Pyramide". Formen aus Niggli [20].

Zweite Blickrichtung ist ⟨111⟩, d. h. die Raumdiagonale [111] und die anderen drei symmetrieäquivalenten Raumdiagonalen ebenfalls. Sie sind dreizählige Drehachsen oder Drehinversionsachsen. Dritte Blickrichtung ist ⟨110⟩, also die Richtung [110] und die fünf dazu symmetrieäquivalenten Richtungen.

Die kubische Kristallklasse mit der höchsten Symmetrie ist die Klasse 4/m$\bar{3}$2/m. Abb. 5.22 a) zeigt das Stereogramm und Abb. 5.22 b) das Symmetriegerüst. Die drei kristallographischen Achsen sind vierzählige Drehachsen mit jeweils einer senkrecht dazu angeordneten Spiegelebene. Dadurch entsteht ein Inversionszentrum (Symmetriesatz I). Vier dreizählige Inversionsdrehachsen im Winkel 54°44′ in die Richtungen ⟨111⟩ und sechs zweizählige Drehachsen in die Richtungen ⟨110⟩ sind vorhanden. Zu den Spiegelebenen senkrecht zur a-, b- und c-Achse kommen sechs weitere Spiegelebenen hinzu, die zu zwei der drei Achsen a, b und c um 45° geneigt angeordnet sind. Die allgemeine Form ist das Hexakisoktaeder (Abb. 5.22 c), ein 48-Flächner. Klassenname ist „hexakisoktaedrische Klasse". Diese Klasse höchster Symmetrie hat drei Untergruppen, deren Symmetrieelemente jeweils 24-Flächner erzeugen.

Wir entnehmen der Gruppe 4/m$\bar{3}$2/m alle neun Spiegelebenen und gelangen zur Untergruppe 432. Es sind nur noch Drehachsen vorhanden. Ein Symmetriezentrum fehlt nun. Abb. 5.22 d) zeigt das Stereogramm. Allgemeine Form ist ein Pentagonikositetraeder (Abb. 5.22 e). Klassenname ist „pentagonikositetraedrische Klasse".

Eine weitere Untergruppe der höchstsymmetrischen Klasse erhalten wir durch Wegnahme der drei Spiegelebenen senkrecht zu den drei Hauptachsen a, b und c sowie Entfernen aller sechs zweizähligen Drehachsen. Es resultiert die Kristallklasse $\bar{4}$3m. Die drei kristallographischen Achsen werden zu vierzähligen Inversionsdrehachsen und die vier dreizähligen Achsen zu polaren Achsen (Stereogramm siehe Abb. 5.22 f). Allgemeine Form ist das Hexakistetraeder (Abb. 5.22 g) und der Klassenname lautet entsprechend „hexakistetraedrische Klasse".

Benutzt man als Hauptachsen a, b und c nur noch zweizählige Drehachsen und senkrecht dazu angeordnete Spiegelebenen, entsteht ein Inversionszentrum und die vier ⟨111⟩-Richtungen werden dreizählige Drehinversionsachsen. Da keine weiteren Spiegelebenen vorhanden sind, entsteht die Klasse 2/m$\bar{3}$. Das Symbol ist wegen der fehlenden Symmetrieelemente in den Richtungen ⟨110⟩ nur noch zweigliedrig. Abb. 5.22 h) zeigt das Stereogramm. Allgemeine Form ist das Disdodekaeder (Abb. 5.22 i). Klassenname ist „disdodekaedrische Klasse.

Die drei eben besprochenen Untergruppen haben ihrerseits eine Untergruppe. Anstelle eines 24-Flächners erzeugen deren Symmetrieelemente nur einen Zwölf-Flächner. Es ist die Kristallklasse 23. Die geringe Symmetrie führt nur zu einem zweigliedrigen Gruppensymbol. Die Klasse 23 ist ebenfalls Untergruppe der höchstsymmetrischen Klasse. Es sind nur noch die drei Hauptachsen als zweizählige Drehachsen sowie die vier dreizähligen Drehachsen in den ⟨111⟩-Richtungen vorhanden, die hier aber polare Achsen sind. Abb. 5.22 j) zeigt das Stereogramm. Allgemeine Form ist das

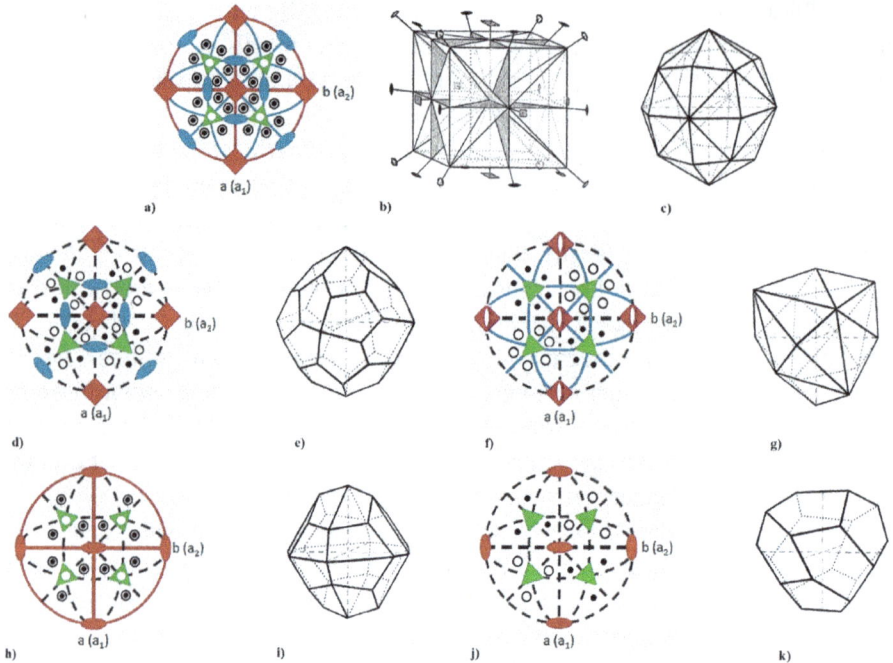

Abb. 5.22: Kubische Kristallklassen (die Symmetrieelemente sind im Stereogramm nach den international vereinbarten Blickrichtungen zur Angabe der Punktgruppensymbole farblich unterschieden): a) Stereogramm der Kristallklasse 4/m$\bar{3}$2/m, „hexakisoktaedriesche Klasse". b) Symmetriegerüst der Klasse 4/m$\bar{3}$2/m. c) Allgemeine Form ist das „Hexakisoktaeder". d) Stereogramm der Kristallklasse 432, „pentagonikositetraedrische Klasse". e) Allgemeine Form ist das „Pentagonikositetraeder". f) Stereogramm der Kristallklasse $\bar{4}$3 m, „hexakistetraedrische Klasse". g) Allgemeine Form ist das „Hexakistetraeder". h) Stereogramm der Kristallklasse 2/m$\bar{3}$, „disdodekaedrische Klasse". i) Allgemeine Form ist das „Disdodekaeder". j) Stereogramm der Kristallklasse 23, „tetraedrisch-pentagondodekaedrische Klasse". k) Allgemeine Form das „tetraedrische Pentagondodekaeder". Formen aus Niggli [20].

tetraedrische Pentagondodekaeder (Abb. 5.22 k). Klassenname ist „tetraedrisch-pentagondodekaedrische Klasse".

5.7.8 Vollständige Symbole und gekürzte Symbole

Wie bereits im einführenden Kapitel 5.7 der Punktgruppen kurz erwähnt wurde, verwenden wir für sechs Gruppen anstelle des vollständigen Symbols auch ein abgekürztes Symbol. Die Tab. 5.2 zeigt dies im Vergleich zum vollständigen Symbol.

Für diese sechs Gruppen ergeben sich durch die Symmetriesätze I bzw. II die im abgekürzten Symbol fortgelassenen Symmetrieelemente. Das bedeutet, dass hier die vollständigen Symbole überbestimmt sind. Nehmen wir z. B. die orthorhombische

Tab. 5.2: Abgekürzte und vollständige Symbole der Punktgruppen.

Abgekürztes Symbol	Vollständiges Symbol
mmm	2/m2/m2/m
4/mmm	4/m2/m2/m
$\bar{3}$m	$\bar{3}$2/m
6/mmm	6/m 2/m 2/m
m$\bar{3}$	2/m$\bar{3}$
m$\bar{3}$m	4/m$\bar{3}$2/m

Punktgruppe mit dem vollständigen Symbol 2/m2/m2/m. Senkrecht zu den kristallographischen Achsen ordnen wir die Spiegelebenen an. Bezogen auf jede Achse haben dadurch je zwei Spiegelebenen eine gemeinsame Schnittlinie in Richtung der a-, b- und c-Achse. Aufgrund des Symmetriesatzes II werden die Schnittlinien und somit die kristallographischen Achsen zu zweizähligen Drehachsen (in Blickrichtung auf die Achsen sind jeweils die Symmetrieelemente des Symmetriesatzes II vorhanden). Wir können also das abgekürzte Symbol mmm verwenden.

Im Abb. 5.23 sind die Beziehungen von Gruppen und ihren Untergruppen am Beispiel der orthorhombischen, monoklinen und triklinen Punktgruppen dargestellt. Die Punktgruppe mit der höheren Symmetrie (hier 2/m2/m2/m) steht oben, darunter stehen ihre Untergruppen (internationale Symbolik nach Hermann und Mauguin [42, 41]). Bei der Ableitung der Gruppen haben wir schon erfahren, dass man im jeweiligen Kristallsystem zu den Untergruppen gelangt, indem man von der Holoedrie Symmetrieelemente sukzessive entfernt. Das führt zu allgemeinen Formen geringerer Flächenzahlen im Vergleich zur Holoedrie. In Abb. 5.23 bedeuten einfache Verbindungslinien, dass die untenstehende Punktgruppe eine Untergruppe der obenstehenden ist. Doppelte oder dreifache Linien zeigen, dass die obere Punktgruppe die untere in zwei oder drei ungleichwertigen Lagen als Untergruppe enthält. Die Verbindungslinien zwischen Punktgruppen, die dem gleichen Kristallsystem angehören, sind besonders stark gezeichnet. Neben jeder Gruppe ist die allgemeine Form gezeichnet worden, um auf die Reduktion der Flächenzahlen mit abnehmender Symmetrie hinzuweisen. Eine Darstellung der Beziehungen zwischen allen 32 Punktgruppen gibt Hermann [42]. Er zeigte zusätzlich, dass die Ober-Untergruppe-Beziehungen natürlich auch in andere Kristallsysteme hinein reichen.

Nehmen wir als Beispiel die höchstsymmetrische Punktgruppe im orthorhombischen Kristallsystem 2/m2/m2/m und sehen uns die Untergruppe mm2 an. Sie kann durch drei Möglichkeiten aus der Obergruppe entstehen, was die drei Verbindungslinien zwischen 2/m2/m2/m und der Untergruppe mm2 zeigen: als mm2 durch entfernen der beiden zweizähligen Achsen a und b sowie der Spiegelebene senkrecht zur c-Achse. Völlig symmetrieäquivalent wäre es aber auch, eine 2 mm oder eine m2 m aus der Obergruppe zu erzeugen, d. h. das Entfernen der zweizähligen Achsen b und c und der Spiegelebene senkrecht a führt zu 2 mm bzw. das Weglassen der zweizähligen Achsen a und c und der Spiegelebene senkrecht zur b-Achse ergibt die Gruppe m2 m. Wir führen hier eigentlich nur eine Umbenennung der kristallographischen Achsen aus, was an der orthorhombischen Symmetrie nichts ändert, also symmetriekonform ist, aber die Symmetrieelemente in andere Lagen zum Achsenkreuz bringt.

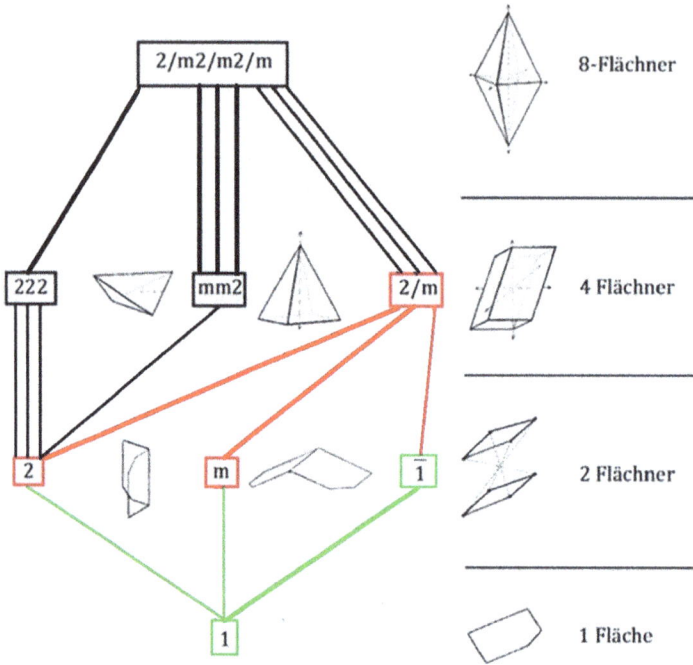

Abb. 5.23: Gruppe-Untergruppenbeziehungen am Beispiel der orthorhombischen Punktgruppen (schwarz), sowie der monoklinen (rot) und triklinen Punktgruppen (grün). Die allgemeinen Formen der Gruppen sind zum Hinweis auf die Reduzierung der Flächen mit abnehmender Symmetrie der Untergruppen dargestellt. Erläuterungen siehe Text. Flächner aus Niggli [20].

5.7.9 Spezielle Formen und Grenzformen

Wir haben bereits besprochen, dass die Flächenpole in den 32 Stereogrammen die allgemeine kristallographische Form darstellen, die durch die Symmetrieelemente erzeugt wird. Auch die Definition: „Eine Kristallform ist eine Menge äquivalenter Flächen" wurde bereits erwähnt. Die Flächensymmetrie der allgemeinen Formen ist 1 (Asymmetrie), da die Flächenpole im Stereogramm nicht auf Symmetrieelementen liegen. Somit wirken alle in der jeweiligen Kristallklasse vorhandenen Symmetrieelemente auf die Fläche ein und erzeugen die Form mit der maximalen Anzahl an Flächen, die für die Form in der betreffenden Kristallklasse möglich sind. Allgemeine

Formen werden mit {hkl} indiziert. Im trigonalen und hexagonalen Kristallsystem entsprechend mit {hkil} (Anhang 7.6).

Außer im triklinen Kristallsystem, in dem es aufgrund der Asymmetrie (Klasse 1) oder maximal der Zentrosymmetrie (Klasse $\bar{1}$) nur die allgemeine Form gibt (Pedion für Klasse 1 und Pinakoid für Klasse $\bar{1}$), ist in allen anderen Klassen neben der allgemeinen Form auch zwischen speziellen Formen und Grenzformen zu unterscheiden. Je höher die Symmetrie ist und je mehr Symmetrieelemente in der Kristallklasse vorhanden sind, umso mehr spezielle Formen und Grenzformen sind möglich.

Eine spezielle Form ist die Menge von äquivalenten Kristallflächen, deren Flächensymmetrie > 1 ist. Jeder Flächenpol einer speziellen Form liegt im Stereogramm auf mindestens einem Symmetrieelement.

Zur Erläuterung der speziellen Form kehren wir zum Stereogramm der höchstsymmetrischen kubischen Kristallklasse $4/m\bar{3}2/m$ in Abb. 5.22 a) zurück. Die allgemeine Form ist das Hexakisoktaeder, die Holoedrie im kubischen Kristallsystem. Zählen wir im Stereogramm Abb. 5.22 a) die Flächenpole: Es sind 48 Flächen. Jede der einzelnen Flächen am Polyeder (Abb. 5.22 c) hat die Form eines ungleichseitigen Dreiecks und ist somit eine asymmetrische Fläche (Symmetrie: 1).

Nun legen wir eine Fläche in eine spezielle Lage, am Beispiel von Abb. 5.24 auf die vierzählige Achse, wodurch die Flächensymmetrie > 1, nämlich 4mm wird. Es resultiert die Form Würfel, als eine von vielen weiteren speziellen Formen in dieser Punktgruppe. Aufgrund der hohen Symmetrie des kubischen Kristallsystems ist der Würfel (nur Sechs-Flächner) in allen fünf kubischen Punktgruppen als spezielle Form zu finden.

Die speziellen Formen können eine Symmetrie-Mehrdeutigkeit haben. Sie ist z. B. beim Würfel vorhanden. Selbst in der Kristallklasse 23, der Klasse mit der geringsten Symmetrie im kubischen Kristallsystem, führt die kubische Metrik dazu, dass der Würfel hier ebenfalls als spezielle Form erzeugt wird.

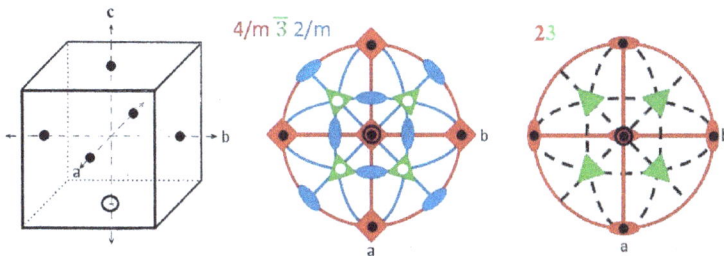

Abb. 5.24: Stereographische Projektion der speziellen Form „Würfel" („Hexaeder"). Spezielle Formen können eine Mehrdeutigkeit ihrer Symmetrie aufweisen. Der Würfel ist eine von vielen möglichen speziellen Formen in allen kubischen Punktgruppen. Seine Symmetrie ist mehrdeutig. (Beispiel Punktgruppe $4/m\bar{3}2/m$ (kubische Holoedrie) und Punktgruppe 23 (Untergruppe niedrigster kubischer Symmetrie).

Der Ausgangsflächenpol liegt in dieser Klasse dann auf der zweizähligen Achse (Stereographische Projektion Abb. 5.24, rechts, Flächensymmetrie ist 2).

Im Zusammenhang mit der Einführung der Spiegelebene (siehe Abb. 5.5) haben wir schon einen weiteren Formenbegriff kennengelernt, die Grenzform. Eine Grenzform ist ein Spezialfall einer allgemeinen oder einer speziellen Form. Die Grenzform hat die gleiche Flächenzahl und Flächensymmetrie wie die allgemeine oder spezielle Form, aber eine andere Flächenanordnung. Abb. 5.25 zeigt die Beziehung von allgemeiner Form und Grenzform am Beispiel der Kristallklasse 6.

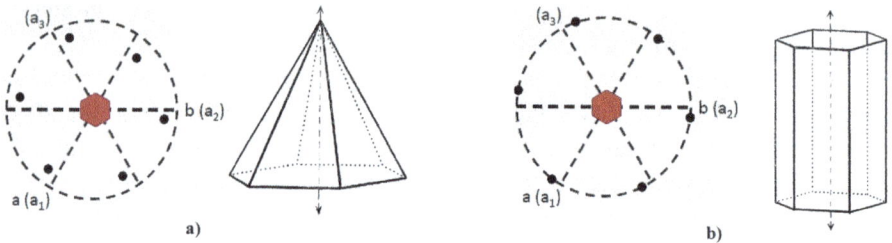

Abb. 5.25: Kristallklasse 6: a) Stereogramm und Polyeder der allgemeinen Form „hexagonale Pyramide"{hkil}. b) Stereogramm und Polyeder der speziellen Form „hexagonales Prisma" {hki0}. Polyeder aus Niggli [20]. Anmerkung zur Indizierung im hexagonalen und trigonalen Kristallsystem siehe Anhang A7.6: Es gilt i = – (h + k).

Die Unterscheidung von allgemeiner Form und Grenzform der allgemeinen Form ist für die Benennung der Holoedrie von besonderer Bedeutung und daher in diesem Zusammenhang sehr sinnvoll. Beide Formen besitzen ja die maximale Anzahl an Kristallflächen. Der Unterschied besteht lediglich in der Flächenlage. Hier kommt der Begriff der Freiheitsgrade hinzu. Damit ist gemeint, in wie viele Richtungen der Flächenpol verschoben werden kann, ohne dass sich die Art des Polyeders ändert und selbstverständlich auch, ohne dass der Pol auf ein Symmetrieelement gelangt, denn dann wäre ja eine spezielle Form entstanden. Gehen wir zur Erläuterung noch einmal zur Abb. 5.25 zurück. Der Flächenpol der hexagonalen Pyramide kann in Richtung der a_1- und a_2-Achse verschoben werden. Es bestehen zwei Freiheitsgrade. Lediglich die Verschiebung in das Zentrum, also auf die c-Achse selbst, würde von einer allgemeinen Form zur speziellen Form (Pedion) führen. Der Flächenpol der Form „hexagonales Prisma" hat hingegen keinen Freiheitsgrad, denn für die Projektion von Prismenflächen folgt ausschließlich die Lage auf dem Äquator der Polkugel und damit auf dem Grundkreis der stereographischen Projektion. Die Holoedrie der Kristallklasse 6 ist daher die Form „hexagonale Pyramide", da hier zwei Freiheitsgrade vorliegen und sie den „allgemeinsten Fall" darstellt.

Eine Grenzform kann auch für spezielle Formen vorliegen. Abb. 5.26 zeigt die Beziehungen von allgemeiner Form, spezieller Form und Grenzform der speziellen Form am Beispiel der Stereogramme und erzeugten Polyeder der Punktgruppe 6mm.

Allgemeine Form ist die dihexagonale Pyramide. Spezielle Form ist die hexagonale Pyramide, Grenzform der speziellen Form ist das hexagonale Prisma. In vielen Lehrbüchern wird diese Unterscheidung „Grenzform einer speziellen Form" aber nicht durchgeführt, sondern beide Formen werden lediglich als spezielle Formen benannt.

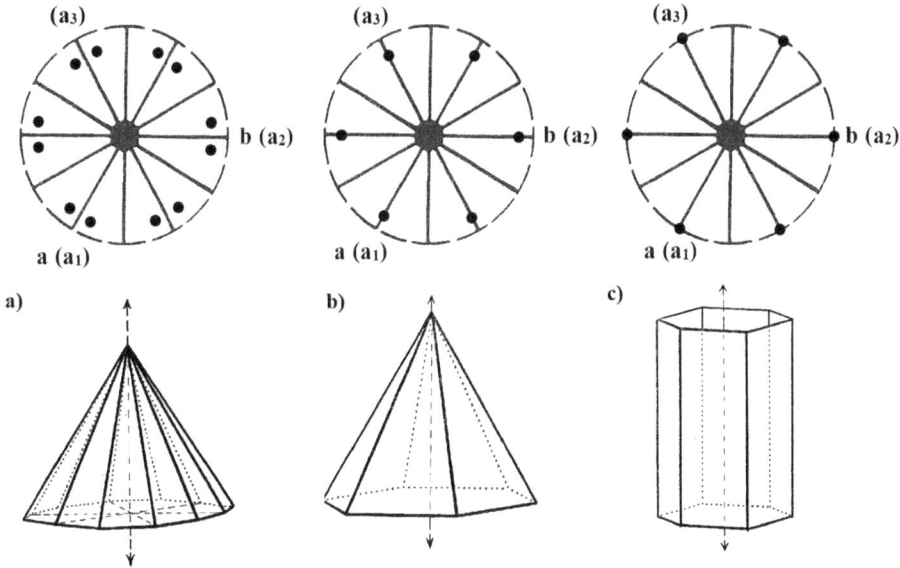

Abb. 5.26: Kristallklasse 6mm: a) Stereogramm und Polyeder der allgemeinen Form „dihexagonale Pyramide"{hkil}. b) Stereogramm und Polyeder der speziellen Form „hexagonale Pyramide"{hhil}mit i = $\bar{2}$h. Anmerkung zur Indizierung im hexagonalen und trigonalen Kristallsystem siehe Anhang 7.6: Es gilt i = − (h + k). Es gilt (h + k) und die Pyramidenfläche auf den Achsen a_1 und a_2 hat die gleichen Achsenabschnitte, also h = k). c) Stereogramm und Polyeder der Grenzform von b), das „hexagonale Prisma" {11$\bar{2}$0}. Anmerkung: i = $\bar{2}$, da i = − (h + k) gilt und die Prismenfläche auf den Achsen a_1 und a_2 die gleichen Achsenabschnitte von 1 hat, also h = k). Polyeder aus Niggli [20].

Im Folgenden wollen wir klären, wie aus dem Stereogramm neben der allgemeinen Form die speziellen Formen abgeleitet werden können. Dazu brauchen wir je nach Symmetrie besonders bei höher symmetrischen Gruppen nur einen kleinen Sektor eines Stereogramms zu berücksichtigen und bezeichnen ihn als asymmetrische Flächeneinheit einer Punktgruppe, bezogen auf die stereographische Projektion. Die asymmetrische Flächeneinheit einer Punktgruppe ist der kleinste Teil der Oberfläche der Polkugel, der bei Einwirken der Symmetrieoperationen der Punktgruppe die Kugeloberfläche als Ganzes ergibt. Die Größe der asymmetrischen Flächeneinheit ($F_{asym.\ Flächeneinheit}$) ergibt sich aus der folgenden Beziehung:

$$F_{asym.\ Flächeneinheit} = F_{Kugeloberfläche} : \text{Flächenzahl der allg. Form}$$

Abb. 5.27 zeigt die Ableitung der speziellen Formen am Beispiel der orthorhombischen Punktgruppe 2/m2/m2/m (abgekürztes Symbol mmm).

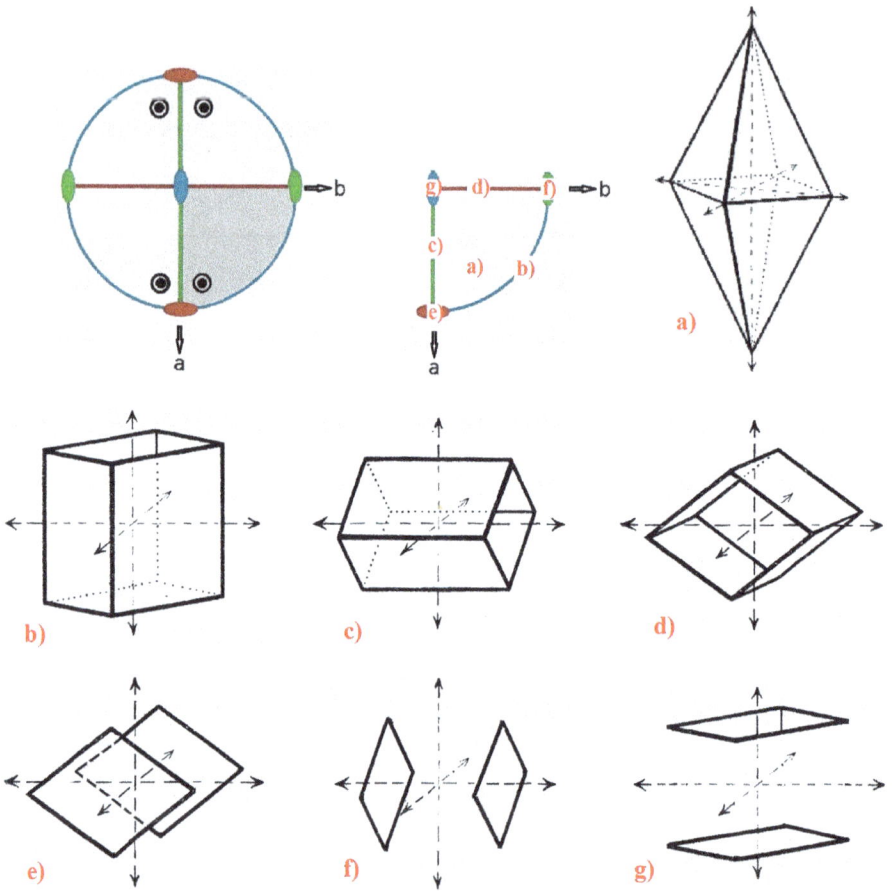

Abb. 5.27: Formen der Kristallklasse 2/m2/m2/m (Ausgangslage der Pole in der asymmetrischen Einheit und dazugehörende Form sind durch rote Buchstaben gekennzeichnet). Obere Zeile von links nach rechts: Stereogramm, asymmetrische Flächeneinheit und allgemeine Form: rhombische Dipyramide (a). Mittlere Zeile von links nach rechts: Spezielle Formen: „rhombisches Prisma" {hk0} (b); „rhombisches Prisma {h0l} (c); „rhombisches Prisma" {0kl} (d). Untere Zeile von links nach rechts: weitere spezielle Formen: „Pinakoid" {100} (e); „Pinakoid" {010} (f); „Pinakoid" {001} (g). Grenzformen sind in dieser Punktgruppe nicht vorhanden (alle Formen aus Niggli [20]).

Oben links wird das Stereogramm mit den Flächen der allgemeinen Form gezeigt. Allgemeine Form ist die rhombische Dipyramide {hkl} (Abb. 5.27 a). Sie hat acht Flächen und stellt die Holoedrie im orthorhombischen Kristallsystem dar. Im Stereogramm zählen wir vier Flächen durch Projektion der Pole in der Nordhalbkugel der Polkugel (Punkte) und vier Flächen durch Projektion der Pole der Südhalbkugel (Kreise). Der in

Abb. 5.27 (oben, Mitte) abgebildete Sektor des Stereogramms ist die asymmetrische Flächeneinheit dieser Punktgruppe. Sie umfasst aufgrund der acht Flächen der allgemeinen Form die Fläche eines Achtels der Polkugel, projiziert in die stereographische Projektion, und ist im Stereogramm (Abb. 5.27, oben links) grau unterlegt.

Die einzelnen Positionen der Ausgangspole der Formen auf Symmetrieelementen und die dazu abgebildeten Formen sind durch rote Kleinbuchstaben (a–g) gekennzeichnet. Betrachten wir den Verlauf der asymmetrischen Flächeneinheit: Sie verläuft vom Zentrum des Stereogramms (Symmetrie mm2, es schneiden sich zwei Spiegelebenen und die zweizählige c-Achse) entlang der zweizähligen a-Achse (Position auf der Spiegelebene, Symmetrie „m") bis zum Grundkreis der Projektion (Symmetrie 2 mm). Von dort geht es weiter auf dem Grundkreis der Projektion (der wiederum eine Spiegelebene „m" ist) dann entgegen dem Uhrzeigersinn bis zur b-Achse (Symmetrie der Position ist m2 m) und von dort auf der b-Achse (Spiegelebene „m") wieder zurück zum Zentrum (Symmetrie der Position mm2).

Die Abbildungen darunter zeigen nun die speziellen Formen der Punktgruppe in Abhängigkeit von den Symmetrieplätzen, auf die wir eine Ausgangsfläche legen. Entsprechend den drei Lagemöglichkeiten auf den Spiegelebenen (Positionen b, c und d) werden drei rhombische Prismen {hk0}, {h0l} und {0kl} erzeugt. Die drei Positionen auf zweizähligen Achsen im Schnitt mit zwei Spiegelebenen (e, f und g) führen zu drei Parallelflächenpaaren, den Pinakoiden {100}, {010} und {001}.

5.8 Bestimmung der Kristallklasse nach äußeren Kennzeichen

5.8.1 Suche von charakteristischen Symmetrieelementen an Polyedern und Kristallen

In der Praxis der Bestimmung von Kristallen nach ihrer Morphologie finden sich in der Mehrzahl der Fälle Kombinationen verschiedener, in der Kristallklasse vorkommender Formen, was ganz am Anfang in Kapitel 3 bereits am Bleiglanzkristall gezeigt wurde. Das kann die Zuordnung erheblich erschweren. Im Folgenden werden daher einige wichtige Hinweise gegeben, die zum Ziel führen können.

Zunächst sollte eine Einordnung in eines der sieben Kristallsysteme erfolgen. Das gelingt in vielen Fällen durch die Suche nach charakteristischen Symmetrieelementen der einzelnen Kristallsysteme und erfordert das Auffinden von Drehachsen und Inversionsdrehachsen (inklusive Spiegelebenen und dem Inversionszentrum). Finden sich vier dreizählige Dreh- oder Inversionsdrehachsen, handelt es sich um einen Kristall des kubischen Kristallsystems (Raumdiagonalen im Würfel). Ebenso ist die Einordnung in das hexagonale-, trigonale- oder tetragonale Kristallsystem durch die charakteristischen Symmetrieelemente je einer sechszähligen-, dreizähligen- oder vierzähligen Dreh- oder Drehinversionsachse relativ leicht möglich. Das gilt besonders für Polyedermodelle, die zu Übungszwecken auch als Kombinationen nur unverzerrte Flächen besitzen. Zu beachten ist, dass beim Auffinden der Symmetrie 3/m der Kristall nicht dem trigonalen, sondern dem hexagonalen Kristallsystem zuzuordnen ist (3/m = $\bar{6}$) .

Schwieriger wird es mit einer Einordnung in das Kristallsystem bei realen Kristallen, besonders an Mineralen, die Wachstumsformen besitzen zu denen z. B. auch Verzerrungen gehören.

Die Zuordnung zum Kristallsystem wird mit abnehmender Symmetrie schwieriger. Für orthorhombische Kristalle ist nach zweizähligen Achsen und Spiegeleben zu suchen, wobei diese charakteristischen Symmetrieelemente hinsichtlich der drei orthogonalen Achsen vorkommen. Im monoklinen Kristallsystem ist nur in eine Achsenrichtung (b-Achse), eine zweizählige Drehachse und /oder eine Spiegelebene zu finden. Schließlich liegt für trikline Kristalle lediglich das Inversionszentrum oder die Asymmetrie („Einzähligkeit") vor.

5.8.2 Polare Achsen

Kristalle können aufgrund ihrer atomaren Struktur polare Achsen aufweisen. Das sind Richtungen, bei denen in Richtung und Gegenrichtung eine unterschiedliche atomare Konfiguration vorliegt. Somit sind die Kristallflächen bei polaren Achsen in Richtung und Gegenrichtung nicht gleichwertig, sondern symmetrisch verschieden. Polare Achsen sind in zwölf Kristallklassen zu finden, die sich folgendermaßen auf die Kristallsysteme verteilen:

- monoklines Kristallsystem: Kristallklasse 2 (die b-Achse ist polare zweizählige Achse).
- orthorhombisches Kristallsystem: Kristallklasse mm2 (die c-Achse ist polare zweizählige Achse).
- trigonales Kristallsystem: Kristallklasse 3 m und 3 (die c-Achse ist in beiden Klassen dreizählige polare Achse) und Kristallklasse 32 (die drei zweizähligen Achsen sind polare Achsen).
- hexagonales Kristallsystem: Kristallklassen 6 und 6mm (die c-Achsen sind in beiden Klassen sechszählige polare Achsen) und Kristallklasse $\bar{6}$m2 (die drei zweizähligen Achsen in Richtung ⟨210⟩ sind polare Achsen).
- tetragonales Kristallsystem: Kristallklassen 4 und 4mm (c-Achse ist jeweils vierzählige polare Achse)
- kubisches Kristallsystem: Kristallklassen 23 und $\bar{4}$3 m (die vier dreizähligen Achsen sind polare Achsen).

Das Auffinden polarer Achsen kann der korrekten Einordnung von Kristallpolyedern und Mineralen in die Kristallklasse dienen. Abb. 5.28 zeigt drei Kristalle mit polarer Achse.

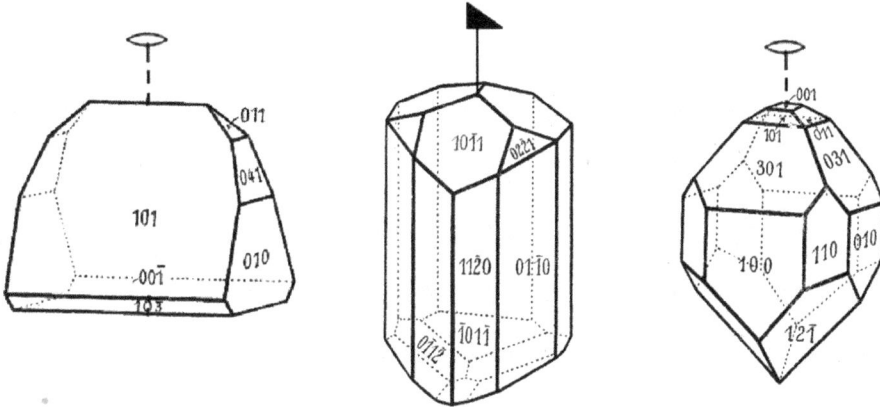

Abb. 5.28: Kristalle mit polarer Achse: links: Struvit, Kristallklasse mm2. Mitte: Turmalin, Kristallklasse 3m. Rechts: Hemimorphit, Kristallklasse mm2. Polyeder aus Niggli [20].

5.8.3 Enantiomorphie

Viele wichtige Eigenschaften der Kristalle können bei Kenntnis der Kristallklasse erkannt werden. Besonders erwähnt werden soll hier die Herausbildung einer Rechtsform und einer Linksform einer Kristallart, die Enantiomorphie (griech. „enantios": entgegengesetzt).

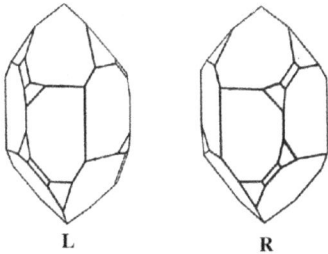

Abb. 5.29: Enantiomorphie: Linksform L und Rechtsform R von Quarz (Kristallklasse 32), Polyeder aus Niggli [20].

Abb. 5.29 zeigt ein Beispiel für die Ausbildung einer Linksform und einer Rechtsform beim Quarz, dem typischen Beispiel für die Enantiomorphie. Beide Formen sind zueinander spiegelbildlich. Bedingung für das Auftreten enantiomorpher Formen ist, dass nur Drehachsen vorhanden sind (inkl. der Einzähligkeit). Das ist bei den Kristallklassen mit nur einer Drehachse X und den Klassen der Kombination X2 (also Kombination von X + 2, wobei 2 $\perp$ zu X steht und sich entsprechend der Zähligkeit von X wiederholt) der Fall. Enantiomorphie kommt daher nur in elf Kristallklassen vor (in 1, 2, 3, 4, 6 und 23 sowie in den Klassen 222, 32, 422, 622 und 432).

5.9 Symmetrieabhängige kristallphysikalische Effekte

Viele weitere wichtige Eigenschaften der Kristalle können bei Kenntnis der Kristallklasse zugeordnet werden. Dazu zählen so wichtige, in der Technik genutzte physikalische Eigenschaften wie der piezoelektrische Effekt und der reziproke piezoelektrische Effekt sowie die Pyroelektrizität (hier besonders deren Spezialfall, die Ferroelektrizität) und die optische Aktivität. Umgekehrt kann eine kristallphysikalische Prüfung auf die genannten Effekte (wenn sie denn möglich ist, da relativ große Kristalle für diese Experimente erforderlich sind) auch Hinweise auf die Kristallklasse ergeben.

5.9.1 Der piezoelektrische Effekt und der reziproke piezoelektrische Effekt

Kristalle, die den Effekt zeigen, weisen aufgrund ihrer atomaren Struktur polare Achsen auf (Achsen, bei denen in Richtung und Gegenrichtung eine unterschiedliche atomare Konfiguration vorliegt, siehe Abschnitt 5.8.2). Übt man entlang einer solchen Achse Druck oder Zug aus, werden positive und negative Ladungsschwerpunkte in Achsenrichtungen getrennt, es entsteht eine elektrische Ladung in Richtung und Gegenrichtung der polaren Achse. Ein piezoelektrischer Kristall kann somit z. B. als Drucksensor oder auch als Mikrophon oder Bandfilter in der Elektronik eingesetzt werden. Aber auch bei einer Beanspruchung auf Zug entsteht die Aufladung, dann aber mit umgekehrter Polarität.

Der piezoelektrische Effekt (und damit auch der reziproke piezoelektrische Effekt) kommt nur bei Kristallen der Kristallklassen ohne Inversionszentrum vor, mit Ausnahme der Kristallklasse 432 (die hohe Symmetrie in dieser kubischen Kristallklasse führt dazu, dass sich die bei Druck oder Zug entstehenden Ladungen gegenseitig aufheben, die Polarisation also Null wird). In folgenden Klassen tritt der Effekt und der reziproke Effekt auf: 1, m, 2, mm2, 222, 3, 32, 3 m, 4, $\bar{4}$, 422, 4mm, $\bar{4}2$ m, 6, $\bar{6}$, $\bar{6}m2$, 6mm, 622, 23, und $\bar{4}3$ m.

Auch der reziproke piezoelektrische Effekt ist technisch von größter Bedeutung. Legt man in Richtung und Gegenrichtung der polaren Achse eine Wechselspannung an den Kristall an, beginnt er mechanische Schwingungen mit absolut konstanter Frequenz entsprechend der Frequenz der Wechselspannung auszuführen. Darin besteht die Anwendung als Schwingquarz zur Frequenzstabilisierung von Wechselquellen („Taktgeber" in Funkanlagen, unseren Rechnern und Smartphones oder auch in piezoelektrischen Lautsprechern).

Wie bereits bei der Bezeichnung von Gitterrichtungen auf die praktische Bedeutung der Kenntnis der Richtungsorientierung an Kristallen hingewiesen wurde, muss das Herausschneiden einer Platte aus dem Quarzkristall (Kristallklasse 32) senkrecht zu einer der polaren zweizähligen Achsen erfolgen. Auch schiefe Schnittlagen sind möglich, der Effekt verringert sich dann entsprechend, je mehr sich der Schnitt der c-Achse nähert. In c-Achsenrichtung tritt der Effekt nicht auf.

5.9.2 Der pyroelektrische Effekt und die Ferroelektrizität

Der pyroelektrische Effekt beruht auf der Ladungstrennung an Kristallen mit einer einzigen polaren Achse (der „singulären polaren Richtung"). Er wurde bereits im 18. Jahrhundert bei der Untersuchung von Turmalinkristallen entdeckt. Turmalin (Kristallklasse 3 m, siehe Abb. 5.28, Mitte) hat eine polare dreizählige Hauptachse. Kristalle mit solchen Achsen besitzen ein permanentes Dipolmoment. Die Ladung ist eigentlich stets vorhanden, wird aber durch äußere Einflüsse, wie der Luftfeuchtig-keit, erst messbar, wenn der Kristall erhitzt wird. So kam es zur Namensgebung des Effekts. Er tritt genauso beim Kühlen des Kristalls auf, wobei das Experiment in tro-ckener Luft erfolgen muss. Die Polarität der Ladung beim Kühlen kehrt sich im Ver-gleich zum Effekt beim Erhitzen um.

Der Effekt, der eine singuläre polare Richtung im Kristall erfordert („Vektor der dielektrischen Polarisation"), kommt bei Kristallen der folgenden zehn Klassen vor: 1, 2, m, mm2, 3, 3 m, 4, 4mm, 6 und 6mm. In den entsprechenden Klassen sind außer in m (hier liegt der dielektrische Vektor innerhalb der Spiegelebene) nur eine Dreh-achse sowie Spiegelebenen parallel zur Drehachse vorhanden. Die ausgezeichnete einzige polare Achse ist morphologisch oft daran zu erkennen, dass sie in einer Rich-tung durch eine senkrecht angeordnete einzelne Fläche, das Pedion, begrenzt wird. Diese Fläche muss jedoch nicht bei allen Kristallarten morphologisch ausgebildet sein, sondern kann in der jeweiligen Klasse als spezielle Form auftreten. So ist beim Turmalin das Pedion (0001) oder (000$\bar{1}$) nicht ausgebildet, beim Struvit (Grundfläche (00$\bar{1}$)) oder beim Hemimorphit (Deckfläche (001)) hingegen deutlich erkennbar (Abb. 5.28).

Ein wichtiger Sonderfall des pyroelektrischen Effekts ist die Ferroelektrizität. Hierbei wird die durch den pyroelektrischen Effekt vorhandene Polarisation durch Anlegen eines äußeren elektrischen Feldes umgepolt. Der Effekt wurde zuerst am Kaliumnatriumtartrat („Seignettesalz", Kristallklasse 2) entdeckt. Besonders hohe Po-larisation zeigen Verbindungen wie Lithiumniobat (Kristallklasse 3 m) oder Bariumti-tanat (Kristallklasse 4mm). Sie spielen in der Technik eine besondere Rolle in Anwen-dungen als Ultraschallgeber, Frequenzvervielfacher und vieles mehr.

5.9.3 Die optische Aktivität

Die optische Aktivität beschreibt die Drehung der Schwingungsebene von linear pola-risiertem Licht bei Durchstrahlung einer dünnen Kristallscheibe eines optisch aktiven Kristalls. Optische Aktivität zeigen Kristalle der Klassen, in denen Enantiomorphie auftritt, also in den elf Kristallklassen 1, 2, 3, 4, 6 und 23 sowie in 222, 32, 422, 622 und 432. Optische Aktivität zeigen aber auch Kristalle der Klassen m, mm2, $\bar{4}$ und $\bar{4}2\,m$. Bei den enatiomorphen Formen dreht die Rechtsform die Schwingungsebene des polarisierten Lichtes nach rechts, während die Linksform linksdrehend ist.

Die Bestimmung des Effektes, der auch bei Molekülen vorkommt, ist von großer Bedeutung in der Pharmaindustrie. Die Reaktion mit Proteinen kann bei optisch aktiven Wirkstoffen verschieden sein, je nachdem, ob der Wirkstoff rechtsdrehend oder linksdrehend ist. Zur Bestimmung werden Polarimeter benutzt. Für weitere Informationen zu den hier genannten physikalischen Effekten muss auf die Fachliteratur zur Experimentalphysik verwiesen werden.

5.9.4 Punktgruppen und Laue-Klassen

Zum Thema Kristallklassen (bzw. Punktgruppen) soll hier noch der Begriff der Laue-Klassen (bzw. Laue-Gruppen) erläutert werden. Bereits in der Einleitung hatten wir erfahren, dass der Physiker Max von Laue die Beugung von Röntgenstrahlen am Kristallgitter entdeckt hat, die die Grundlage der kristallographischen Strukturforschung darstellt. Rasch erkannte man, dass die Röntgenbeugung am Kristall (physikalisch bedingt) immer ein zentrosymmetrisches Beugungsbild erzeugt, auch dann, wenn es sich um einen Kristall handelt, der kein Inversionszentrum besitzt. Von den 32 Kristallklassen besitzen elf Klassen ein Inversionszentrum. Röntgt man also einen Kristall, der einer dieser elf zentrosymmetrischen Klassen angehört, entspricht das Röntgenbeugungsbild seiner wahren zentrosymmetrischen Kristallstruktur. Daher nennt man in der Röntgenkristallographie diese elf Klassen Max von Laue zu Ehren die Laue-Klassen.

5.9.5 Zur Schoenflies-Symbolik der Punktgruppen

Während wir in der Kristallographie für die Punktgruppen die internationale Symbolik nach Hermann-Mauguin benutzen [41, 42], wird in der Chemie und in der Physik zur Beschreibung der Symmetrie von Molekülen und auf dem Gebiet der spektroskopischen Analyse von Molekülen die Schoenflies-Symbolik [43] verwendet. Daher wird hier kurz auf diese Nomenklatur eingegangen. Nach Schoenflies wird folgende Beschreibung verwendet:

- für Klassen mit n-zähliger Drehachse (n = 1– 6): C_n sowie $C_i = \bar{1}$
- für Klassen mit n-zähliger Drehachse und horizontaler Spiegelebene: C_{nh} (n = 2, 3, 4, 6)
- für Klassen mit n-zähliger Drehachse sowie vertikalen Spiegelebenen: C_{nv} (n = 2, 3, 4, 6)

- für Klassen mit n-zähliger Drehachse und zweizähligen Nebenachsen: D_n (n = 2, 3, 4, 6)
- für Klassen mit n-zähliger Drehachse und zweizähligen Nebenachsen, zwischen denen diagonal verlaufende Spiegelebenen angeordnet sind: D_{2d} für $\bar{4}2m$ und D_{3d} für $\bar{3}2/m$
- für Klassen mit n-zähliger Drehachse und zweizähligen Nebenachsen sowie einer horizontalen Spiegelebene, die vertikale Spiegelebenen erzeugt (siehe Kombinationssätze, Kap. 5.6): D_{nh} (n = 2, 3, 4, 6)
- für die kubischen Klassen: T (Tetraeder) für 23, O (Oktaeder) für 432 sowie T_h für $2/m\bar{3}$, T_d für $\bar{4}3$ m und O_h für $4/m\bar{3}2/m$

6 Symmetrie der Kristallstrukturen im atomaren Bereich

6.1 Die Koppelung von Punktsymmetrieelementen mit der Translation

Mit den bisher besprochenen 32 Punktgruppen können wir die Morphologie der Kristalle und die Symmetrie eines Gitterpunktes im Raumgitter ermitteln. Eine Bestimmung der räumlichen Kristallstruktur auf atomarer Ebene ist damit jedoch nicht möglich. Wir haben aber bereits auch das Korrespondenzprinzip zwischen innerer atomarer Kristallstruktur und der äußeren makroskopischen Kristallgestalt kennengelernt. Es beruht darauf, dass in der Elementarzelle bzw. auf den Netzebenen die Symmetrieelemente zu finden sind, die auch der Kristallpolyeder zeigt. Ein morphologischer Körper besitzt in Bezug auf eine Richtung nur ein Symmetrie-Element einer bestimmten Art, sein Raumgitter bzw. seine Kristallstruktur aber unendlich viele zueinander parallele Elemente (vgl. noch einmal Abb. 5.8, Kapitel 5.3). Da die Translationsbeträge der Kristallstrukturen aber nur die Größenordnung weniger Å aufweisen, ist die Translation als Deckoperation bei der Bestimmung der Morphologe von Kristallen zu vernachlässigen. Dass rechtfertigt die Angabe nur eines Symmetrieelements in die entsprechende Richtung eines Kristallpolyeders anstelle der unendlichen Parallelschar in der atomaren Struktur.

Was unterscheidet nun eine Punktsymmetrieoperation von der Struktursymmetrie? Ziel der Punktsymmetrieoperation ist das Erreichen der Identität. Die Operation führt stets zum Ausgangspunkt zurück, „es bleibt ein Punkt stets am Ort". Ausgangspunkt einer Symmetrieoperation ist ein Punkt des Punktgitters oder eine Fläche am makroskopischen Kristallpolyeder bzw. ihr Pol in stereographischer Projektion. Das Erreichen der Identität bedeutet aber, dass bei den Punktsymmetrieoperationen die Gittertranslation unberücksichtigt bleibt. Wir blicken wieder auf die Ausgangsfläche unseres Polyeders bzw. auf den Ausgangsflächenpol bei der stereographischen Projektion eines Kristalls oder auf den Ausgangsgitterpunkt bei Symmetrieoperationen am Punktgitter.

Betrachten wir nun aber den atomaren Bereich, also eine reale Kristallstruktur, kommt als weitere Symmetrieoperation die Translation hinzu. Nur dadurch wird es ermöglicht, die Symmetrie des mikroskopischen Kristallraums zu charakterisieren. Die Symmetrie einer Kristallstruktur unter Hinzunahme des Symmetrieelements „Translation" führt zur Raumgruppe der Struktur. Die Translation allein ist somit bereits ein Symmetrieelement der Raumgruppen. Wir gelangen dadurch von der Punktsymmetrie zur Struktursymmetrie. Die erforderliche Berücksichtigung der Translation zeigt aber, dass eine Kombination unserer bisher abgeleiteten Punktsymmetrieelemente allein mit der Translation nicht ausreicht. Vielmehr wird zusätzlich eine Koppelung der Punktsymmetrieelemente „Drehachsen" mit der Translation zu „Schraubenachsen"

https://doi.org/10.1515/9783112227497-006

sowie die Koppelung der einfachen „Spiegelung" mit der Translation zur „Gleitspiegelebene" erforderlich. Translation sowie Schraubenachsen und Gleitspiegelebenen werden als Struktursymmetrieelemente bezeichnet. Eine gruppentheoretische Kombination
der Translation, der einfachen, bereits bekannten Punktsymmetrieelemente und der
Gleitspiegelebenen und Schraubenachsen führt zu 230 Möglichkeiten, den 230 Raumgruppen. Die Raumgruppe (engl. „Space Group" = SG) beschreibt die Gesamtheit der
Symmetrieoperationen in einer Struktur.

Wie gelangen wir nun durch Einwirken aller Symmetrieelemente unter Berücksichtigung der Translation zur Symmetrie einer Kristallstruktur? Wir gehen davon
aus, dass in einer hypothetischen Kristallstruktur ein Kristallbaustein, z. B. ein Atom,
auf den Koordinaten x,y,z in der Elementarzelle angeordnet ist (x,y,z ist die allgemeine Punktlage). Auf das Atom wirken dort alle vorhandenen Symmetrieelemente
ein, es wird entsprechend der „Zähligkeit der Punktlage" vervielfacht. Das entstandene Motiv aus Atomen führt nun durch die Translation in die drei Raumrichtungen
entsprechend des zugrundeliegenden Translationsgittertyps zur räumlichen Kristallstruktur. Die aus dem Punkt x,y,z durch Einwirken der Symmetrieelemente entstandenen Punkte bilden nach Niggli [20] einen Gitterkomplex (ebenso auch alle Punkte,
die aus einer speziellen Punktlage resultieren).

Die 230 Raumgruppen können also aus den 14 Bravais-Gittern („Translationsgit-
tern") unter Berücksichtigung aller Symmetrieoperationen erhalten werden. Die 230
Raumgruppen leiteten unabhängig voneinander fast zur gleichen Zeit 1889/91 E. S. Fedorow [47, 48], 1891 Schoenflies [43] und 1894 Barlow [49] ab. Die 1919 für die Strukturbestimmung wesentliche Arbeit der Beschreibung sämtlicher Punktlagen in den
230 Raumgruppen stammt von Niggli [50, 51].

Im Falle einfacher Strukturen ist lediglich zur Punktsymmetrie die Translation
durch Angabe des Bravais-Gittertyps voranzustellen, z. B. bei einer hypothetischen
Struktur mit nur einer Atomsorte, triklinem P-Gitter und den Basiskoordinaten 0,0,0:
Symmetrie eines Gitterpunktes: $\bar{1}$, Symmetrie der Struktur („Raumgruppensymmetrie"): P$\bar{1}$.

Oder bei einer hypothetischen Struktur mit nur einer Atomsorte (Basiskoordinaten 0,0,0) und kubischem P-Gitter: Symmetrie eines Gitterpunktes 4/m$\bar{3}$2/m, Symmetrie der Struktur („Raumgruppensymmetrie"): P4/m$\bar{3}$2/m. Wir erkennen: Die P-Gitter
haben die maximal mögliche Punktsymmetrie im jeweiligen Kristallsystem, voranstellen des Gittertyps „P" führt zur Raumgruppe der Gitter bzw. der erwähnten Strukturen.

So einfach ist es aber nur bei den P-Gittern! Für alle anderen Translationsgittertypen
müssen zu den bekannten Punktsymmetrieelementen die genannten neuen Symmetrieelemente hinzugenommen werden. Das sind die Translation selbst und die durch Koppelung von Translation und Drehung erzeugten Schraubenachsen sowie durch Koppelung
von Translation und Spiegelung erzeugte Gleitspiegelebenen.

Zur Erläuterung kehren wir zum Punktgitter zurück, das durch Translation der
Gittervektoren in die drei Achsenrichtungen a, b und c konstruiert wurde (siehe Kapi-

tel 4.2). Wir gehen von einem Gittervektor τ aus und betrachten die Wirkung einer Schraubenachse: Wir führen wie bisher entsprechend der Zähligkeit der Achse die erste Drehung aus. Dieses Zwischenergebnis wird nicht registriert, denn wir verschieben nun den Gitterpunkt um einen wohldefinierten Betrag der Gittertranslation (τ). Diese gekoppelte Operation muss fortgesetzt werden, bis die Identität erreicht ist. Die Position „schraubt" sich entlang der Achse (je nach Blickrichtung) hoch oder runter. Der Verschiebungsbetrag ist ein wohldefinierter Bruchteil des Translationsvektors (τ). Im Folgenden wollen wir ihn als Schraubungsvektor bzw. Schraubungskomponente bezeichnen.

Nun zur Wirkung einer Gleitspiegelebene: Wir spiegeln wie bisher (das Zwischenergebnis wird nicht registriert) und verschieben anschließend den Gitterpunkt parallel zur Spiegelebene um einen wohldefinierten Betrag der Gittertranslation (τ). Diese gekoppelte Operation muss fortgesetzt werden, bis die Identität erreicht ist. Die Position „gleitet" parallel zur Spiegelebene, den Verschiebungsbetrag nennen wir Gleitvektor oder Gleitkomponente. Der Gleitvektor bzw. die Gleitkomponente entspricht einer halben Gittertranslation ($\frac{\tau}{2}$). parallel zur Spiegelebene und kann auch diagonal zur Spiegelebene mit Gleitbeträgen $\frac{1}{2}$ oder $\frac{1}{4}$ des Betrages des Translationsvektors der Diagonalen erfolgen. Im tetragonalen und kubischen Kristallsystem sind aufgrund der hohen Symmetrie auch Gleitspiegelebenen mit einem Verschiebungsbetrag von einem Viertel oder der Hälfte des Betrages des Translationsvektors entlang der Raumdiagonalen möglich.

Wir wollen uns zunächst mit den Fragen beschäftigen, welche und wie viele Schraubenachsen und Gleitspiegelebenen es gibt.

6.2 Schraubenachsen

Abb. 6.1 zeigt links den Vergleich der Wirkungsweise einer zweizähligen Drehachse und einer zweizähligen Schraubenachse auf einen nicht auf der Achse gelegenen Punkt in perspektivischer Darstellung. Bei der Schraubenachse wird gedreht, das Ergebnis aber nicht realisiert, sondern die Position wird um den Betrag $\tau/2$ verschoben und dann belegt. Die nochmalige Durchführung der gekoppelten Operation ergibt die Identität. Die Achse wird als 2_1-Schraubenachse bezeichnet (graphisches Symbol siehe Abb. 6.1). Der Betrag des Vektors $\tau/2$ ist die Schraubungskomponente.

In Abb. 6.1 (Mitte) ist die einfache dreizählige Achse im Vergleich zu den beiden dreizähligen Schraubenachsen 3_1 und 3_2 (rechts) dargestellt. Die dreizähligen Schraubenachsen unterscheiden sich durch den Schraubungsvektor τ, der $\frac{1}{3}$ bzw. $\frac{2}{3}$ der Gittertranslation beträgt. Beide Schraubenachsen sind enantiomorph zueinander. Die 3_1-Achse entspricht der Rechtsschraube, die 3_2 Achse der Linksschraube (dann mit dem Schraubungsvektor $\tau = \frac{1}{3}$).

Die vom Startpunkt ausgeführte einmalige Operation der Schraubung erzeugt Punkte, die in Abb. 6.1–6.3 durch nichtgestrichene Zahlen bezeichnet sind. Ausgangs-

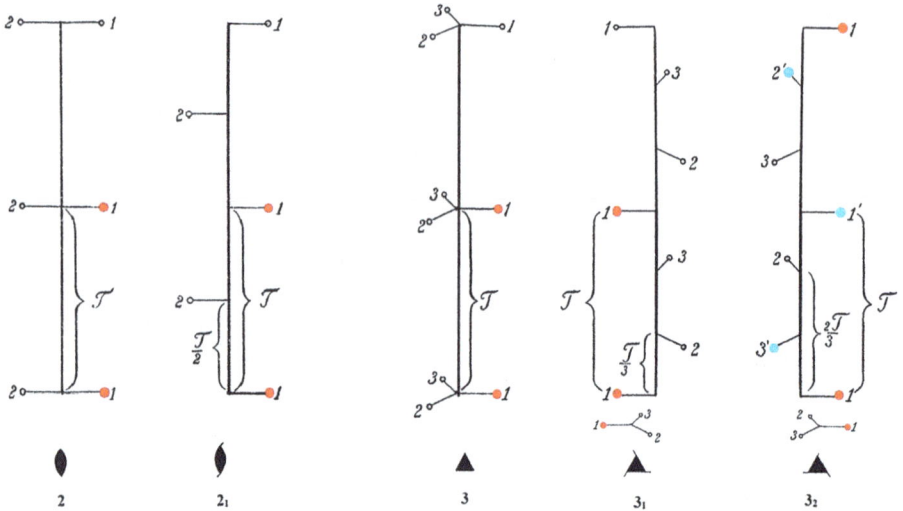

Abb. 6.1: Von links nach rechts: Wirkungsweise einer zweizähligen Drehachse in Kombination mit der Translation τ im Vergleich zu einer 2_1-Schraubenachse. Ausgangspunkt und identischer Punkt nach einer abgeschlossenen Operation sind rot gekennzeichnet. Rechts daneben ist die Wirkung einer dreizähligen Achse in Kombination mit der Translation τ im Vergleich mit den dreizähligen Schraubenachsen 3_1 und 3_2 dargestellt. Ausgangspunkt und identischer Punkt nach einer abgeschlossenen Operation sind für beide Schraubenachsen wieder rot gekennzeichnet. Da der Verschiebungsbetrag der 3_2 Schraubenachse $\frac{2}{3}$ der Gittertranslation beträgt, ist zum Erreichen der Identität der Betrag $2\,\tau$ erforderlich. Die blau gezeichneten Punkte ergeben sich durch die Identitätsbeziehungen (Gittertranslation), d. h. von jedem Punkt aus muss die Operation „3_2-Schraubung" erfüllt sein. Das ist beim Ausführen der Operation von Punkt 3'aus ersichtlich (Erzeugung der Punkte 1' und 2', blau). Abb. der Achsen in Anlehnung an Niggli [20].

punkt und identischer Punkt nach einer abgeschlossenen Operation sind zusätzlich rot gekennzeichnet. Die Punkte mit gestrichenen Zahlen entstehen durch die Identitätsbeziehungen, d. h. von jedem Punkt aus muss die Operation „Schraubung" erfüllt sein. Das ist in Abb. 6.1 am Beispiel der 3_2 Schraubenachse erläutert. Hier ist neben der Ausführung der Schraubung vom Punkt 1 aus (Erzeugung der Punkte 2, 3 und der Identität 1) auch das Ausführen der Operation von Punkt 3' durch blau gezeichnete Punkte dargestellt (Erzeugung der Punkte 1'und 2'). Für die vier- und sechszähligen Schraubenachsen (Abb. 6.1–6.3) wird auf diese farbliche Markierung der durch die Identitätsbeziehungen resultierenden Punkte aber verzichtet.

In Abb. 6.2 ist die Wirkungsweise einer vierzähligen Drehachse in Kombination mit der Translation τ im Vergleich zu den drei vierzähligen Schraubenachsen 4_1, 4_2 und 4_3 auf einen nicht auf der Achse liegenden Punkt gezeigt. Die vierzähligen Schraubenachsen unterscheiden sich durch den Schraubungsvektor der $\frac{1}{4}, \frac{2}{4} = \frac{1}{2}$ oder $\frac{3}{4}$ der Gittertranslation τ beträgt. Die 4_1 und die 4_3-Schraubenachsen sind enantiomorph zueinander. Die 4_1-Achse entspricht der Rechtsschraube, die 4_3 Achse der Linksschraube.

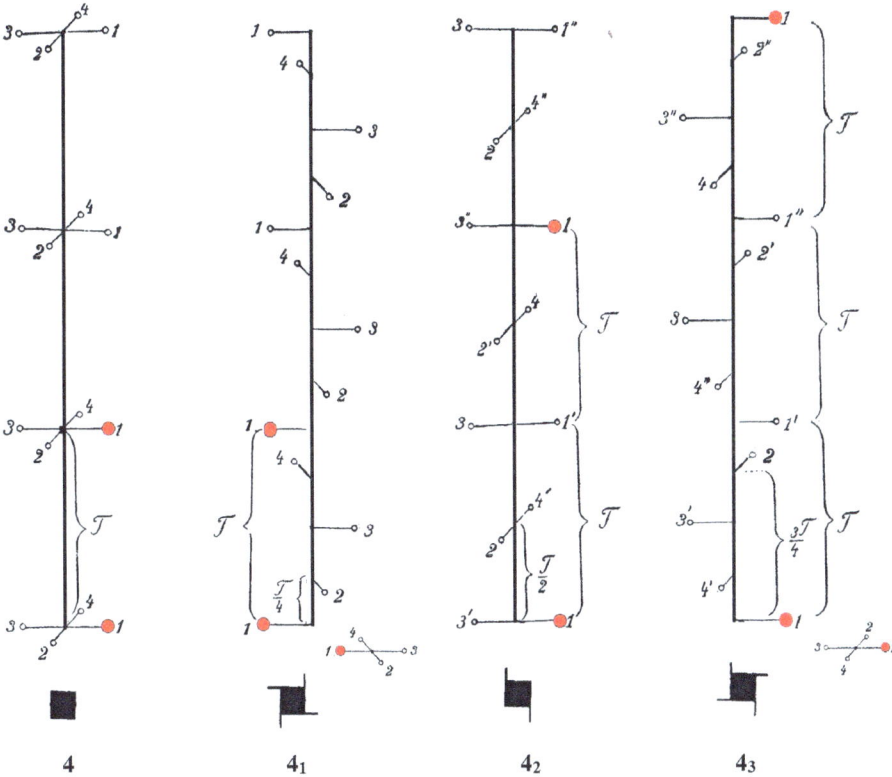

Abb. 6.2: Wirkungsweise einer vierzähligen Drehachse in Kombination mit der Translation τ im Vergleich zu den drei vierzähligen Schraubenachsen 4_1, 4_2 und 4_3 auf einen nicht auf der Achse liegenden Punkt. Ausgangspunkt und identischer Punkt nach einer abgeschlossenen Operation sind rot gekennzeichnet. Aufgrund der längeren Verschiebungsbeträge sind zur Identität bei der Operation 4_2 die Translationen $2\,\tau$ und bei der Operation 4_3 die Translationen $3\,\tau$ notwendig. Die Punkte mit gestrichenen Zahlen werden wie für die 3_2-Schraubenachse in Abb. 6.1 erläutert, durch die Identitätsbeziehungen (Gittertranslation) erzeugt. Abb. der Achsen in Anlehnung an Niggli [20].

Die Identität der Punktpositionen (1) nach Ausführung der Symmetrieoperation ist durch die rot gekennzeichneten Punkte gezeigt. Aufgrund der längeren Verschiebungsbeträge sind zur Identität bei der Operation 4_2 die Translationen $2\,\tau$ und bei der Operation 4_3 die Translationen $3\,\tau$ notwendig. Die Punkte mit gestrichenen Zahlen werden (wie für die 3_2-Schraubenachse in Abb. 6.1 erläutert) durch die Identitätsbeziehungen (Gittertranslation) erzeugt.

Abb. 6.3 zeigt die Wirkungsweise einer sechszähligen Drehachse in Kombination mit der Translation τ (links) im Vergleich zur Wirkung der fünf sechszähligen Schraubenachsen 6_1–6_5 auf einen nicht auf der Achse liegenden Punkt. Die sechszähligen Schraubenachsen unterscheiden sich durch den Schraubungsvektor, der $\frac{1}{6}$, $\frac{2}{6}$, $\frac{3}{6}$, $\frac{4}{6}$ oder $\frac{5}{6}$ der Gittertranslation τ beträgt. Die Achsen 6_1 und 6_5 sowie 6_2 und 6_4 sind zueinander enantiomorph.

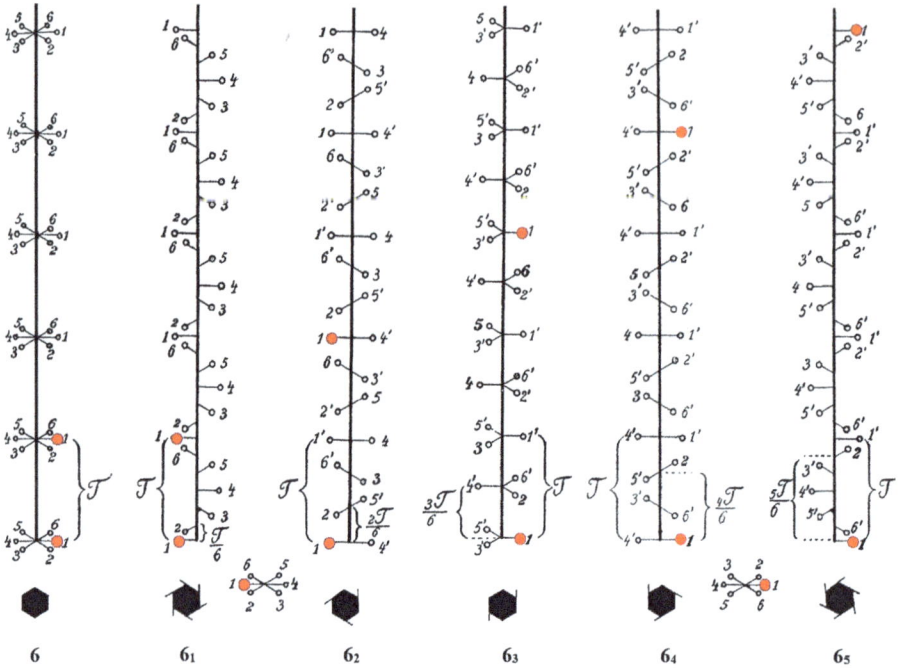

Abb. 6.3: Wirkungsweise einer sechszähligen Drehachse in Kombination mit der Translation τ (links) im Vergleich zur Wirkung der fünf sechszähligen Schraubenachsen 6_1–6_5 auf einen nicht auf der Achse liegenden Punkt. Ausgangspunkt und identischer Punkt nach einer abgeschlossenen Operation sind rot gekennzeichnet. Die Punkte mit gestrichenen Zahlen werden wie für die 3_2-Schraubenachse in Abb. 6.1 erläutert, durch die Identitätsbeziehungen (Gittertranslation) erzeugt. Abb. der Achsen in Anlehnung an Niggli [20].

Die Identität der Punktpositionen (1) nach Ausführung der Symmetrieoperation ist durch die rot gekennzeichneten Punkte gezeigt. Aufgrund der längeren Verschiebungsbeträge sind zur Identität bei der Operationen 6_2–6_5 Translationen von 2 τ–5 τ notwendig. Die Punkte mit gestrichenen Zahlen werden durch die Identitätsbeziehungen (Gittertranslation) erzeugt.

Insgesamt gibt es somit eine zweizählige Schraubenachse, zwei dreizählige Schraubenachsen, drei vierzählige Schraubenachsen und fünf sechszählige Schraubenachsen. Welche der Schraubenachsen beim Übergang von den Punkt- zu den Raumgruppen benutzt werden müssen, hängt von den vorhandenen Drehachsen der Punktgruppen im jeweiligen Kristallsystem ab. Im triklinen Kristallsystem gibt es daher keine Schraubung. In allen weiteren Systemen gilt: Vorhandene einfache Drehachsen können zu Schraubenachsen der Zähligkeit der einfachen Drehachse werden. Die Richtung der Schraubenachsen muss dabei stets parallel zur Richtung der einfachen Drehachse sein. Nehmen wir als Beispiel die sechszählige Drehachse. Sie kann

zu einer der fünf sechszähligen Schraubenachsen werden, wobei die Richtung gleich-
bleibt (d. h. parallel zu der einfachen Drehachse, der c-Achse, ist).

6.3 Gleitspiegelebenen

Gleitspiegelebenen entstehen durch Koppelung von Spiegelung und anschließender
Translation um eine definierte Gleitkomponente.

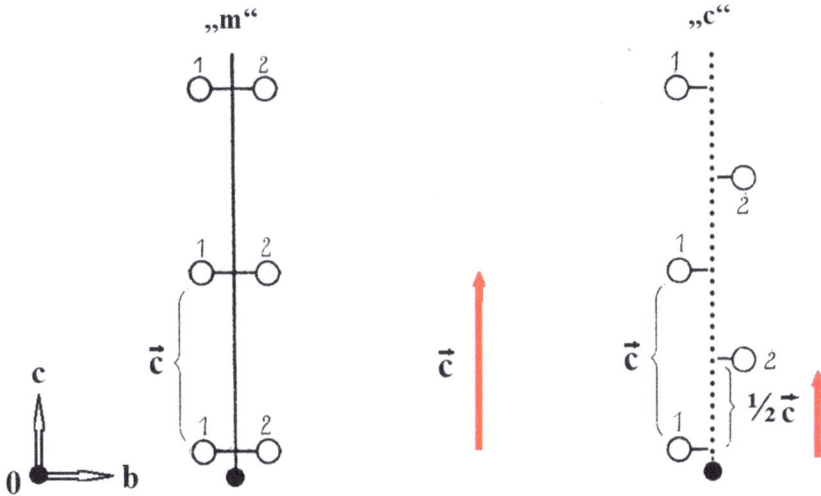

Abb. 6.4: Vergleich der Wirkungsweise einer Spiegelebene m mit einer c-Gleitspiegelebene auf einen
Punkt.

Abb. 6.4 zeigt den Vergleich der Wirkungsweise einer Spiegelebene und einer c-
Gleitspiegelebene auf einen Punkt.

Bei der Gleitspiegelebene wird gespiegelt, dieses Zwischenergebnis aber nicht
realisiert, sondern um die Translation $\frac{\tau}{2} = \frac{1}{2}\vec{c}$ verschoben. Da die Translation in c-
Richtung erfolgt, wird die Gleitspiegelebene als c-Gleitspiegelebene bezeichnet.

Die Gleitspiegelung darf in ihrer Wirkung nicht mit der der zweizähligen Schraubenachse gleichgesetzt werden. Bei der Gleitspiegelung ist die Bausteinanordnung in
einer Kristallstruktur spiegelbildlich, bei einer Schraubung aber kongruent äquivalent. Das bedeutet, dass die Schraubung im Gegensatz zur Gleitspiegelung zu einem
Wechsel von Vorderseite und Rückseite des Bausteins führt. Abb. 6.5 verdeutlicht diesen Unterschied. Er ist genauso für die unterschiedliche Wirkung einer vierzähligen

Drehinversionsachse und der 4_2 Schraubenachse sowie der dreizähligen Drehinversionsachse mit der 6_3-Schraubenachse zu beachten.

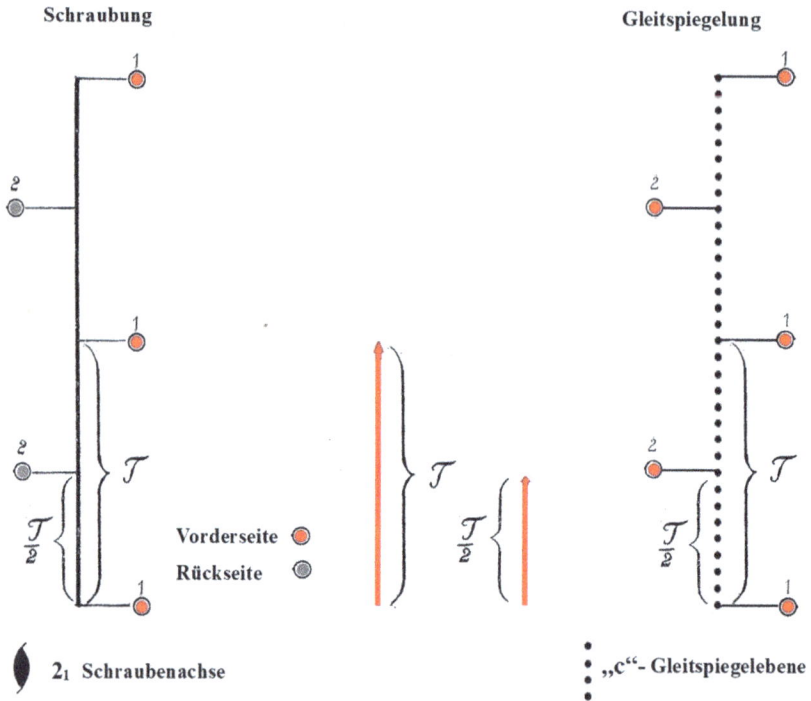

Abb. 6.5: Vergleich der Wirkung der 2_1-Schraubenachse mit einer Gleitspiegelung (hier als Beispiel die c-Gleitspiegelebene). Die Schraubung führt im Gegensatz zur Gleitspiegelung zu einem Wechsel von Vorderseite und Rückseite des Bausteins. Das ist bei Wirkung der Operation auf asymmetrische Baugruppen zu beachten.

Kommen wir noch zur Frage, welche und wie viel Gleitspiegelebenen es gibt. In den Kristallklassen und deren Punktgruppen sind je nach der Höhe des Symmetriegehaltes Spiegelebenen in unterschiedlicher Anzahl und unterschiedlicher Lage zu den kristallographischen Achsen vorhanden. Mit Ausnahme des triklinen Kristallsystems, in dem keine Symmetrie oder nur ein Inversionszentrum möglich ist (Punktgruppen 1 und $\bar{1}$), finden wir in allen anderen Kristallsystemen Spiegelebenen vor, die mit der Translation zu Gleitspiegelebenen kombiniert werden können. Bereits im orthorhombischen Kristallsystem sind alle Arten von Gleitspiegelebenen möglich. Der Gleitvektor ist parallel zur Gleitspiegelebene, je nach Lage erfolgt das Gleiten in a-, b- oder c-Richtung. Danach erfolgt die Bezeichnung der Gleitspiegelebene. Neben der in Abb. 6.4 und Abb. 6.5 gezeigten c-Gleitspiegelebene gibt es somit auch eine a- und eine b-Gleitspiegelebene. Die Translation kann aber auch diagonal erfolgen und hier sind zwei Verschiebungsbeträge möglich, um die Hälfte der Länge der Gittertranslation

der Diagonale (Bezeichnung „n-Gleitspiegelebene") oder nur um ein Viertel der Diago-
nallänge (Bezeichnung „d-Gleitspiegelebene"). Anmerkung: Der kurze Verschiebungsbetrag ist in wenigen Fällen für zentrierte Gitter relevant, vor allem im kubischen
System. Die Bezeichnung „d" ist vom der Struktursymmetriegruppe des Diamanten
abgeleitet.

Darüber hinaus gibt es im tetragonalen und kubischen Kristallsystem aufgrund der
hohen Symmetrie für n-Gleitspiegelebenen auch den Verschiebungsbetrag (a + b + c)/2
sowie für d-Gleitspiegelebenen (a + b + c)/4.

Alle Typen von Gleitspiegelebenen (a, b, c, n und d) findet man bereits im orthorhombischen Kristallsystem vor. Sehen wir uns dazu noch einmal die möglichen
Spiegelebenen „m" sowie Gleitspiegelebenen am Beispiel der Punktgruppe 2/m2/m2/
m an. Wir finden in der orthorhombischen Punktgruppe 2/m2/m2/m drei Spiegelebenen, jeweils senkrecht zur a-Achse (also parallel (100)), senkrecht b (parallel (010))
und senkrecht c (parallel (001)). Diese Spiegelebenen können zu a-, b-, c- sowie
n- und d-Gleitspiegelebenen werden. Die Gleitspiegelebenen mit diagonalem Verschiebungsbetrag („n-" und „d-Gleitspiegelebenen") sind entlang aller drei angegebenen Richtungen möglich. Da die Gleitkomponente immer parallel zur Spiegelebene
liegt, sind bei Anordnung der Ebene senkrecht zur a-Achse nur b- und c-Gleitspiegelebenen, senkrecht zur b-Achse nur a- und c-Gleitspiegelebenen und senkrecht zur c-
Achse nur a- und b-Gleitspiegelebenen möglich. Abb. 6.6 zeigt die senkrecht zur c-
Achse (also parallel zur (001)-Ebene) möglichen Gleitspiegelebenen im orthorhombischen Kristallsystem. Senkrecht zur a-Achse (parallel zur (100)-Ebene) gibt es
in analoger Weise die Gleitspiegelebenen b, c, n und d und senkrecht zur b-Achse
(parallel zur (010)-Ebene) sind die Ebenen a, c, n und d möglich. Die roten Pfeile
geben die Gleitkomponente und die Gleitrichtungen an.

Wir kommen noch einmal zum monoklinen Kristallsystem zurück, um auf
einen wichtigen Punkt hinzuweisen, der bei der Zuordnung der Struktursymmetrieelemente für die Ableitung der Raumgruppen zu beachten ist. Es handelt sich
um die Möglichkeit einer unterschiedlichen Wahl der kristallographischen Achsen. Im monoklinen Kristallsystem gibt es nur eine einfache Spiegelebene „m". Sie
ist senkrecht zur kristallographischen b-Achse angeordnet (Punktgruppen m und
2/m). Ein Gitterpunkt kann nun nach der Spiegelung entlang der a-Achse oder entlang der c-Achse oder entlang der Diagonalen der a–c-Ebene gleiten. Es wären also
die Kombination der Spiegelebene mit der Translation zu den Gleitspiegelebenen a,
c und n möglich. Eine d-Gleitspiegelebene entfällt aufgrund der geringen Symmetrie
im monoklinen System. Sie ist für das Erzeugen der Zentrierung im monoklinen C-
Gitter nicht erforderlich. Die drei genannten Gleitspiegelebenen lassen sich aber
problemlos durch Umbenennung der Achsen in der a–c-Ebene in eine c-Gleitspiegelebene überführen. Dabei wird eine a-Gleitspiegelebene durch die neue Achsenwahl:
a (alt) → c (neu) und c (alt) → a (neu) zur c-Gleitspiegelebene. Ebenso zur c-
Gleitspiegelebene wird eine n-Gleitspiegelebene durch die Achsenwahl a (alt) → –a

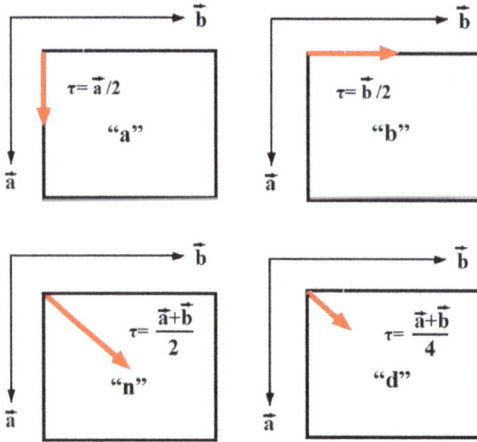

Abb. 6.6: Gleitspiegelebenen im orthorhombischen Kristallsystem senkrecht zur c-Achse (parallel (001)). Die roten Pfeile geben die Gleitkomponente und die Gleitrichtungen an. Senkrecht zur a-Achse (parallel (100)) sind in analoger Weise Gleitspiegelebenen b, c, n und d sowie senkrecht zur b-Achse (parallel (010)) die Ebenen a, c, n und d möglich.

(neu) sowie c (alt) → c (neu), wobei c (neu) aber in die diagonale Richtung zwischen a (alt) und c (alt) zeigt.

Fassen wir noch einmal zusammen: Es gibt a-, b-, c-, n- und d-Gleitspiegelebenen. Welche der Gleitspiegelebenen und wie viel in den Kristallsystemen beim Übergang von den Punkt- zu den Raumgruppen benutzt werden müssen, hängt von den vorhandenen Spiegelebenen der Punktgruppen im jeweiligen Kristallsystem ab. Im triklinen System gibt es (wie oben bereits erwähnt) keine Gleitspiegelung. In allen weiteren Systemen gilt: Vorhandene einfache Spiegelebenen m können zu a-, b-, c-, n- oder d-Gleitspiegelebenen werden, deren Orientierung der der einfachen Spiegelebene entspricht.

6.4 Erzeugung zusätzlicher Struktursymmetrieelemente in zentrierten Translationsgittern

Zu beachten ist, dass im Fall zentrierter Translationsgitter zusätzliche Schraubenachsen oder Gleitspiegelebenen erzeugt werden. Das zeigt Abb. 6.7 am Beispiel des monoklinen C-Gitters für die Gleitspiegelung (hier: Raumgruppe Cm) und des tetragonalen I-Gitters im Falle der Schraubung (hier: Raumgruppe I4).

In der monoklinen Raumgruppe Cm (basisflächenzentrierte Elementarzelle und Spiegelebenen m parallel (010) und $(0\frac{1}{2}0)$ führt eine Gleitspiegelebene in $(0\frac{1}{4}0)$ mit der Eigenschaft, durch Spiegelung und nachfolgender Translation um $\frac{1}{2}\vec{a}$ den Gitterpunkt in 0,0,0 nach $\frac{1}{2}, \frac{1}{2}, 0$, also in die Position der C-Zentrierung zu überführen. Der

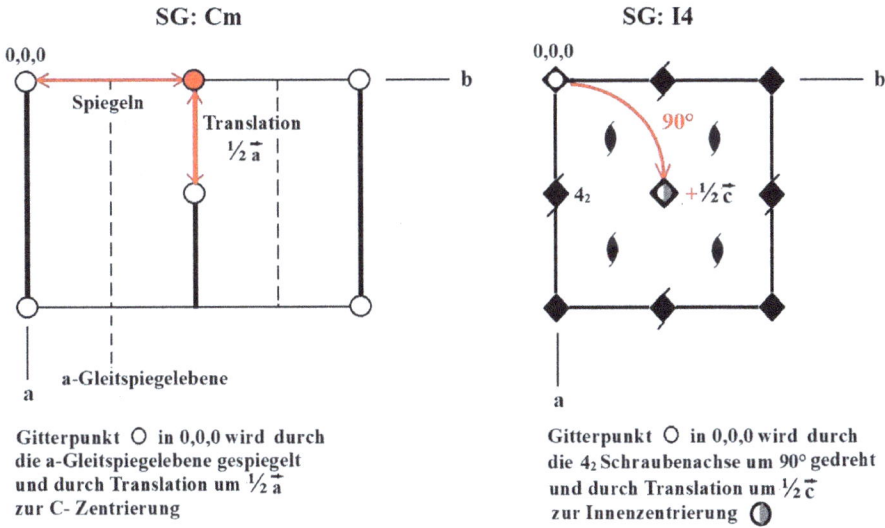

Abb. 6.7: Links: Projektion des Symmetriegerüstes der Raumgruppe Cm auf (001). Hier überführt eine a-Gleitspiegelebene den Gitterpunkt 0,0,0 in die Position der C-Zentrierung Rechts: Projektion des Symmetriegerüstes der tetragonalen Raumgruppe I4 auf (001). Hier erfolgt die Überführung des Punktes in 0,0,0 in die Position der Innenzentrierung $\frac{1}{2}, \frac{1}{2}, \frac{1}{2}$ durch Wirkung einer 4_2-Schraubenachse in $\frac{1}{2}, 0, 0$.

in Abb. 6.7 rot eingezeichnete Punkt für das Zwischenergebnis der Spiegelung wird nicht realisiert.

Ein Beispiel für die Notwendigkeit der Schraubung bei einem innenzentrierten Translationsgitter zeigt Abb. 6.7 rechts. Dargestellt ist die Projektion des Symmetriegerüstes der tetragonalen Raumgruppe I4 auf (001). Hier erfolgt die Überführung des Punktes in 0,0,0 in die Position der Innenzentrierung $\frac{1}{2}, \frac{1}{2}, \frac{1}{2}$ durch Wirkung einer 4_2-Schraubenachse Schraubenachse in $\frac{1}{2}, 0, 0$. Nach der 90°-Drehung (Zwischenergebnis, nicht realisiert) erfolgt die Translation um $\frac{1}{2}\vec{c}$. Hier wird durch halbseitiges Ausfüllen des Gitterpunktes dessen Lage zur Zeichenebene markiert (der Punkt ist um $\frac{1}{2}\vec{c}$ „angehoben"). Die Operation erzeugt zusätzlich eine 2_1-Schraubenachse in $\frac{1}{4}, \frac{1}{4}, z$.

6.5 Die 230 Raumgruppen

6.5.1 Ableitungsprinzip der Gruppen

Eine gruppentheoretische Kombination der Translation, der einfachen bekannten Punktsymmetrieelemente und der Gleitspiegelebenen und Schraubenachsen führt zu genau 230 Möglichkeiten, den 230 Raumgruppen.

Wir wollen die Ableitung der Raumgruppen aus den Punktgruppen am Bespiel der Gruppen des monoklinen Kristallsystems durchführen. Das Voranstellen der im jeweiligen Kristallsystem möglichen Bravais-Gittertypen vor die Punktgruppensymbole führt bereits zu einem Teil der Raumgruppen. Im monoklinen Kristallsystem gibt es nur ein P-Gitter oder ein C-Gitter (siehe Kapitel 4.4 und Abb. 4.5). Aus diesen erhält man dann alle weiteren Raumgruppen durch sukzessiven Ersatz der Punktsymmetrieelemente durch Struktursymmetrieelemente (d. h. durch den Ersatz von Drehachsen durch Schraubenachsen und den Ersatz von Spiegelebenen durch Gleitspiegelebenen).

Im monoklinen Kristallsystem wird die zweizählige Drehachse zur 2_1 Schraubenachse und die Spiegelebene m zur c-Gleitspiegelebene (siehe Erläuterung zur Wahl der kristallographischen Achsen und Erzeugung der c-Gleitspiegelebene im monoklinen System in Kapitel 6.3).

Im Sinne der gruppentheoretischen Ableitung werden nur die Kombinationen benutzt, die hinsichtlich ihrer Einwirkung auf einen Punkt allgemeiner Lage ein neues Symmetrieergebnis liefern. Vorgehensweise für die monoklinen Gruppen: Man beginnt wie bei den Punktgruppen in den Kristallsystemen mit der höchstsymmetrischen Gruppe, also mit der Punktgruppe 2/m: Zuerst wird der Translationsgittertyp vorangestellt, was zu den beiden monoklinen Raumgruppen P2/m und C2/m führt. Der Ersatz der 2 durch eine 2_1 führt zu P2_1/m und zu C2_1/m. C2_1/m, führt aber zu keinem neuen Symmetrieergebnis, denn es ist identisch mit dem bereits bekannten Symmetrieergebnis von C2/m. C2_1/m wird daher nicht benutzt.

Der Austausch der Spiegelebene m durch die c-Gleitspiegelebene führt zu den Raumgruppen P2/c und C2/c. Schließlich sind beide Punktsymmetrieelemente zusammen zu ersetzen, also die 2 durch die 2_1 und die m durch die c. Es resultieren die Raumgruppen: P2_1/c und C2_1/c. C2_1/c liefert jedoch kein neues Ergebnis, das Symmetrieergebnis entspricht dem bereits bekannten Ergebnis von C2/c. Deshalb wird C2_1/c nicht benutzt.

Nun entnehmen wir den Gruppen P2/m und C2/m die Spiegelebene und erhalten Untergruppen P2 und C2. Weitere Untergruppen entstehen durch den Ersatz des Punktsymmetrieelements 2 durch die Schraubenachse 2_1: Aus P2 wird P2_1, aus C2 würde C2_1 werden, diese Kombination liefert aber kein neues Ergebnis, da sie identisch mit dem Ergebnis von C2 ist.

Schließlich entnehmen wir von P2/m und C2/m die zweizählige Achse und erhalten die Untergruppen Pm und Cm. Abschließend ersetzen wir die Spiegelebene m durch die c-Gleitspiegelebene, was zu den beiden Untergruppen Pc und Cc führt.

Zählen wir alle Raumgruppen zusammen, die von den monoklinen Punktgruppen abgeleitet wurden und zu einem neuen Symmetrieergebnis führten, erhalten wir 13 Raumgruppen. Würden Sie dieses Prinzip mit den verbleibenden Punktgruppen weiter durchführen, gelangen Sie insgesamt zu den 230 Raumgruppen. Jede Kristallstruktur besitzt genau eine dieser 230 Raumgruppensymmetrien.

6.5.2 Die International Tables for Crystallography

Alle Informationen über die Raumruppen sind aktuell in den „International Tables for Crystallography" (Vol. A) [52] bzw. den älteren Ausgaben („International Tables for X-ray Crystallography", Vol. 1, [53] enthalten. In den „Tables" sind für jede der 230 Gruppen das Symmetriegerüst und die allgemeine Punktlage und ihre Vervielfältigung projiziert sowie eine Liste der wichtigsten Eigenschaften enthalten, angefangen von der niedrigsten Symmetrie, also der triklinen Raumgruppe P1 mit der Nr. 1, bis hin zur höchstsymmetrischen kubischen Raumgruppe Nr. 230 (Pm$\bar{3}$m). Die „Tables" gehen auf das frühe Tabellenwerk von 1935 zurück [42]. Bevor wir uns mit den „International Tables" näher beschäftigen, wollen wir uns zwei einfache Symmetriegerüste der monoklinen Raumgruppen Pm (Nr. 6) und Cm (Nr. 8) ansehen. Sie sind in Abb. 6.8 und Abb. 6.9 dargestellt. Noch zwei Hinweise zur Schreibweise in den Internationalen Tabellen: Spiegelbildlich äquivalente Punkte werden als Kreis mit einem einbeschriebenen Komma gezeichnet. Bei Vorliegen eines C-Gitters wird zu jedem Punkt der Koordinaten x,y,z ein weiterer Punkt mit den Koordinaten $x + \frac{1}{2}$, $y + \frac{1}{2}$, z erzeugt. Das wird in den „Tables" in der Form: x,y,z + (0,0,0); ($\frac{1}{2},\frac{1}{2}$,0) geschrieben, in Abb. 6.9 werden zum besseren Verständnis aber die üblichen Koordinaten benutzt.

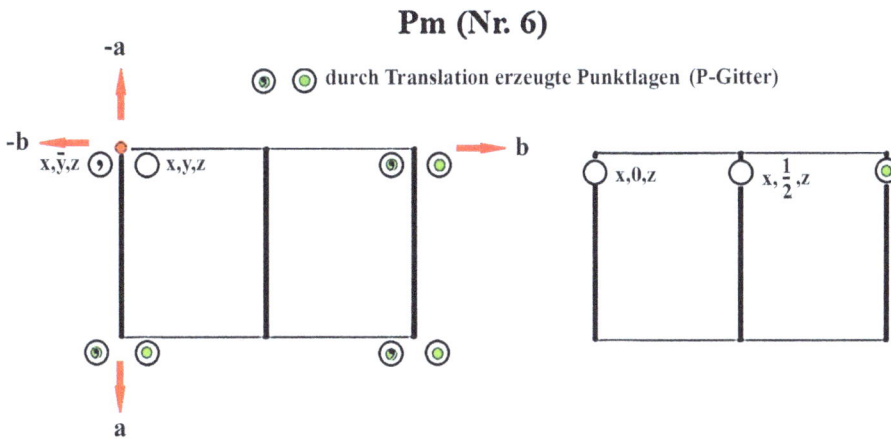

Abb. 6.8: Links: Symmetriegerüst der monoklinen Raumgruppe Pm (Nr. 6) in Projektion auf x,y,0 (d. h. auf die a–b-Ebene, die Lage der Achsen ist links am Gerüst skizziert, der Ursprung ist rot punktiert). Zu beachten ist auch, dass die c-Achse unter dem monoklinen Winkel ß schief auf der Projektionsebene steht. In das Gerüst ist die allgemeine Punktlage und deren Vervielfältigung durch die Symmetrieelemente eingetragen.
Rechts: Symmetriegerüst mit den zwei speziellen Punktlagen in der Raumgruppe Pm.

Abb. 6.8 zeigt das Symmetriegerüst der monoklinen Raumgruppe Pm. Am Symmetriegerüst der Raumgruppe sind die a- und die b-Achse markiert (rot, Ursprung immer in der oberen linken Ecke der Zelle). Die eingezeichneten Punkte (Kreise) stellen die allgemeine Punktlage x,y,z und deren Vervielfältigung durch die Symmetrieelemente dar. Die Spiegelebene senkrecht zur b-Achse (Spiegelebene (010)) erzeugt die äquivalente Position x,$\bar{y}$,z. Nach einer Gittertranslation b_0 folgt wiederum eine zur Ebene (010) äquivalente Spiegelebene. An den Ecken der Zelle der Projektion (analog an den acht Ecken der räumlichen Zelle) ergibt sich durch die Translation immer das gleiche Bild der Punktpositionen. Darauf soll durch die grüne Punktierung der Lagen hingewiesen werden. Das Komma in den Positionen markiert spiegelbildlich äquivalente Punkte. Die so erzeugten Positionen bedingen eine weitere Spiegelebene in der Mitte der Zelle. Sie ist zu den beiden anderen nicht äquivalent.

Legen wir also ein Atom in die Elementarzelle der Raumgruppe Pm auf die allgemeine Punktlage x,y,z, entsteht durch Wirkung der Spiegelebene eine weitere Atomposition in x,$\bar{y}$,z. Die Punktlage hat die Zähligkeit 2.

Schon bei der Vervielfältigung der Punkte, die die Kristallflächen in den Stereogrammen der Punktgruppen repräsentieren, lernten wir die Begriffe „allgemeine Lage" und „spezielle Lage" kennen. Diese Lagemöglichkeiten gibt es natürlich auch bei den Raumgruppen. Allgemeine Lage bedeutet für die Raumgruppen, dass ein Atom hier im freien Raum der Zelle liegen muss, also auf einer Position der Punktsymmetrie 1 (d. h. der Asymmetrie) und nicht auf einem Symmetrieelement (genauso, wie wir es für die Vervielfachung der Pole von Kristallflächen bei den Punktgruppen kennengelernt hatten).

Je nach Kristallstruktur können selbstverständlich aber auch spezielle Punktlagen mit Atomen belegt werden. Das ist in Abb. 6.8 rechts gezeigt. Würden wir unser Atom von x,y,z z. B. auf die Spiegelebene verschieben, also auf eine Position der Punktsymmetrie „m" (in der Raumgruppe Pm z. B. nach x,0,z), ist die Wirkung der Spiegelebene aufgehoben und das Atom wird nicht verdoppelt, diese spezielle Punktlage hat die Zähligkeit 1. In der Raumgruppe Pm gibt es eine weitere spezielle Punktlage, es ist die Position x,$\frac{1}{2}$,z.

Sehen wir uns nun noch das Symmetriegerüst der monoklinen Raumgruppe Nr. 8: Cm in Abb. 6.9 genauer an. Es ist zunächst wie bei der Gruppe Pm eine Spiegelebene in (010) vorhanden. Die Translation um $\vec{b}$ bedingt die äquivalente Spiegelebene. Zwischen beiden resultiert wiederum eine Spiegelebene in y = $\frac{1}{2}$, bisher also genauso wie bei Pm. Der Unterschied ist nun aber das vorliegende basisflächenzentrierte Gitter („C-Gitter"), was bedingt, dass zu jedem Punkt der Koordinaten x,y,z ein weiterer Punkt mit den Koordinaten x + $\frac{1}{2}$, y + $\frac{1}{2}$,z erzeugt wird. Die C-Zentrierung führt daher zu zwei a-Gleitspiegelebenen, in y = $\frac{1}{4}$ und y = $\frac{3}{4}$. Die Wirkung der Symmetrieelemente führt zu einer vierzähligen allgemeinen Punktlage. Das Atom in x,y,z wird durch Spiegelung an „m" sowie Gleitspiegelung an der a-Gleitspiegelebene und Spiegelung an der Spiegelebene in y = $\frac{1}{2}$ vervierfacht. An den Ecken der Zelle ergibt sich durch die Translation wieder die Identität des Motivs (d. h. das gleiche Bild der Atomlagen, wie um den Ursprung 0,0,0 der Zelle oben links).

Abb. 6.8 zeigt rechts das Symmetriegerüst mit der speziellen Punktlage in der Raumgruppe Cm. Die Positionen der Punktlagen x,0,z und x +$\frac{1}{2}$,$\frac{1}{2}$,z auf den Spiegelebenen gehören aufgrund der C-Zentrierung zu einer speziellen Punktlage. In der Raumgruppe Cm gibt es also nur diese eine spezielle Punktlage.

Cm (Nr. 8)

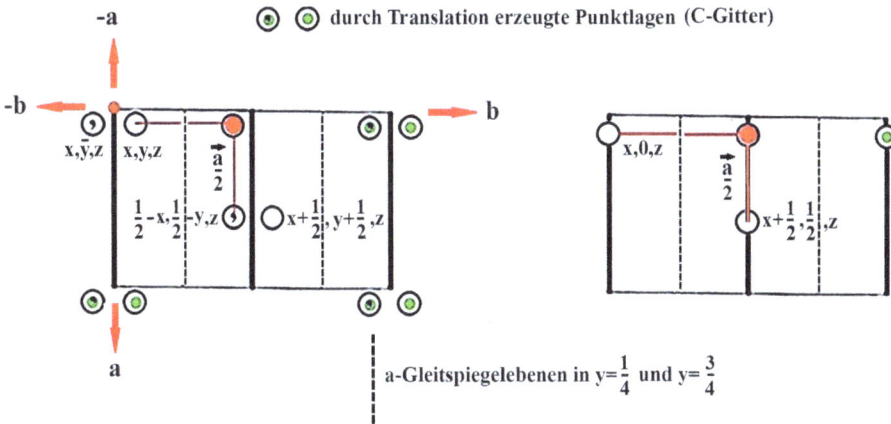

Abb. 6.9: Links: Symmetriegerüst der monoklinen Raumgruppe Cm (Nr. 8) in Projektion auf x,y,0 (d. h. auf die a-b-Ebene, die Lage der Achsen ist links am Gerüst skizziert, der Ursprung ist rot punktiert). Zu beachten ist wiederum, dass die c-Achse unter dem monoklinen Winkel ß schief auf der Projektionsebene steht. In das Gerüst ist die allgemeine Punktlage und deren Vervielfältigung durch die Symmetrieelemente eingetragen. Die Wirkung der resultierenden a-Gleitspiegelebene ist schematisch skizziert, das Zwischenergebnis (rot markierter Punkt) wird nicht realisiert. Rechts: Symmetriegerüst mit der speziellen Punktlage in der Raumgruppe Cm. Aufgrund der C-Zentrierung gehören beide Positionen zu einer Punktlage.

Halten wir noch einmal fest: Die allgemeine Punktlage hat immer die Koordinaten x, y,z und die Punktsymmetrie 1 und dadurch die höchste Zähligkeit, da alle Symmetrie-elemente zur Wirkung kommen. Spezielle Punktlagen haben spezielle Koordinaten, da sie Plätze auf Symmetrieelementen darstellen. Diese Plätze haben eine höhere Punktsymmetrie als 1, nämlich die Symmetrie des Symmetrieelementes, auf denen sie liegen. Das Symmetrieelement oder die Symmetrieelemente der Lage bestimmen also die Punktsymmetrie des Platzes. Die speziellen Punktlagen in den Raumgruppen Pm und Cm befinden sich auf den Spiegelebenen (Punktsymmetrie der Lage ist m). Die Wirkung der Spiegelebene ist somit nicht vorhanden. Dadurch verringert sich die Zähligkeit der Punktlage. Der Kristallograph R. W. G. Wyckoff hat in der frühen Zeit der Strukturbestimmung mittels Röntgenbeugung die Punktlagen mit kleinen Buch-staben des Alphabets benannt und diese auch in seine späteren umfangreichen Strukturdatensammlungen übernommen [54, 55]. Dabei hat er mit der speziellen Lage geringster Zähligkeit begonnen, die also das „a" erhielt, wodurch dann die allgemeine Punktlage den im Alphabet höheren Buchstaben bekam. Diese „Wyckoff-Notation" wird noch heute in den „International Tables" für die Punktlagen angegeben.

In der Tab. 6.1 sind wichtige Informationen aus den „International Tables" [52, 53] zu den Punktlagen der Raumgruppen Pm und Cm zusammengefasst.

Tab. 6.1: Eigenschaften der Punktlagen der Raumgruppen Pm (Nr. 6) und Cm (Nr. 8)

Raumgruppe Pm (Nr. 6)			
Zähligkeit	Wyckoff-Zeichen	Punktsymmetrie	Koordinaten
2	c	1	x,y,z; $x,\bar{y},z$
1	b	m	$x,\frac{1}{2},z$
1	a	m	$x,0,z$
Asymmetrische Einheit: $0 \leq x \leq 1$; $0 \leq y \leq \frac{1}{2}$; $0 \leq z \leq 1$ (entspricht $\frac{1}{2}$ des Zellvolumens)			

Raumgruppe Cm (Nr. 8)			
Zähligkeit	Wyckoff-Zeichen	Punktsymmetrie	Koordinaten $x,y,z + (0,0,0)$; $(\frac{1}{2},\frac{1}{2},0)$
4	b	1	x,y,z; $x,\bar{y},z$ *
2	a	m	$x,0,z$ *
Asymmetrische Einheit: $0 \leq x \leq 1$; $0 \leq y \leq \frac{1}{4}$; $0 \leq z \leq 1$ (entspricht $\frac{1}{4}$ des Zellvolumens)			

* Die Positionen $\frac{1}{2} - x$, $\frac{1}{2} - y$, z und $x + \frac{1}{2}$, $y + \frac{1}{2}$, z, die aus der allgemeinen Punktlage resultieren, und die Position $x + \frac{1}{2}$, $\frac{1}{2}$, z der speziellen Punktlage (siehe Abb. 6.9) werden durch die C-Zentrierung generiert und nicht gesondert angegeben. In den Internationalen Tabellen sind stattdessen in der Zeile „Koordinaten" die Positionen des Bravais-Gittertyps C in der Form: $x,y,z + (0,0,0)$; $(\frac{1}{2},\frac{1}{2},0)$ angegeben.

Zur Tab. 6.1 ist noch der wichtige Begriff der asymmetrischen Einheit einer Raumgruppe zu besprechen. Die asymmetrische Einheit der Raumgruppe ist der kleinste Volumenanteil der Elementarzelle, der bei Einwirken der Symmetrieelemente die Elementarzelle als Ganzes ergibt. In diesem Volumenanteil der Elementarzelle gibt es keine Punktlagen, die durch die Symmetrieelemente ineinander überführt werden können. Das Volumen der asymmetrischen Einheit ist der Quotient aus dem Volumen der Elementarzelle und der Zähligkeit der allgemeinen Punktlage. Für eine Kristallstrukturbestimmung müssen daher nur die Koordinaten der Atome in der asymmetrischen Einheit der Raumgruppe bestimmt werden. Alle weiteren Atomlagen ergeben sich dann aus der Raumgruppensymmetrie. In der Tab. 6.1 sind die asymmetrischen Einheiten angegeben. Für die Raumgruppe Pm entspricht die asymmetrische Einheit der Hälfte des Zellvolumens. Für die Raumgruppe Cm umfasst sie ein Viertel des Zellvolumens.

6.5.3 Anwendung der Raumgruppensymmetrie zur Kristallstrukturbestimmung

Abschließend soll hier als Einführung in die Anwendung der Raumgruppen eine einfache Kristallstrukturbestimmung besprochen werden. Vorbemerkung: Die Strukturbestimmung erfordert Untersuchungen des Kristalls mittels Röntgen-Methoden

(Pulverdiffraktometrie, Laue-Methode, Präzissionsmethode und Intensitätsdatenmessung am Einkristall-Vierkreisdiffraktometer). Auf die Einzelheiten der zur Strukturanalyse notwendigen Röntgenmethoden kann hier nicht weiter eingegangen werden. Die Röntgenkristallographie ist ein eigenes, umfangreiches Lehrgebiet, wobei auf entsprechende Literatur verwiesen wird [1, 56, 57].

Im Folgenden wird aber die Bedeutung der Raumgruppensymmetrie zur Strukturermittlung gezeigt, zum gesamten Gang einer Strukturanalyse werden die einzelnen Schritte dabei nur kurz benannt. Unser Beispiel ist das Mineral Plattnerit (braunes Bleioxid), chemische Formel PbO_2. Wir gehen davon aus, dass wir nur eine chemische Analyse der zu untersuchenden Materialprobe haben und alle weiteren Informationen noch bestimmen müssen.

Für die notwendigen Voruntersuchungen benutzt man eine Probe aus mehreren kleinen Plattneritristallen. Zuerst wird aus der Probe unter dem Mikroskop ein kleiner Kristall ausgesucht. Eine geeignete Größe wäre etwa 0,25 mm. Der ausgewählte Kristall soll möglichst perfekt sein, optisch transparent, augenscheinlich keine Verwachsungen haben, kein Zwilling, Drilling oder Vielling sein, sondern ein Einkristall. Er wird für nachfolgende Messungen zunächst sicher aufbewahrt, denn die beiden notwendigen Vorarbeiten (Bestimmung des Zellinhaltes und des Gitters) werden mit den verbliebenen Kristallen der Plattneritprobe durchgeführt. Hier spielen Verwachsungen, Zwillinge und Störungen keine Rolle, da die Voruntersuchungen an einer Pulverprobe durchgeführt werden, zu der die Kristalle im Achatmörser zerrieben werden müssen.

Für die Strukturbestimmung ist es erforderlich, die Zahl der Kristallbausteine in der Elementarzelle zu kennen (siehe dazu auch Kapitel 4.7). Experimentell erfolgt die Bestimmung der Zahl der Formeleinheiten in der Elementarzelle (Z) über die physikalische Messung der Dichte und wird mit folgender Formel

$$Z = \rho \cdot N_A \cdot V/M$$

berechnet mit:
- ρ: Dichte
- N_A: Avogadro-Konstante
- V: Volumen der Elementarzelle (bestimmt aus der röntgenographischen Ermittlung der Gitterkonstanten, die im folgenden Absatz beschrieben wird)
- M: Molekulare Masse der Verbindung

Erinnern wir uns: Kristallstruktur = Gitter + Basis. Wir benötigen die Gitterinformation. Zur Bestimmung des Gittertyps und der Gitterkonstanten wird der (nach Auswahl des kleinen Kristalls) vorhandene Rest der Probe zu feinem Pulver gemörsert. Mit einer Messung auf dem Röntgen-Pulverdiffraktometer werden die Gitterkonstanten bestimmt. Für Plattnerit erhalten wir die folgenden Daten:

Gitter tetragonal P, Gitterkonstanten: $a_0 = 4{,}96$ Å, $c_0 = 3{,}39$ Å [58].

Mit den Gitterkonstanten berechnen wir das Zellvolumen, es wird für die Bestimmung der Anzahl der Formeleinheiten in der Elementarzelle (Z) benötigt. Die Berechnung ergibt $Z = 2$. Formeleinheiten PbO_2 (d. h. zwei Bleiatome und vier Sauerstoffatome pro Elementarzelle).

Für alle folgenden Arbeiten wird nun der zuvor ausgewählte kleine Kristall benutzt. Er wird mit den röntgenographischen Einkristallmethoden untersucht. Zunächst erfolgt die Kontrolle seiner Qualität mit Hilfe einer Laue-Aufnahme (siehe Einleitung, Kapitel 1). Anhand der Laue-Aufnahme ist zu entscheiden, ob es sich um ein Einkristall handelt und nicht um einen Zwilling, Drilling oder Vielling. Das Beugungsbild eines Zwillings oder Drillings besteht aus zwei bzw. drei einander überlagernder Beugungsbilder, das eines Viellings aus der Überlagerung mehrerer Beugungsbilder. Beide Fälle sind aus einer Laue-Aufnahme gut zu erkennen. Ebenso kann anhand der Form der Röntgenreflexe auf der Laue-Aufnahme die Güte des Kristalls eingeschätzt werden. Störungen im dreidimensional periodischen Strukturaufbau führen zu verbreiterten Röntgenreflexen bis hin zu diffusen Reflexen oder strichförmigen, statt punktförmigen Reflexen.

Anschließend erfolgt die röntgenographische Bestimmung der Raumgruppe von Plattnerit mit der Präzissionsmethode. Die Methode wurde von M. J. Buerger entwickelt [59]. Es sind mehrere Aufnahmen des Kristalls auf der von Buerger entwickelten „Präzissions-Kamera" notwendig (meistens reichen drei Aufnahmen). Sie bilden Schichten des Raumgitters ab, wobei die Reflexanordnung Netzebenenscharen entspricht, die im Vergleich mit dem Kristallgitter in reziproker Weise abgebildet sind [1, 56, 57]. Die Auswertung der in den einzelnen Schichtaufnahmen vorhandenen Reflexe führt zur Raumgruppe.

Für unseren Plattneritkristall führt die Untersuchung zur Raumgruppe $P4_2/mnm$ (Nr. 136). Tabelle 6.2 (Daten aus den „International Tables for X-ray Crystallography" [53]) zeigt die in dieser Raumgruppe theoretisch möglichen Punktlagen.

Tab. 6.2: Punktlagen der Raumgruppe $P4_2/mnm$ (Nr. 136 in den „International Tables for X-ray Crystallography" [53]). Die Punktlagen für die Atome der PbO_2-Struktur sind rot ausgedruckt.

Zähligkeit	Wyckoff-Bezeichnung	Punkt-symmtrie				
16	k	1	x, y, z	$\bar{x}, \bar{y}, z$	$\frac{1}{2}+x, \frac{1}{2}-y, \frac{1}{2}+z$	$\frac{1}{2}-x, \frac{1}{2}+y, \frac{1}{2}+z$
			$x, y, \bar{z}$	$\bar{x}, \bar{y}, \bar{z}$	$\frac{1}{2}+x, \frac{1}{2}-y, \frac{1}{2}-z$	$\frac{1}{2}-x, \frac{1}{2}+y, \frac{1}{2}-z$
			y, x, z	$\bar{y}, \bar{x}, z$	$\frac{1}{2}+y, \frac{1}{2}-x, \frac{1}{2}+z$	$\frac{1}{2}-y, \frac{1}{2}+x, \frac{1}{2}+z$
			$y, x, \bar{z}$	$\bar{y}, \bar{x}, \bar{z}$	$\frac{1}{2}+y, \frac{1}{2}-x, \frac{1}{2}-z$	$\frac{1}{2}-y, \frac{1}{2}+x, \frac{1}{2}-z$

Tab. 6.2 (fortgesetzt)

Zähligkeit	Wyckoff-Bezeichnung	Punkt-symmetrie				
8	j	m	x, x, z	$\bar{x}, \bar{x}, z$	$\frac{1}{2}+x, \frac{1}{2}-x, \frac{1}{2}+z$	$\frac{1}{2}-x, \frac{1}{2}+x, \frac{1}{2}+z$
			$x, y, \bar{z}$	$\bar{x}, \bar{x}, \bar{z}$	$\frac{1}{2}+x, \frac{1}{2}-x, \frac{1}{2}-z$	$\frac{1}{2}-x, \frac{1}{2}+x, \frac{1}{2}-z$
8	i	m	$x, y, 0$	$\bar{x}, \bar{y}, 0$	$\frac{1}{2}+x, \frac{1}{2}-y, \frac{1}{2}$	$\frac{1}{2}-x, \frac{1}{2}+y, \frac{1}{2}$
			$y, x, 0$	$\bar{y}, \bar{x}, 0$	$\frac{1}{2}+y, \frac{1}{2}-x, \frac{1}{2}$	$\frac{1}{2}-y, \frac{1}{2}+x, \frac{1}{2}$
8	h	2	$0, \frac{1}{2}, z$	$0, \frac{1}{2}, \bar{z}$	$0, \frac{1}{2}, \frac{1}{2}+z$	$0, \frac{1}{2}, \frac{1}{2}-z$
			$\frac{1}{2}, 0, z$	$\frac{1}{2}, 0, \bar{z}$	$\frac{1}{2}, 0, \frac{1}{2}+z$	$\frac{1}{2}, 0, \frac{1}{2}-z$
4	g	mm	$x, \bar{x}, 0$	$\bar{x}, x, 0$	$\frac{1}{2}+x, \frac{1}{2}+x, \frac{1}{2}$	$\frac{1}{2}-x, \frac{1}{2}-x, \frac{1}{2}$
4*	f	mm	$x, x, 0$	$\bar{x}, \bar{x}, 0$	$\frac{1}{2}+x, \frac{1}{2}-x, \frac{1}{2}$	$\frac{1}{2}-x, \frac{1}{2}+x, \frac{1}{2}$
4	e	mm	$0, 0, z$	$0, 0, \bar{z}$	$\frac{1}{2}, \frac{1}{2}, \frac{1}{2}+z$	$\frac{1}{2}, \frac{1}{2}, \frac{1}{2}-z$
4	d	$\bar{4}$	$0, \frac{1}{2}, \frac{1}{4}$	$\frac{1}{2}, 0, \frac{1}{4}$	$0, \frac{1}{2}, \frac{3}{4}$	$\frac{1}{2}, 0, \frac{3}{4}$
4	c	2/m	$0, \frac{1}{2}, 0$	$\frac{1}{2}, 0, 0$	$0, \frac{1}{2}, \frac{1}{2}$	$\frac{1}{2}, 0, \frac{1}{2}$
2	b	mmm	$0, 0, \frac{1}{2}$	$\frac{1}{2}, \frac{1}{2}, 0$		
2**	a	mmm	$0, 0, 0$	$\frac{1}{2}, \frac{1}{2}, \frac{1}{2}$		

*Punktlage der O-Atome, **Punktlage der Pb-Atome

Aus der Tabelle ist ersichtlich, dass die Raumgruppe aufgrund der hohen Symmetrie eine Vielzahl von Atompositionen zulässt, angefangen mit der speziellen Punktlage 2a bis hin zur allgemeinen Punktlage 16k. Aufgabe der Ermittlung der Basis der Struktur ist es, aus dieser Tabelle die richtigen Punktlagen für die Blei- und die Sauerstoffatome zu finden. Sinnvoll ist es, eine Atomsorte auf eine Punktlage zu legen, in der die Koordinaten 0,0,0 auftreten (Nullpunkt der Elementarzelle). Das wäre hier die 2a-Punktlage, auf die unter Berücksichtigung von Z = 2 die Pb Atome zu legen sind. Für Pb ergeben sich auf dieser zweizähligen Punktlage in der Elementarzelle die Koordinaten (0,0,0) und ($\frac{1}{2}, \frac{1}{2}, \frac{1}{2}$,). Nun müssen wir noch die geeignete Punktlage für Sauerstoff finden, entsprechend des Zellinhaltes Z = 2 (2 Formeleinheiten PbO_2) muss diese vierzählig sein, da zu den 2 Pb-Atomen auf der 2a-Lage nun stöchiometrisch passend vier O-Atome in die Elementarzelle gehören. Man hätte in der Raumgruppe fünf vierzählige Punktlagen zur Auswahl (siehe Tab. 6.2). Natürlich könnte man zur Bestimmung der richtigen Punktlage für Sauerstoff auch fünf Strukturmodelle ausprobieren, die Bleiatome immer auf der 2a-Punktlage und Sauerstoff in Modell 1 auf 4c bis hin zu Modell 5 mit Sauerstoff auf 4g. Davon scheiden aber die Punktlagen 4c, 4d und 4e von vornherein aus. Plattnerit ist eine Verbindung mit ionogenem Bindungsanteil. Die Belegung der drei Lagen mit Sauerstoffatomen würde zu einer Überlappung der Elektronenhüllen der Sauerstoffe führen. Das wäre aber ein elektrostatisch instabiler Zustand, er ist nicht möglich. Die Struktur würde bereits bei Berühren nur der Elektronenhüllen der Anionen bei zu kleinem Kation durch die elektrostatische Abstoßung „gesprengt" werden.

Wesentliche Arbeiten dazu hat der Chemiker Pauling geleistet [30], die sich in den „Paulingschen Regeln" manifestieren. In stabilen Strukturen mit Ionenbeziehung bzw. ionogenem Bindungsanteil müssen sich Anionen und Kation berühren, wobei die Elektronenhüllen der Anionen aber noch einen Abstand voneinander haben. Der Grenzfall wäre das Berühren der Elektronenhüllen der Anionen und des Kations untereinander. Schließlich führt ein Berühren der Elektronenhüllen der Anionen bei zu kleinem Kation zur Instabilität (Abstoßung). Abb. 6.10 zeigt alle drei Fälle.

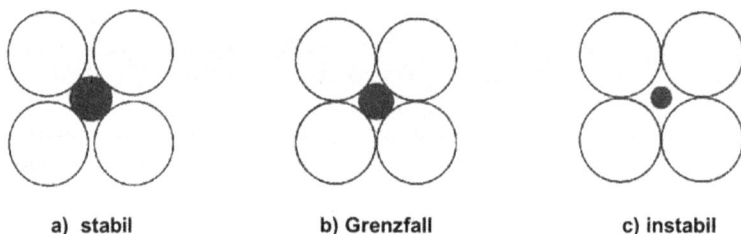

a) stabil   b) Grenzfall   c) instabil

Abb. 6.10: In stabilen Strukturen mit Ionenbeziehung bzw. ionogenem Bindungsanteil müssen sich Anionen und Kation berühren, wobei die Elektronenhüllen der Anionen aber noch einen Abstand voneinander haben (Fall a). Der Grenzfall wäre das Berühren der Elektronenhüllen von Anionen sowie Kation (b). Schließlich führt ein Berühren der Elektronenhüllen der Anionen bei zu kleinem Kation zur Instabilität (Abstoßung).

Betrachten wir als Beispiel dazu die 4c-Punktlage und die Koordinaten in c-Achsenrichtung $0,\frac{1}{2},\frac{1}{2}$ und $\frac{1}{2},0,\frac{1}{2}$. Der Ionenradius von Sauerstoff O^{2-} beträgt 1,32 Å [38]. Die Elektronenhüllen der Sauerstoffe auf beiden Positionen würden sich deutlich überlappen. Gleiches gilt für die Punktlagen 4d und 4e.

Es verbleiben also nur noch die Punktlagen 4 f und 4g. Hier könnte man bei der sehr einfachen Kristallstruktur von Plattnerit weiter über Modelle mit den Ionenradien arbeiten, bis man eine der Abb. 6.10 a) entsprechende Konfiguration bester Stabilität gefunden hat (Ionenradius von Pb^{4+} = 0,78 Å [38]). Beide Punktlagen enthalten aber auch Koordinaten mit einem unbestimmten Wert „x", der berechnet werden muss.

Daher soll noch kurz beschrieben werden, wie hier experimentell entschieden werden kann und wie generell stets bei allen komplizierteren Strukturbestimmungen vorgegangen wird. Es muss dazu eine weitere Röntgenuntersuchung des Kristalls erfolgen, wiederum mit einem anderen Verfahren. Bisher hatten wir mittels Röntgenpulverdiffraktometrie die Gitterdaten bestimmt, dann mit der Laue-Methode die Kristallqualität geprüft und mit der Präzissionsmethode die Raumgruppe ermittelt. Jetzt erfolgt die röntgenographische Bestimmung eines Datensatzes der Intensitäten der an den Netzebenenscharen der Kristallstruktur abgebeugten Röntgenstrahlen. Dazu wird unser Kristall auf einem Einkristall-Vierkreisdiffraktometer vermessen [57]. Aus den Intensitätsdaten werden die sogenannten Strukturfaktoren (mittels Computer-Programmen zur Kristallstrukturbestimmung) berechnet und daraus die Punklagen und die Werte für unbestimmte Koordinaten (x,y,z) bestimmen. Es wird also die komplette Basis der Struktur bestimmt. Für Plattnerit erhält man folgende Atomkoordinaten: Pb auf der Punktlage 2a und O auf 4 f, entsprechend der röntgenographisch bestimmten Raumgruppe $P4_2/mnm$ (Nr. 136). Mit Z = 2-Formeleinheiten PbO_2 befinden sich somit zwei Pb-Atome und vier O-Atome in der Elementarzelle. Auf Einzelheiten der Berechnung der Punktlagen und unbestimmter Koordinaten (x,y,z) aus den röntgenographisch gemessenen Intensitätsdaten des Kristalls, die mittels geeigneter Software heute nahezu Routinearbeit geworden ist, kann hier nicht weiter eingegangen werden. Hier wird auf entsprechende Literatur zum Thema Kristallstrukturbestimmung verwiesen [1, 56, 57].

Mit Blick auf die zwei möglichen vierzähligen Punktlagen 4 f und 4g berechnet man theoretische Strukturfaktoren einmal mit der Belegung der 4 f-Lage sowie dann mit Belegung der 4g-Punktlage. Durch jeweils erhaltene Gütewerte erfolgt der Vergleich der theoretischen Strukturdaten beider Strukturmodelle mit dem experimentell bestimmten Intensitätsdatensatz der Messung am Vierkreisdiffraktometer. Mit der Methode des „Versuchs und Irrtums" („trial and error") findet sich für einfache Kristallstrukturen das passende Strukturmodell. In komplizierteren Fällen nutzt man weitere Verfahren, z. B. die Elektronendichteverteilung („Fourier-Synthese"), die Patterson-Methode oder direkte Rechenmethoden (siehe Literatur [1, 56, 57]). Für Plattnerit ist die 4 f-Punktlage die richtige Wahl. Die Koordinaten x,x,0 der 4 f-Punktlage für Sauerstoff und die 2a-Punktlage 0,0,0 für Blei liegen in der asymmetrischen Einheit der Raumgruppe $P4_2/mnm$ und aus den Intensitätsdaten der röntgenographischen Untersuchung des Kristalls folgt der Parameter x = 0,309 [58] In der Tab. 6.3 sind die Strukturdaten zusammengefasst.

Abb. 6.11 zeigt die graphische Darstellung der Kristallstruktur von Plattnerit als perspektivisches Bild und als Projektion auf x,y,0.

Die Pb-Atome sind von sechs O-Atomen in oktaedrischer Koordination umgeben, was in Abb. 6.11 gut an der Umgebung des Pb-Atoms auf der Punktlage $\frac{1}{2},\frac{1}{2},\frac{1}{2}$ zu erkennen ist. In Richtung der c-Achse sind die Oktaeder über zwei gemeinsame Kanten zu Ketten verknüpft. Die Ketten sind mit Nachbarketten über Oktaederecken zur Struktur verknüpft. Der Strukturtyp ist der des Minerals Rutil (TiO_2) [3, 58].

Tab. 6.3: Die Strukturdaten von Plattnerit PbO_2 (x-Parameter auf 0,31 gerundet).

Anzahl Formeleinheiten in der Elementarzelle: Z = 2, Gitter tetragonal P,
Gitterkonstanten: a_0 = 4,96 Å, c_0 = 3,39 Å, Raumgruppe $P4_2/mnm$ (Nr. 136).

Atom	Punktlage	Koordinaten	Koordinaten mit x = 0,31
Ph	2a	$0,0,0$ und $\frac{1}{2}, \frac{1}{2}, \frac{1}{2},$	
O	4 f	$x, x, 0$	$0,31; 0,31; 0$
		$\frac{1}{2}+x, \frac{1}{2}-x, \frac{1}{2}$	$0,81; 0,19; \frac{1}{2}$
		$\frac{1}{2}-x, \frac{1}{2}+x, \frac{1}{2}$	$0,19; 0,81; \frac{1}{2}$
		$\bar{x}, \bar{x}, 0$	$0,69; 0,69; 0$ *

*Anstelle des Sauerstoffatoms auf $\bar{x}, \bar{x}, 0$ mit x = −0,31 (also Sauerstoff mit den Koordinaten $\overline{0,31}; \overline{0,31};0$) außerhalb der Elementarzelle nennt man die Koordinaten des symmetrieäquivalenten Atoms innerhalb der Elementarzelle (0,69; 0,69; 0,69).

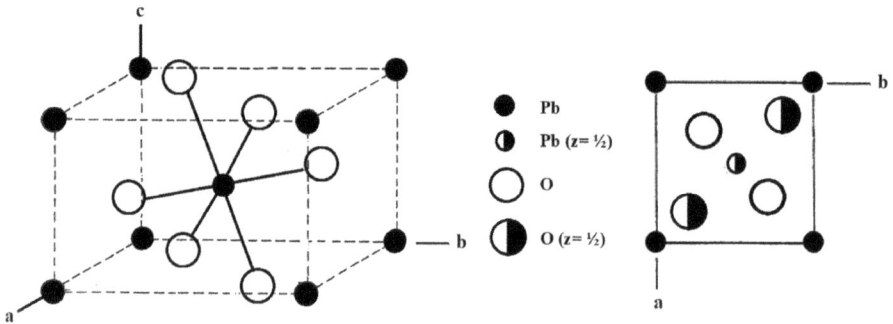

Abb. 6.11: Links die graphische Darstellung der Kristallstruktur von Plattnerit als perspektivisches Bild. Rechts als Projektion auf x,y,0.

Noch ein Hinweis zur Abbildung. Aufgrund der Koordinaten für Pb 0,0,0 und $(\frac{1}{2}, \frac{1}{2}, \frac{1}{2})$ könnte man bei rascher Betrachtung und ohne weitere Informationen zur Struktur vermuten, dass der Bravais-Gittertyp ein I-Gitter ist und nicht das tetragonale P-Gitter. Wir wissen aber, dass der Gittertyp mit allen Atomen jeder Sorte zur Deckung kommen muss. Dazu eine einfache Probe: Zeichnen Sie die Struktur aus vier Zellen als Projektion auf x,y,0 (einzelne Zelle siehe Abb. 6.11 rechts). Dann zeichnen Sie auf transparenter Folie eine Zelle nur mit den Pb-Atomen und legen sie über die Zeichnung aus vier Zellen. Nun versuchen Sie, durch Verschieben die Pb-Atome mit den O-Atomen zur Deckung zu bringen: Das klappt nicht, denn wir haben ein P-Gitter und kein I-Gitter. Abb. 6.12 zeigt die Darstellung aus vier Zellen und es wird ersichtlich, dass eine Elementarmasche aus Pb-Atomen (grün markiert, Pb in $\frac{1}{2}, \frac{1}{2}, \frac{1}{2}$ grün-schwarz zur Kennzeichnung der Lage bezüglich der z-Koordinate) mit der Lage der O-Atome nicht zur Deckung kommt. Rechts in Abb. 6.12 sind die Koordinaten der Atome in der Elementarzelle angegeben. Anstelle des Sauerstoffatoms auf $\bar{x},\bar{x},0$ mit x = -0,31 (also Sauerstoff mit den Koordinaten $\overline{0,31}$; $\overline{0,31}$;0) außerhalb der Elementarzelle, nennt man die Koordinaten (0,69;0,69;0) des symmetrieäquivalenten Atoms innerhalb der Elementarzelle (vgl. Tab. 6.3).

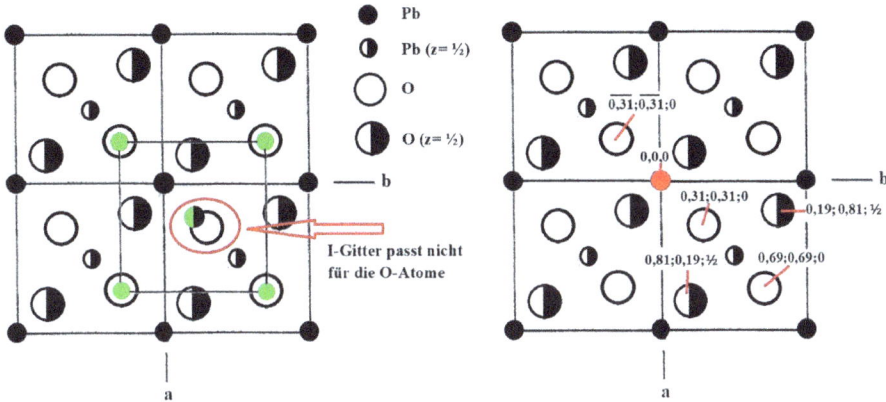

Abb. 6.12: Vier Elementarzellen der Plattneritstruktur in Projektion auf x,y,0: Links eine Elementarmasche aus Pb-Atomen (grün markiert; Pb in $\frac{1}{2}$, $\frac{1}{2}$, $\frac{1}{2}$, grün-schwarz zur Kennzeichnung der Lage bezüglich der z-Koordinate) kommt mit der Lage der O-Atome nicht zur Deckung, Gittertyp ist tetragonal P und nicht tetragonal I. Rechts Koordinaten der Atome in der Elementarzelle (vgl. Tab. 6.3).

Abschließend wollen wir die Struktur noch als Resultat der Ineinanderstellung kongruenter Bravais-Gitter betrachten, das Grundprinzip der Kristallstrukturen, was auf Sohncke und von Groth zurück geht [15–18] und danach intensiv von Niggli [19, 20] vertreten wurde. Die Plattneritstruktur ist die Ineinanderstellung von sechs P-Gittern, zwei mit Pb-Atomen besetzten Gittern (Basis: 0,0,0 und $\frac{1}{2}$, $\frac{1}{2}$, $\frac{1}{2}$) und vier mit O-Atomen besetzten Gittern (Basis: x,x,0; $\frac{1}{2} - x$, $\frac{1}{2} + x$, $\frac{1}{2}$; $\frac{1}{2} + x$, $\frac{1}{2} - x$, $\frac{1}{2}$ und $\bar{x},\bar{x},0$, alle mit x = 0,31. Abb. 6.13 zeigt die Ineinanderstellung vereinfacht als Projektion auf x,y,0 (d. h. mit Blick auf die a–b-Ebene). Zur besseren Übersicht getrennt: links für die Pb-Atome (zwei P-Gitter) und rechts für die O-Atome (sechs P-Gitter).

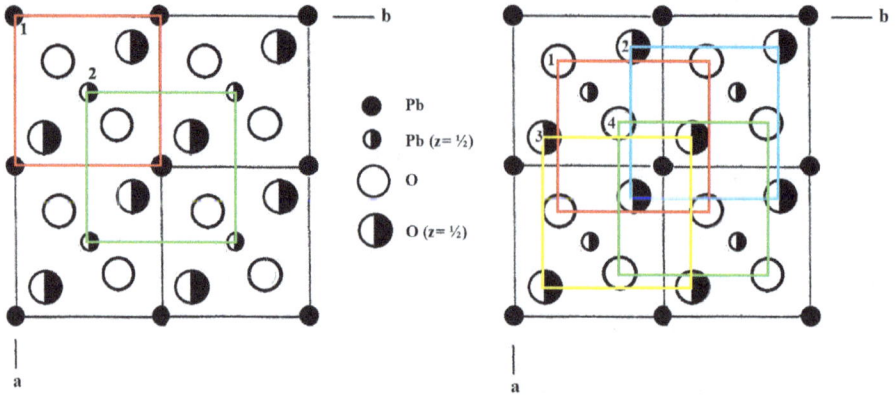

Abb. 6.13: Die Plattneritstruktur als Ineinanderstellung kongruenter Bravais-Gitter: Links: Die Pb-Atome besetzen die Positionen zweier ineinandergestellter tetragonaler P-Gitter mit folgender Basis: (rot): 0,0,0 und (grün) $\frac{1}{2}, \frac{1}{2}, \frac{1}{2}$.
Rechts: Die O-Atome besetzen die Positionen von vier ineinandergestellten tetragonalen P-Gittern folgender Basis: (rot): x,x,0; (blau): $\frac{1}{2} - x$, $\frac{1}{2} + x$, $\frac{1}{2}$; (gelb): und (grün): $\bar{x},\bar{x},0$, alle mit x = 0,31.

7 Anhang

7.1 Kristallbeispiele nach Klassen geordnet

In Abb. 7.1 und 7.2 sind ausgewählte Kristalle dargestellt und nach Klassen geordnet.

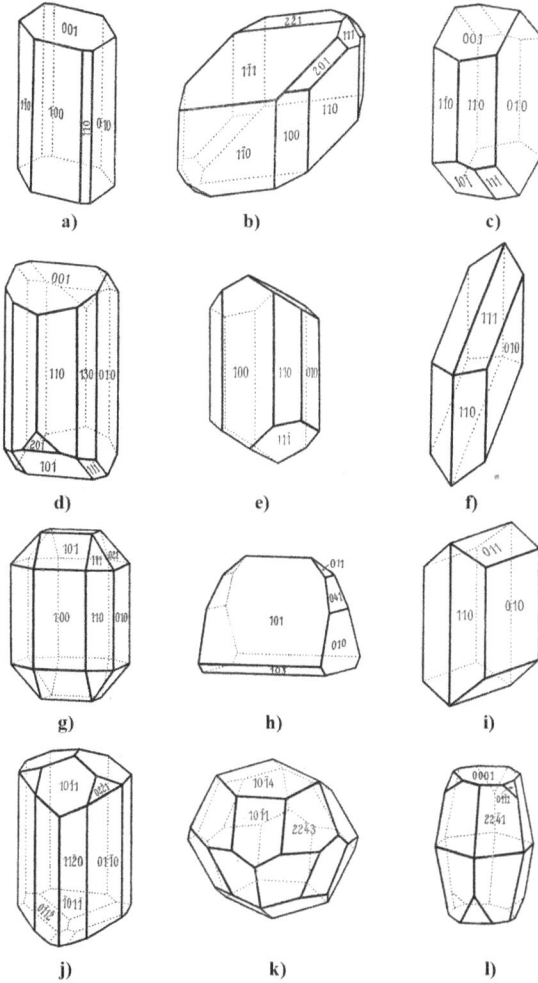

Abb. 7.1: Oben: Trikline Kristalle: a) Disthen, b) Axinit, c) Albit. Darunter: Monokline Kristalle: d) Orthoklas, e) Augit, f) Gips. Darunter: Orthorhombische Kristalle: g) Olivin, h) Struvit, i) Aragonit. Darunter: Trigonale Kristalle: j) Turmalin, k) Hämatit, l) Korund. Aus Niggli [20].

https://doi.org/10.1515/9783112227497-007

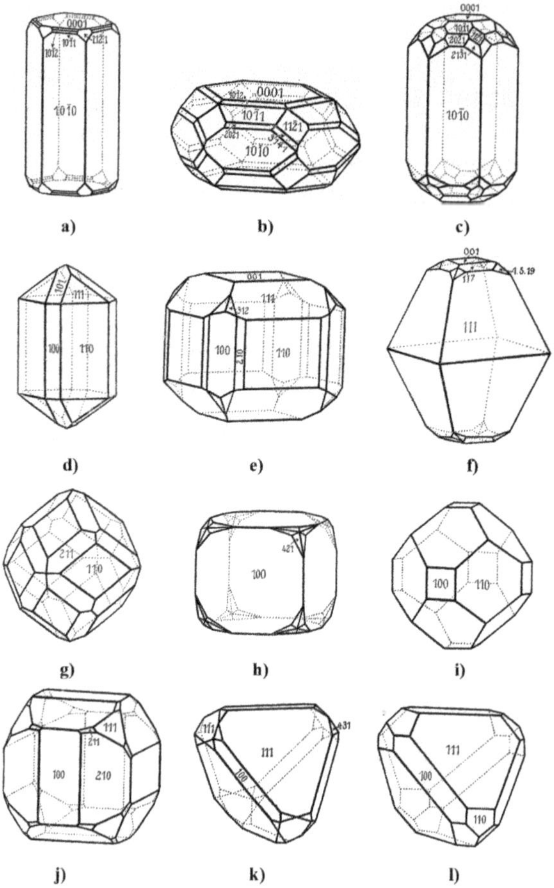

Abb. 7.2: Oben: Hexagonale Kristalle: a) und b) Apatit, c) Beryll. Darunter: Tetragonale Kristalle: d) Zinnstein, e) Vesuvian, f) Anatas. Darunter und unten: Kubische Kristalle: g) Granat, h) Fluorit, i) Bleiglanz, j) Pyrit, k) Zinkblende, l) Fahlerz. Aus Niggli [20].

7.2 Zwillinge, Drillinge, Viellinge

Eine weit verbreitete Erscheinung im Kristallwachstum ist die Zwillingsbildung bis hin zur Bildung von Viellingen. Kristalle der gleichen Art können unter Bildung einer Zwillingsebene oder einer Zwillingsachse zusammenwachsen. Man unterscheidet Berührungs- oder Kontaktzwillinge und Durchdringungszwillinge. Bei Kontaktzwillingen ist die Zwillingsebene auch die Verwachsungsebene. Abb. 7.3 zeigt einige Beispiele für beide Arten der Verzwillingung.

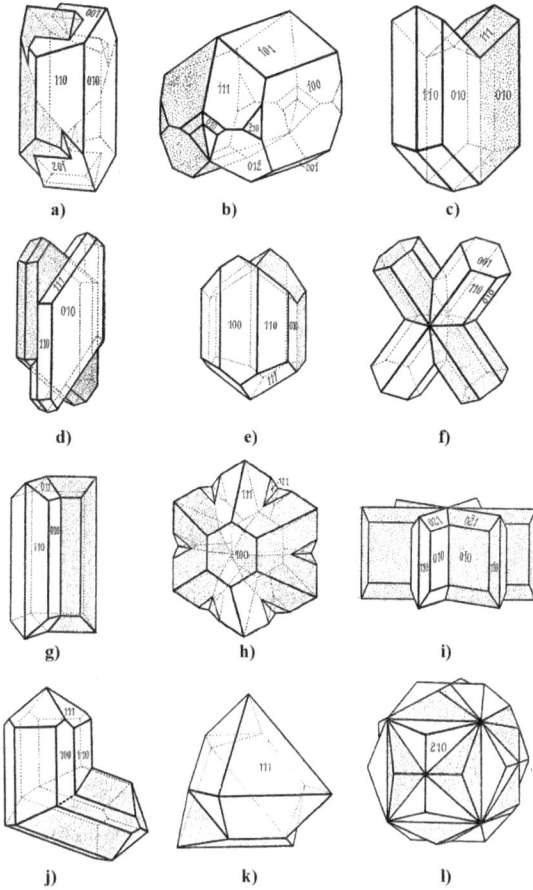

Abb. 7.3: a) Orthoklas („Karlsbader Zwilling"), b) Epidot, c) Gips (Berührungszwilling), d) Gips (Durchdringungszwilling), e) Augit, f) Staurolith, g) Aragonit, h) Chrysoberylldrilling, i) Cerussitdrilling, j) Zinnstein, k) Magnetit, l) Pyrit. Aus Niggli [20].

7.3 Weitere Methoden für Kristallprojektionen

7.3.1 Die gnomonische Projektion

Neben der stereographischen Projektion wird in der Kristallographie auch die gnomonische Projektion verwendet (lat. „Gnomon": Zeiger). Abb. 7.4 zeigt das Prinzip dieser Projektionsmethode. Der Kristall befindet sich im Zentrum der Polkugel. Die Flächennormalen erzeugen wie bei der stereographischen Projektion die Pole P. Projektionsebene ist nun aber die Tangentialebene des Nordpols der Polkugel. Die Flächen werden durch die Pole P` repräsentiert.

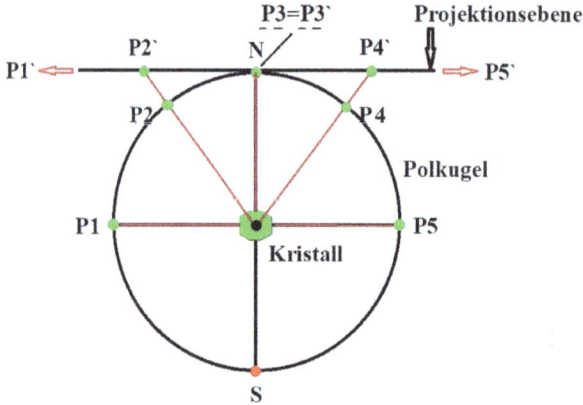

Abb. 7.4: Prinzip der gnomonischen Projektion.

Die gnomonische Projektion ist nicht Winkeltreu. Nähert sich die Poldistanz ρ dem Wert 90°, gehen die Abstände in der Zeichenebene vom Nordpol zum Projektionspunkt gegen unendlich. Wird schließlich $\rho = 90°$ erreicht, können die Pole nur durch Pfeile angedeutet werden.

Außer diesen Nachteilen im Vergleich zur stereographischen Projektion hat die Methode aber den Vorteil, tautozonale Flächen auf Geraden abzubilden. Für die Auswertung von Laue-Aufnahmen ist sie ein gebräuchliches Hilfsmittel und wurde bereits in der Frühzeit der Durchführung von Röntgenuntersuchungen der Kristalle benutzt [60].

7.3.2 Die orthographische Projektion

Zunächst wird wie bei der stereographischen Projektion der Kristall in die Polkugel eingestellt und die Polfigur erzeugt, die Äquatorebene ist wiederum die Projektionsebene. Die Projektion der Pole in die Zeichenebene erfolgt nun aber parallel zur Nord-Südrichtung.

Die orthographische Projektion wurde von Buerger entwickelt [61] und wird für die Abbildung der Symmetriegerüste der kubischen Raumgruppen in den neueren Auflagen der „International Tables for Crystallography" verwendet [52]. Dadurch fallen die Symmetrieelemente in den Richtungen ⟨110⟩ und ⟨111⟩ in die Zeichenebene.

7.4 Zur Matrizendarstellung von Symmetrieelementen und analytischen Ableitung der Punktgruppen

Eine Punktsymmetrieoperation überführt einen Punkt P mit den Koordinaten x,y,z in einen Punkt P′ mit den Koordinaten x′,y′,z′. In der Mathematik beziehen wir die Koordinaten des Punktes P auf ein Koordinatensystem K und die des Punktes P′ auf ein Koordinatensystem K′. Durch eine Achsentransformation, die zum Übergang von K zu K′ führt, gelangen wir von P zu P′. K und K′ haben den gleichen Ursprung und sind kartesische Koordinatensysteme, die Achsentransformation ist eine orthogonale Transformation [62]. Zwischen K und K′ vermittelt eine Koeffizientenmatrix:

$$\left(a_{ij}\right) = \begin{pmatrix} a_{11} & a_{12} & a_{13} \\ a_{21} & a_{22} & a_{23} \\ a_{31} & a_{32} & a_{33} \end{pmatrix}$$

Dabei sind die a_{ij} die Cosinuswerte der Winkel zwischen den Achsen der Koordinatensysteme K und K′. Eine Symmetrieoperation überführt die beiden oben genannten Punkte durch die Transformationsgleichungen:

$$x' = a_{11}x + a_{12}y + a_{13}z$$

$$y' = a_{21}x + a_{22}y + a_{23}z$$

$$z' = a_{31}x + a_{32}y + a_{33}z$$

Für jedes Punktsymmetrieelement kann eine Transformationsmatrix angegeben werden. Die gruppentheoretische Ableitung der Punktgruppen erfordert insgesamt 64 Matrizen, wobei dann zusätzlich zu Dreh- und Drehinversionsachsen sämtliche möglichen Orientierungen zum zugrundeliegenden kristallographischen Achsenkreuz berücksichtigt sind.

Neben dieser z. B. in [2] beschriebenen ausführlichen analytischen Ableitung wäre aber auch ein Satz von nur neun Matrizen ausreichend. Sie werden als erzeugende Matrizen bezeichnet. Alle weiteren Symmetrieelemente können durch Matrizenmultiplikation aus ihnen erhalten werden. Die Vorgehensweise ist in der Einführung in die Kristallphysik [63] beschrieben.

Hier wollen wir nur einige Beispiele besprechen. Wir benötigen dazu die Matrizen für die Einzähligkeit (Asymmetrie), das Inversionszentrum, eine zweizählige Drehachse parallel zur kristallographischen b-Achse und eine Spiegelebene, deren Normale ebenfalls parallel zur b-Achse verläuft:

$$1 \triangleq \begin{pmatrix} 1 & 0 & 0 \\ 0 & 1 & 0 \\ 0 & 0 & 1 \end{pmatrix}; \bar{1} \triangleq \begin{pmatrix} -1 & 0 & 0 \\ 0 & -1 & 0 \\ 0 & 0 & -1 \end{pmatrix}; 2(\| b) \triangleq \begin{pmatrix} -1 & 0 & 0 \\ 0 & 1 & 0 \\ 0 & 0 & -1 \end{pmatrix}; m(\| b) \triangleq \begin{pmatrix} 1 & 0 & 0 \\ 0 & -1 & 0 \\ 0 & 0 & 1 \end{pmatrix}$$

Zuerst soll gezeigt werden, wie z. B. eine zweizählige Inversionsdrehachse durch Multiplikation der Matrix der zweizähligen Drehachse und des Inversionszentrums erzeugt wird: Wir führen die Matrixmultiplikation $2(\|b) \cdot \bar{1} = \bar{2}(\|b)$ durch:

$$
\begin{pmatrix} -1 & 0 & 0 \\ 0 & 1 & 0 \\ 0 & 0 & -1 \end{pmatrix}
\begin{pmatrix} -1 & 0 & 0 \\ 0 & -1 & 0 \\ 0 & 0 & -1 \end{pmatrix} =
\begin{pmatrix} 1 & 0 & 0 \\ 0 & -1 & 0 \\ 0 & 0 & 1 \end{pmatrix}
$$

Es ist ersichtlich, dass die zweizählige Drehinversionsachse der Spiegelebene $m(\|b)$ entspricht.

Die Matrizen der Symmetrieelemente führen sehr einfach zu den Koordinaten der symmetrieäquivalenten Punkte einer Punktgruppe. Die Punktgruppe $2/m$ enthält folgende Symmetrieelemente: die Einzähligkeit (Asymmetrie), das Inversionszentrum, eine zweizählige Drehachse (die monokline b-Achse) und eine Spiegelebene, deren Normale die b-Achse ist: Diese Symmetrieelemente werden durch die vier obenstehenden Matrizen repräsentiert.

Unsere Koordinaten x,y,z (Koordinaten des „Startpunktes der Symmetrieoperation $2/m$) schreiben wir als Spaltenvektor und multiplizieren diesen mit der Matrix des entsprechenden Symmetrieelements. Wir erhalten Koordinaten, die durch das Symmetrieelement erzeugt werden.

Für 1:

$$
\begin{pmatrix} 1 & 0 & 0 \\ 0 & 1 & 0 \\ 0 & 0 & 1 \end{pmatrix} \cdot
\begin{pmatrix} x \\ x \\ z \end{pmatrix} =
\begin{pmatrix} 1 \cdot x & +0 \cdot y & +0 \cdot z \\ 0 \cdot x & +1 \cdot y & +0 \cdot z \\ 0 \cdot x & +0 \cdot y & +1 \cdot z \end{pmatrix} =
\begin{pmatrix} x \\ x \\ z \end{pmatrix} \rightarrow x, y, z \text{ (Identität)}
$$

Für $\bar{1}$:

$$
\begin{pmatrix} -1 & 0 & 0 \\ 0 & -1 & 0 \\ 0 & 0 & -1 \end{pmatrix} \cdot
\begin{pmatrix} x \\ x \\ z \end{pmatrix} =
\begin{pmatrix} -1 \cdot x & +0 \cdot y & +0 \cdot z \\ 0 \cdot x & -1 \cdot y & +0 \cdot z \\ 0 \cdot x & +0 \cdot y & -1 \cdot z \end{pmatrix} =
\begin{pmatrix} x \\ x \\ z \end{pmatrix} \rightarrow \bar{x}, \bar{y}, \bar{z}
$$

Für $2(\|b)$:

$$
\begin{pmatrix} -1 & 0 & 0 \\ 0 & 1 & 0 \\ 0 & 0 & -1 \end{pmatrix} \cdot
\begin{pmatrix} x \\ x \\ z \end{pmatrix} =
\begin{pmatrix} -1 \cdot x & +0 \cdot y & +0 \cdot z \\ 0 \cdot x & +1 \cdot y & +0 \cdot z \\ 0 \cdot x & +0 \cdot y & -1 \cdot z \end{pmatrix} =
\begin{pmatrix} x \\ x \\ z \end{pmatrix} \rightarrow \bar{x}, y, \bar{z}
$$

Für $m(\|b)$:

$$
\begin{pmatrix} 1 & 0 & 0 \\ 0 & -1 & 0 \\ 0 & 0 & 1 \end{pmatrix} \cdot
\begin{pmatrix} x \\ x \\ z \end{pmatrix} =
\begin{pmatrix} 1 \cdot x & +0 \cdot y & +0 \cdot z \\ 0 \cdot x & -1 \cdot y & +0 \cdot z \\ 0 \cdot x & +0 \cdot y & +1 \cdot z \end{pmatrix} =
\begin{pmatrix} x \\ x \\ z \end{pmatrix} \rightarrow x, \bar{y}, z
$$

Damit sind die Koordinaten der äquivalenten Punkte der Punktgruppe 2/m erzeugt. Im Stereogramm für 2/m (Abb. 7.5) sind die vier Positionen markiert.

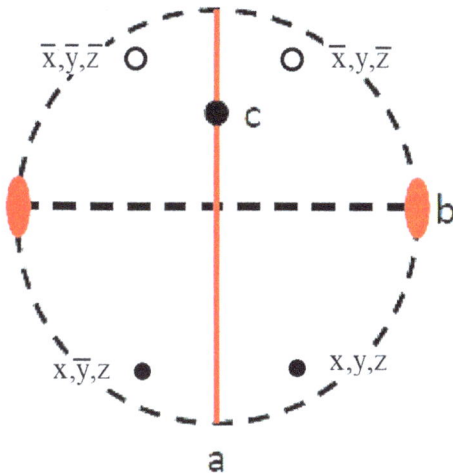

Abb. 7.5: Stereogramm der Punktgruppe 2/m mit Angabe der kristallographischen Achsen und der Koordinaten der symmetrieäquivalenten Punkte.

7.5 Beziehungen zwischen Netzebenenabständen „d", Gitterkonstanten und Millerschen Indizes (hkl)

Die Formeln der Beziehung von Netzebenenabständen (d-Werte), Gitterkonstanten und den Millerschen Indizes (hkl) sind in Tab. 7.1 zusammengestellt. Die Formeln sind in der üblichen Form der reziproken quadrierten d-Werte für die kristallographischen Achsensysteme angegeben, die für Auswertungen in der Röntgenkristallographie praktisch sind [56].

7.6 Indizierung von Flächen im trigonalen und hexagonalen Kristallsystem nach Bravais

Im hexagonalen Achsenkreuz benutzen wir in der a–b-Ebene drei gleichwertige Achsen a_1, a_2 und a_3, die im 120°-Winkel zueinander angeordnet sind. Die a_3-Achse wurde 1863 von Bravais eingeführt. Durch sie kommt die Symmetrie anschaulicher zum Ausdruck. Bei der Indizierung von Kristallflächen muss daher auch die Lage der Fläche zu dieser dritten Achse berücksichtigt werden. Nach Bravais wird dafür ein viergliedriges Symbol für die Kristallflächen im hexagonalen und (aufgrund der Identität des Achsenkreuzes) auch im trigonalen Kristallsystem verwendet. Der Index, der sich auf

Tab. 7.1: Beziehungen zwischen Netzebenenabständen „d", den Gitterkonstanten (a, b, c, α, β, γ) und den Millerschen Indizes (hkl) [56].

triklin	$\dfrac{1}{d^2} = \dfrac{1}{V^2}\left\{f_1 h^2 + f_2 k^2 + f_3 l^2 + 2\cdot f_4 h k + 2\cdot f_5 k l + 2\cdot f_6 l h\right\}*$
monoklin	$\dfrac{1}{d^2} = \left(\dfrac{1}{a}\right)^2 \cdot \dfrac{1}{\sin^2\beta} + \left(\dfrac{k}{b}\right)^2 + \left(\dfrac{l}{c}\right)^2 \cdot \dfrac{1}{\sin^2\beta} - \dfrac{2\,h\,l\,\cos\beta}{a\,c\,\sin^2\beta}$
orthorhombisch	$\dfrac{1}{d^2} = \left(\dfrac{h}{a}\right)^2 + \left(\dfrac{k}{b}\right)^2 + \left(\dfrac{l}{c}\right)^2$
hexagonal	$\dfrac{1}{d^2} = \dfrac{4}{3}\cdot \dfrac{h^2 + k^2 + h\,k}{a^2} + \dfrac{l^2}{c^2}$
tetragonal	$\dfrac{1}{d^2} = \left(\dfrac{h}{a}\right)^2 + \left(\dfrac{k}{b}\right)^2 + \left(\dfrac{l}{c}\right)^2$
kubisch	$\dfrac{1}{d^2} = \dfrac{h^2 + k^2 + l^2}{a^2}$

*für triklin mit : V = Zellvolumen und

$$f_1 = b^2 c^2 \sin^2\alpha \qquad\qquad f_4 = a\,b\,c^2(\cos\alpha\ \cos\beta - \cos\gamma)$$
$$f_2 = a^2 c^2 \sin^2\beta \qquad\qquad f_5 = a^2\,b\,c(\cos\beta\ \cos\gamma - \cos\alpha)$$
$$f_3 = a^2 c^2 \sin^2\gamma \qquad\qquad f_6 = a\,b^2\,c(\cos\gamma\ \cos\alpha - \cos\beta)$$

die a_3-Achse bezieht, erhält den Kleinbuchstaben „i". Ein Flächensymbol wird damit allgemein für hexagonale und trigonale Kristalle mit (hkil) angegeben (Bravaissche Indizierung). Der Index „i" ist durch die Indizes h und k bestimmt, es gilt die Beziehung: i = – (h + k), bzw. h + k + i = 0. Zu beachten ist, dass der Index „i" nur für Kristallflächen (reziproke Achsenabschnitte) gilt. Für Gitterrichtungen und Zonensymbole gilt er nicht, da es sich hierbei um Punktkoordinaten handelt. Daher wird der Index bei Richtungsangaben und Zonen im hexagonalen und trigonalen Kristallsystem weggelassen und das übliche Symbol [uvw] verwendet. Mitunter wird zum Hinweis, dass eine Richtung oder eine Zone im hexagonalen oder trigonalen Kristallsystem angegeben wird, an die dritte Stelle im Richtungs- oder Zonensymbol ein Punkt gesetzt: [uv.w].

7.7 Indizierung von Flächen im rhomboedrischen und hexagonalen Achsenkreuz

Die geometrischen Beziehungen zwischen beiden Achsenkreuzen führen zu folgenden Umrechnungsformeln von Bravaisschen Indizes (B) in Millersche Indizes (M) und umgekehrt:

Miller in Bravais:

$$h\,M = h\,B - i\,B + l\,B; k\,M = k\,B - h\,B + l\,B; l\,M = i\,B - k\,B + l\,B$$

Beispiel: Die Bravaisschen Indizes (10$\bar{1}$1) sollen in Millersche Indizes umgerechnet werden:

$$h\,M = 1-1+1 = 1;\ k\,M = 0-1+1 = 0;\ l\,M = -1-0+1 = 0 \rightarrow (100)$$

Bravais in Miller:

$$h\,B = h\,M - k\,M; k\,B = k\,M - l\,M; i\,B = l\,M - h\,M; l\,B = h\,M + k\,M + l\,M$$

Beispiel: Die Millerschen Indizes (100) sollen in Bravaissche Indizes umgerechnet werden:

$$h\,B = 1-0 = 1;\ k\,B = 0-0 = 0;\ i\,B = 0-1 = -1;\ l\,B = 1+0+0 = 1 \rightarrow \left(10\,\bar{1}1\right)$$

7.8 Die 32 Punktgruppen

Die 32 Punktgruppen bzw. 32 Kristallklassen sind in Tab. 7.2 zusammengefasst. Angegeben sind die internationalen ungekürzten Symbole und die Schoenflies-Symbole.

Tab. 7.2: Die 32 Punktgruppen (internationale Symbole und Schoenflies-Symbolik).

Kristallsystem	Internationales Symbol	Schoenflies-Symbol
Triklin	$\bar{1}$, 1	C_1, C_i
Monoklin	2/m, m, 2	C_{2h}, C_s, C_2
Orthorhombisch	2/m2/m2/m, mm2, 222	D_{2h}, C_{2v}, D_2
Trigonal	$\bar{3}$2/m, 3 m, 32, $\bar{3}$, 3	D_{3d}, C_{3v}, D_3, C_{3i}, C_3
Hexagonal	6/m2/m2/m, $\bar{6}$m2, 6mm, 622, 6/m, $\bar{6}$, 6	D_{6h}, D_{3h}, C_{6v}, D_6, C_{6h}, C_{3h}, C_6
Tetragonal	4/m2/m2/m, $\bar{4}$2 m, 4mm, 422, 4/m, $\bar{4}$, 4	D_{4h}, D_{2d}, C_{4v}, D_4, C_{4h}, S_4, C_4
Kubisch	4/m$\bar{3}$2/m, $\bar{4}$3 m, 432, 2/m$\bar{3}$, 23	O_h, T_d, O, T_h, T

7.9 Graphische Symbole von Spiegel- und Gleitspiegelebenen

Die graphischen Symbole von Spiegelebenen und Gleitspiegelebenen sind in Tab. 7.3 zusammengestellt. Die Symbole von Drehachsen, Drehinversionsachsen und Schraubenachsen sind in den jeweiligen Abschnitten von Kapitel 5 abgebildet.

Tab. 7.3: Graphische Symbole von Spiegel- und Gleitspiegelebenen (z-Koordinatenangabe bei d-Gleitspiegelebene ∣ zur Projektionsebene, da Abweichend von 0 und $\frac{1}{2}$).

Symbol	⊥ zur Projektionsebene	∣ zur Projektionsebene
m		
a		
b		
c		
n		
d		

7.10 Kristallographische Tripel

uvw: Punktkoordinaten im Raumgitter (stets ganze Zahlen, oder ganze Zahlen + $\frac{1}{2}$ bei Zentrierungen und ganze Zahlen + $\frac{1}{3}$ oder + $\frac{2}{3}$ für Punkte im hexagonalen oder trigonalen Translationsgitter).

[uvw]: Gittergerade (Gitterrichtung), repräsentiert eine Parallelschar von Gittergeraden bzw. Gitterrichtungen, z. B. Zonenachsen.

‹uvw›: Symmetrieäquivalente Richtungen.

x,y,z: Punktkoordinaten in der Elementarzelle mit $0 \leq x$, y, z < 1.

m,n,p: Weisssche Koeffizienten (direkte Achsenabschnitte einer Fläche mit den Achsen a, b und c.

(hkl): Millersche Indizes zur Beschreibung von Kristallflächen (reziproke Achsenabschnitte, durch Erweitern mit dem Hauptnenner teilerfremd.

(hkil): Bravaissche Indizes für die Beschreibung der Kristallflächen trigonaler und hexagonaler Kristalle.

{hkl}: Kristallographisches Formensymbol.

{hkil}: Kristallographisches Formensymbol trigonaler und hexagonaler Formen.

7.11 Das international normierte strukturelle Achsenverhältnis

In Kapitel 4, Abschnitt 4.8.3 hatten wir besprochen, dass jedem Kristall ein spezifisches morphologisches Achsenverhältnis a: b: c zugrunde liegt, das eine wichtige makroskopische Materialkonstante zur Identifizierung der Kristalle darstellt. Es entspricht dem Verhältnis der Gitterkonstanten, deren Kenntnis zur Berechnung aber nicht notwendig ist. Nach internationaler Absprache normiert man das morphologische Achsenverhältnis auf b = 1 und gibt es für trikline, monokline und orthorhombische Kristalle in der Form $\frac{a}{b}$: 1: $\frac{c}{b}$ und für trigonale, hexagonale und tetragonale Kristalle als Verhältnis $\frac{c}{a}$ an. Für kubische Kristalle gibt es wegen des identischen Achsenverhältnisses keine morphologische Materialkonstante.

In der wichtigen kristallographischen Datensammlung „Crystal Data – Determinative Tables" [64] werden die Kristalle aber nicht nach dem morphologischen Achsenverhältnis, sondern nach ihrem Verhältnis der Gitterkonstanten aufgelistet, dem strukturellen Achsenverhältnis. Für trikline, monokline und orthorhombische Kristalle wird das normierte strukturelle Achsenverhältnis a_0/b_0: 1: c_0/b_0 benutzt. Für trigonale, hexagonale und tetragonale Kristalle c_0/a_0 und für kubische Kristalle die Gitterkonstante a_0.

7.12 Hinweise zur Klassifizierung der Minerale nach Strunz und Nickel [3]

Für die Klassifizierung der Minerale sind die „Strunz Mineralogical Tables: Chemical-Structural Mineral Classification System" [3] das international gebräuchliche Standardwerk der mineralogischen Kristallographie. Die dort klassifizierten Minerale sind durch die „International Mineralogical Association" als eigenständige Minerale bestätigt.

In den Strunz-„Tables" wird ein Einteilungssystem benutzt, das jedes Mineral einer Klasse, einer Abteilung, einer Unterabteilung und schließlich einer Gruppe zuordnet. Hier ein Beispiel für die Minerale, die zu den Schichtsilikaten (Phyllosilikaten, griech. „Phyllos": Blatt) zählen:

Nomenklatur in den „Tables": Phyllosilicates: 9.EA–9.EH
Klasse 9: Silikate
Abteilung: E: Phyllosilikate (= Schichtsilikate)
Unterabteilungen: A-H
(d. h. acht Unterabteilungen genereller Strukturtypen).

Die acht Unterabteilungen der einzelnen Strukturtypen werden in Mineralgruppen feinunterteilt, beginnend mit der Zahl 05 für die erste Gruppe der Unterabteilung und dann für jede weitere Gruppe in Fünferschritten erhöht, also weiter mit 10, dann 15 usw.

Insgesamt gibt es bei den Phylosilikaten 53 Gruppen, diese enthalten insgesamt 239 Minerale.

Nehmen wir von diesen 239 Mineralen mal eines der wichtigsten heraus, das Mineral Muskovit, finden wir es in der Gruppe 10 der Unterabteilung C, die komplette System-Nr. ist 9.EC.10. Mica Group. Die Unterabteilung C hat acht Gruppen, also Gruppen von C.0.5–C.40.

Hier noch ein wichtiger Hinweis: Als Folge der natürlichen Bildungsbedingungen der Minerale (Vorliegen von Verunreinigungen, Störungen im Kristallwachstum usw.) ergeben sich oft innerhalb einer Mineralart Abweichungen (z. B. der Farbe). Man bezeichnet diese als Varietäten des Minerals, z. B. Rosenquarz (rosa) = Varietät von Quarz. Die Varietäten werden nicht als eigenständige Minerale gezählt.

8 Literaturverzeichnis

[1] Bohm, J.; Klimm, J.; Mühlberg, M.; Winkler, B.: *Einführung in die Kristallographie*. Walter De Gruyter, Berlin/Boston 2021

[2] Borchardt-Ott, W.; Sowa, H.: *Kristallographie*. Berlin, Heidelberg, New York: Springer Verlag, 2018.

[3] Strunz, H.; Nickel, E. H.: *Strunz Mineralogical Tables*. Stuttgart: E. Schweizerbart'sche Verlagsbuchhandlung (Nägele u. Obermiller), 2001.

[4] Verneuil, A.: „Comptes rendus hebdomadaires des séances de l'Académie des Sciences." *Compt. Rend.* 1902, 135, 791.

[5] Czochralski, J.: „Ein neues Verfahren zur Messung der Kristallisationsgeschwindigkeit der Metalle." *Zeitschrift für physikalische Chemie* 1918, 92, 219–221.

[6] Schumann, H.: *Metallographie*. Leipzig: VEB Deutscher Verlag für Grundstoffindustrie, 1983.

[7] Keppler, J.: *Strena seu de nive sexangular*. Frankfurt a. M.: 1611. Deutsch von F. Rossmann und W. Keiper, 1943.

[8] Stensen, N.: *De solido intra solidum naturaliter contento dissertationis prodromus*. Florenz: 1669. In deutscher Übersetzung in: *Ostwalds Klassiker der exakten Wissenschaften*, Heft 209, 1923.

[9] Haüy R J.: Exrait (1) lecons de minralogie. *Journ. de physique*, Mai 1782, 366–370 und *Traité de minralogie*. 5 Bde., Paris 1801, übersetzt von D. L. G. Karsten und Chr. S. Weiss. 5 Bde., Paris und Leipzig, 1804–1810.

[10] Seeber, L. A.: „Versuch einer Erklärung des inneren Baues der festen Körper." *Gilbert's Annalen der Physik*, Leipzig 1824, 76, 229 und 349.

[11] Delafosse, G.: *Recherches sur la crystallisation*. In: *Mémoires présentés par divers savants à l'Académie*, Bd. 8, Paris, 1843.

[12] Frankenheim, M. L.: *Die Lehre von der Cohäsion*. Breslau: Grass, Barth und Comp., 1835.

[13] Bravais, A.: „Mémoire sur les polyèdres de forme symmétrique." *Journal de Mathématiques de Liouville* 1849, 14.

[14] Bravais, A.: „Mémoire sur les systèmes formés par des points distribués régulièrement sur un plan ou dans l'espace." *Journal de l'École Polytechnique*, Paris 1850, 19, 1–128.

[15] Sohncke, L.: *Die Gruppierung der Moleküle in den Kristallen*. Poggendorfs Annalen der Physik 1867, 132.

[16] Sohncke, L.: *Entwicklung einer Theorie der Krystallstruktur*. Leipzig: Engelmann, 1879.

[17] von Groth, P.: *Physikalische Kristallographie*. Leipzig: Engelmann, 1905.

[18] von Groth, P.: *Chemische Kristallographie* (5 Teile). Leipzig: Engelmann, 1906–1919.

[19] Niggli, P.: *Geometrische Kristallographie des Diskontinuums*. Leipzig: Engelmann, 1919.

[20] Niggli, P.: *Lehrbuch der Mineralogie*. Berlin: Verlag von Gebrüder Borntraeger, 1920.

[21] von Laue, M.; Friedrich, W.; Knipping, P.: „Interferenzerscheinungen bei Röntgenstrahlen." *Münchner Sitzungsberichte* 1912, 303. Abgedruckt in: *Annalen der Physik* 1913, 41, 971.

[22] Fraunhofer, J.: „Neue Modifikation des Lichtes durch gegenseitige Einwirkung und Beugung der Strahlen, und Gesetze derselben." *Denkschriften der Königlichen Akademie der Wissenschaften zu München* 1821, 8, 3–76.

[23] Ewald, P.: *Kristalle und Röntgenstrahlen*. Berlin: Springer Verlag, 1923.

[24] Bragg, W. H.; Bragg, W. L.: *Die Reflexionen von Röntgenstrahlen an Kristallen*. Leipzig: Barth, 1928.

[25] Wöhler, F.: „Ueber künstliche Bildung des Harnstoffs." *Annalen der Physik und Chemie* 1828, 12, 253–256.

[26] Kitaigorodski, A. I.: *Molekülkristalle*. Berlin: Akademie Verlag, 1979.

[27] Watson, J. D.; Crick, F.: „Molecular Structure of Nucleic Acids: A Structure for Deoxyribose Nucleic Acid." *Nature* 1953, 171, 737–738.

[28] Fischer, E.: *Einführung in die geometrische Kristallographie*. Berlin: Akademie Verlag, 1956.

[29] Joint Committee on Powder Diffraction Standards (JCPDS): *Powder Diffraction File*. Swarthmore, PA: International Center for Diffraction Data, 1601 Parke Lane, 19081, USA.

https://doi.org/10.1515/9783112227497-008

[30] Pauling, L.: *Die Natur der chemischen Bindung.* Weinheim/Bergstraße: Verlag Chemie, 1962.

[31] Goldschmidt, V. M.: *Kristallographische Winkeltabellen.* Berlin: Verlag von Gebrüder Borntraeger, 1897.

[32] Hooke, R.: *Micrographia: Or Some Physiological Descriptions of Minute Bodies Made by Magnifying Glasses.* London: J. Martyn and J. Allestry, 1665.

[33] Huygens, C.: *Traité de la lumière.* 1678. Deutsch in: *Ostwalds Klassiker der exakten Wissenschaften,* Nr. 20, Leipzig: Engelmann, 1890.

[34] Weiss, C. S.: „Über die natürlichen Abteilungen der Crystallisationssysteme." *Abhandlungen der Königlich-Preußischen Akademie der Wissenschaften,* Berlin 1814–1815, S. 290–336.

[35] Weiss, C. S.: „Übersichtliche Darstellung der verschiedenen natürlichen Ableitungen der Kristallisationssysteme." *Abhandlungen der Königlich-Preußischen Akademie der Wissenschaften,* Berlin 1818, S. 289.

[36] Barlow, W.: „A mechanical cause of homogeneity of structure and symmetry, geometrically investigated." *Proceedings of the Royal Society of Dublin* 1897, 8, 527–690.

[37] Bragg, W. H.; Bragg, W. L.: „The reflection of X-rays." *Proceedings of the Royal Society of London A* 1923, 88 (603), 428–438.

[38] Goldschmidt, V. M.: „Gesetze der Kristallchemie." *Norwegische Akademieberichte,* Nr. 2, 1926.

[39] Miller, W. H.: *A Treatise on Crystallography.* Cambridge: For J. & J. J. Deighton, 1839.

[40] Goldschmidt, V. M.: *Über Komplikation und Displikation.* Heidelberg: Verlag Carl Winter, 1921.

[41] Mauguin, Ch.: „Sur le symbolisme des groupes de répétition ou de symétrie des assemblages cristallins." *Zeitschrift für Kristallographie* 1931, 76, 542.

[42] Hermann, C. (Hrsg.): *Internationale Tabellen zur Bestimmung von Kristallstrukturen.* Bd. 1. Berlin: Verlag von Gebrüder Borntraeger, 1935.

[43] Schoenflies, A.: *Krystallsysteme und Krystallstruktur.* Leipzig: B. G. Teubner, 1891.

[44] Hessel, J. F. C.: „Krystall." In: *Gehler's physikalisches Wörterbuch,* Bd. 5, Leipzig: 1830.

[45] Gadolin, A.: *Mémoire sur la déduction d'un seul principe de tous les systèmes crystallographiques avec leurs subdivisions.* 1867. Auch in: *Acta Societatis Scientiarum Fennicae,* Bd. 9, Helsingfors, 1871.

[46] Frobenius, G.: „Gruppentheoretische Ableitung der 32 Kristallklassen." *Sitzungsberichte der Königlich Preußischen Akademie der Wissenschaften,* 1911.

[47] Fedorow, E. S.: *Symmetrie der endlichen Figuren. Verhandlungen der Kaiserlich Russischen Mineralogischen Gesellschaft* 1889, 25, 1.

[48] Fedorow, E. S.: *Zapiski Mineralogicheskogo Imperatorskogo St. Petersburger Gesellschaft* (2) 1891, 28, 345. Aus dem Russischen übersetzt von D. und K. Harker. American Crystallographic Association Monograph No. 7. New York: American Crystallographic Association, 1971.

[49] Barlow, W.: „Über die geometrischen Eigenschaften homogener starrer Strukturen und ihre Anwendung auf Krystalle." *Zeitschrift für Kristallographie* 1894, 23, 1.

[50] Niggli, P.: *Geometrische Kristallographie des Diskontinuums.* Leipzig: Engelmann, 1919.

[51] Niggli, P.: „Die vollständige und eindeutige Kennzeichnung der Raumsysteme durch Charaktertafeln I und II." *Acta Crystallographica* 1940, 2, 263; 1950, 3, 429.

[52] Hahn, T. (Hrsg.): *International Tables for Crystallography (Vol. A): Space-Group Symmetry.* Dordrecht/ Boston: Reidel Publishing Company, 1992.

[53] Henry, N. F. M.; Lonsdale, K. (Hrsg.): *International Tables for X-ray Crystallography,* Vol. 1: *Symmetry Groups.* Birmingham: The Kynoch Press, 1952 und 1969.

[54] Wyckoff, R. W. G.: *The Analytical Expression of the Results of the Theory of Space Groups.* Washington: Carnegie Institute of Washington, 1922.

[55] Wyckoff, R. W. G.: *Crystal Structures,* Vol. 1–6. New York: Wiley and Sons, 1963–1971.

[56] Raaz, F.: *Röntgenkristallographie.* Berlin: De Gruyter, 1975.

[57] Massa, W.: *Kristallstrukturbestimmung.* Stuttgart: B. G. Teubner, 1994.

[58] Baur, W. H.; Khan, A. A.: „Rutile-type compounds." *Acta Crystallographica* 1971, B27, 2133–2139.

[59] Buerger, M. J.: *X-ray Crystallography.* New York: Wiley, 1942.

[60] Rinne, F.: „Bericht über die Verhandlungen der Sächsischen Akademie der Wissenschaften," Leipzig 1915, 67, 303; sowie: Einführung in die kristallographische Formenlehre und elementare Anleitung zu kristallographisch-optischen sowie röntgenometrischen Untersuchungen. Leipzig: Engelmann, 1919.

[61] Buerger, M. J.: *Elementary Crystallography.* New York: Wiley and Sons, 1978.

[62] Kästner, S.: *Vektoren, Tensoren, Spinoren.* Berlin: Akademie Verlag, 1960.

[63] Kleber, W.; Meier, K.; Schoenborn, W.: *Einführung in die Kristallphysik.* Berlin: Akademie Verlag, 1968.

[64] Crystal Data – Determinative Tables. Washington, D.C.: National Bureau of Standards, 20234, USA; und Swarthmore, PA: Joint Committee on Powder Diffraction Standards / International Centre for Diffraction Data, 1601 Parke Lane, 19081, USA.

9 Sachverzeichnis

https://doi.org/10.1515/9783112227497-009

www.ingramcontent.com/pod-product-compliance
Lightning Source LLC
Chambersburg PA
CBHW081533220326
41598CB00036B/6425